Springer-Lehrbuch

Dietrich Stauffer

THEORETISCHE PHYSIK

Ein Kurzlehrbuch und Repetitorium

Zweite, verbesserte und erweiterte Auflage 1993
Mit 50 Abbildungen
und 126 Fragen und Rechenaufgaben

Springer-Verlag
Berlin Heidelberg New York
London Paris Tokyo
Hong Kong Barcelona
Budapest

Dietrich Stauffer
Institut für Theoretische Physik
Universität Köln
D-50923 Köln

Hausadresse:
Zülpicher Straße 77
D-50937 Köln

ISBN-13: 978-3-540-56604-5   e-ISBN-13: 978-3-642-78169-8
DOI: 10.1007/978-3-642-78169-8

Die Deutsche Bibliothek – CIP-Einheitsaufnahme
Stauffer, Dietrich:
Theoretische Physik: ein Kurzlehrbuch und Repetitorium; mit 126 Fragen und Rechenaufgaben / Dietrich Stauffer. – 2.,
verb. und erw. Aufl. – Berlin; Heidelberg; New York; London; Paris; Tokyo; Hong Kong; Barcelona; Budapest:
Springer, 1993
(Springer-Lehrbuch)

Satz: Springer-T$_{\rm E}$X-Haussystem

56/3140 – 5 4 3 2 1 0 – Gedruckt auf säurefreiem Papier

Vorwort zur zweiten Auflage

Die erste Auflage wurde ins Englische übersetzt unter dem Titel *From Newton to Mandelbrot* (Springer, Berlin, Heidelberg), wobei ein Kapitel von H.E. Stanley über Fraktale angefügt wurde. Dabei wurden zahlreiche Formelfehler korrigiert; diese and andere Korrekturen, für die ich vor allem L. Jaeger danke, konnten jetzt auch am deutschen Text angebracht werden. H.-F. Eicke (Basel) empfahl, zu den neuen Forschungsgebieten, die im Text erwähnt wurden, mehr Information zu geben; dies geschieht jetzt durch Fußnoten mit einer geeigneten Literaturangabe, die aber in der Regel nicht die der ersten Entdeckung ist. Vor allem aber wurde aufgrund von Vorlesungen, die H. Rollnik (Bonn) in Köln hielt, ein aktueller Anhang zur Elementarteilchen-Theorie hinzugefügt; ich danke Herrn Rollnik für diese Entwicklungshilfe und F.W. Hehl für kritisches Lesen dieses Anhangs.

Köln, Februar 1993   *D. Stauffer*

Vorwort zur ersten Auflage

Es gibt viele hervorragende theoretische Physiker und viele ausgezeichnete Lehrbücher der Theoretischen Physik. Dieses Buch und sein Autor gehören nicht dazu. Stattdessen bemüht es (das Buch, nicht der Autor) sich darum, dünn zu sein. Es ist eine Illusion zu glauben, daß ein wissenschaftliches Studium das gesamte Wissen eines Faches vermitteln könne: Jede Vorlesung, jeder Übersichtsartikel, ja sogar fast alle Originalveröffentlichungen in der Forschung geben immer nur einen Teil der Kenntnisse des Autors im jeweiligen Stoffgebiet wieder. Prioritätensetzung und Mut zur Lücke gehören unvermeidbar zu jedem Studium. Und da die Hochschule kein Fließband sein soll, brauchen auch nicht alle Studenten eines Bereiches das Gleiche zu lernen.

So wird an der Kölner Universität, und auch anderswo, seit vielen Jahren eine „Theoretische Physik in 2 Semestern" angeboten, vor allem für diejenigen Studenten der Theoretischen Physik, die das Staatsexamen für das Lehramt an Gymnasien bzw. in der Sekundarstufe II anstreben und für zukünftige Diplom-Mathematiker. J. Hajdu führte diese Vorlesung in Köln ein. Der Autor des vorliegenden Lehrbuchs schrieb viel von einem Manuskript von F.W. Hehl ab und profitierte von der Kritik von K.W. Kehr, D.E. Wolf und zahlreichen Studenten an dem seit einem Jahrzehnt existierenden Skriptum, das der Vorläufer dieses Buches war. Selbstverständlich sind daher die Benannten schuld an allen Fehlern in diesem Lehrbuch.

In teilweisem Gegensatz zu anderen Büchern gleicher Zielsetzung wird hier die theoretische Physik in der üblichen Aufteilung angeboten: Mechanik, Elektrodynamik, Quantenmechanik, Statistische Physik. Auch diese Reihenfolge entspricht wohl der heute üblichen, so daß der Student leichter vom hier beschriebenen Zweisemester-Kurs zum traditionellen Viersemester-Zyklus des Diplom-Physik-Kandidaten wechseln kann. Wir haben im Lauf der Jahre teils im Wintersemester, teils im kürzeren Sommersemester mit der Mechanik begonnen, und übrigbleibende Zeit zu forschungsorientierten Ergänzungen verwendet, die in diesem Buch fehlen.

Die Kürze wird erreicht durch Überspringen komplizierterer Probleme und mathematischer Ableitungen, nicht durch Weglassen größerer Gebiete. Der Leser, der dem Autor nicht glaubt (richtig abgeschrieben zu haben), sollte ausführlichere Lehrbücher zu Rate ziehen, wenn er einzelne Ableitungen nicht nachvollziehen kann. Dieses Buch soll nicht den Besuch der Vorlesung ersetzen, wo manche Details besser erläutert werden können. Die Übungen wurden meist als Präsenzaufgaben gestellt, die die Studenten ohne spezielle Vorbereitung, aber mit Beratung durch einen Tutor, lösen sollten. Die Fragen dienen auch der Vorbereitung auf mündliche Prüfungen. Die eingestreuten Computerprogramme für *Anfänger* sollen nicht (nur) „Kino während der Vorlesung" bieten, sondern klarmachen, daß Programmierkenntnisse heute von den meisten Physikstudenten erworben werden und recht hilfreich im Studium sind. Der zur Erstellung der Programme benutzte Apple IIe Computer stammte von der Müller-Reitz-Stiftung im Deutschen Stifterverband.

Jülich, Januar 1989   *D. Stauffer*

Inhaltsverzeichnis

1. Mechanik

Theoretische Physik ist die erste Naturwissenschaft, die mathematisiert wurde: das Ergebnis von Experimenten soll durch mathematische Formeln vorhergesagt oder interpretiert werden. Mathematische Logik, Theoretische Chemie und Theoretische Biologie kamen erst viel später hinzu. Zwar wurde schon vor über 2000 Jahren in Griechenland die Physik mathematisch verstanden, z.B. durch das von Archimedes mit EUREKA (mangels New York Times) angekündigte Gesetz über den Auftrieb in Wasser. Aber wirklich in Schwung kam die Theoretische Physik erst durch die Keplerschen Gesetze und deren Erklärung durch Newtons Gravitations- und Bewegungsgesetze. Und damit wollen auch wir anfangen.

1.1 Punktmechanik

1.1.1 Grundbegriffe der Mechanik und Kinematik

Ein Massenpunkt ist ein Gebilde, dessen räumliche Ausdehnung vernachlässigbar klein ist gegenüber den Abständen, die für die jeweilige Problemstellung interessieren. Zum Beispiel beschreiben die Keplerschen Gesetze die Erde als einen Massenpunkt, der um die Sonne „kreist". Natürlich wissen wir ganz genau, daß die Erde nicht punktförmig ist, und Geographen dürfen sie schon zum Erhalt ihres Arbeitsplatzes nicht als punktförmig betrachten. Theoretische Physiker dürfen das aber sehr wohl, wenn sie Planetenbewegungen näherungsweise richtig beschreiben wollen: Theoretische Physik ist die Wissenschaft der erfolgreichen Näherungen. Biologen haben manchmal Probleme, ähnlich drastische Näherungen in ihrem Bereich zu akzeptieren.

Die Bewegung eines Massenpunktes wird durch seinen Ortsvektor r als Funktion der Zeit t beschrieben, wobei r aus den drei Komponenten (x, y, z) bezüglich eines rechtwinkligen Koordinatensystems besteht. (Fett gedruckte Variable symbolisieren Vektoren. Ohne Fettdruck bedeutet die gleiche Variable den Absolutbetrag des Vektors, also z.B. $r = |r|$.) Seine Geschwindigkeit v ist die Ableitung nach der Zeit

$$v(t) = \frac{dr}{dt} = (\dot{x}, \dot{y}, \dot{z}) \quad , \tag{1.1}$$

wobei Punkte über einer Variablen deren Ableitung nach t bedeuten. Die Beschleunigung ist

$$a(t) = \frac{dv}{dt} = \frac{d^2r}{dt^2} = (\dot{v}_x, \dot{v}_y, \dot{v}_z) \quad , \tag{1.2}$$

die zweite Ableitung des Ortes nach der Zeit (lateinisch: v = velocitas, a = accele-
ratio).

Galileo Galilei (1564–1642) fand, angeblich durch Fallexperimente vom schiefen Turm in Pisa, daß alle Gegenstände gleich „schnell" zu Boden fallen mit der
konstanten Erdbeschleunigung

$$a = g \quad \text{und} \quad g = 9,81\,\text{m/s}^2 \quad . \tag{1.3}$$

Heute kann man dieses Gesetz, oder besser die Stellung des Universitätsprofessors
im Ämtergefüge der Hochschule, schön „beweisen", indem man im Hörsaal ein Krei-
destück und ein Papierschnitzel gleichzeitig fallen läßt: Beide kommen gleichzeitig
am Boden an. Wer etwas anderes sieht, bekommt keinen Übungsschein.

Man merkt, theoretische Physik handelt oft von asymptotischen Grenzfällen:
Gleichung (1.3) gilt nur im experimentell nie vollkommen erreichbaren Grenzfall
verschwindender Reibung, so wie gute Chemie nur mit „chemisch reinen" Stoffen gemacht werden kann. Die Natur ist so komplex, daß Naturwissenschaftler sie
gerne in unnatürlichen Grenzfällen beobachten, die leichter zu verstehen sind. Eine
realistische Naturbeschreibung muß sich natürlich bemühen, die dadurch gewonne-
nen Gesetze so zu kombinieren, daß sie die Wirklichkeit und nicht nur Grenzfälle
beschreiben.

Die Differentialgleichung (1.3), $d^2r/dt^2 = (0,0,-g)$ wird gelöst durch die bekannten Wurfparabeln

$$r(t) = r_0 + v_0 t + (0,0,-g)t^2/2 \quad ,$$

wobei natürlich die z-Achse wie üblich genau nach oben zeigt. Hier sind r_0 und v_0
der Ort und die Geschwindigkeit am Anfang ($t = 0$). Komplizierter zu erklären sind
die Bewegungen der Planeten um die Sonne; Johannes Kepler faßte 1609 und 1619
die damals bekannten Beobachtungen in den drei Kepler-Gesetzen zusammen:

> 1) Jeder Planet bewegt sich auf einer Ellipse mit der Sonne in einem Brenn-
>   punkt.
> 2) Der Radiusvektor r (von der Sonne zum Planeten) dieser Bewegung
>   überstreicht in gleichen Zeiten gleiche Flächen.
> 3) Die Größe (Umlaufzeit)^2/(Große Halbachse)^3 ist für alle Planeten unse-
>   res Sonnensystems gleich groß.

Ellipsen sind endliche Kegelschnitte und somit verschieden von Hyperbeln; den
Grenzfall zwischen Ellipsen und Hyperbeln bilden die Parabeln. In Polarkoordinaten
(Abstand r, Winkel φ) gilt

$$r = \frac{p}{1 + \varepsilon \cos \varphi} \quad ,$$

wobei $\varepsilon < 1$ die Exzentrizität der Ellipse bzw. Planetenbahn ist. (Kreis $\varepsilon = 0$; Parabel
$\varepsilon = 1$; Hyperbel $\varepsilon > 1$; vgl. Abb. 1.1). Hyperbelbahnen kommen bei Kometen vor;
allerdings ist der Halleysche Komet keiner *in diesem Sinne,* sondern bewegt sich auf
einer besonders exzentrischen Ellipse. Quizfrage: Was haben Walfische, μ-Mesonen
und der Halleysche Komet gemeinsam? Antwort: Sie sind keine.

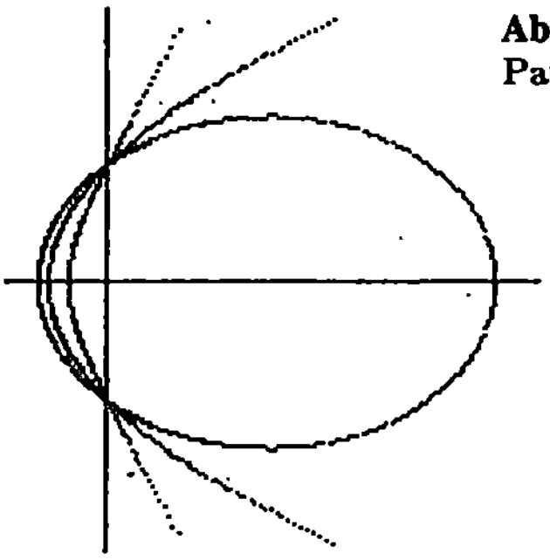

Abb. 1.1. Beispiele für eine Ellipse, eine Hyperbel und eine Parabel als Grenzfall ($\varepsilon=1/2$, 2 bzw. 1)

Bemerkenswert, insbesondere für moderne Wissenschaftspolitiker, ist es, daß aus diesen Keplergesetzen für die Bewegung weit entfernter Planeten dann die Theoretische Physik mit Newtons Bewegungsgesetz folgte. Die moderne Mechanik ergab sich nicht aus „praxisnaher", zweckgebundener Forschung auf festem Erdboden, sondern aus dem Wunsch, für bessere Horoskope die Planetenbewegung zu verstehen. Kepler beschäftigte sich übrigens auch mit Schneeflocken, einem auch in der Computer-Physik von 1987 noch kontroversen Forschungsthema[1]. Daß viele Zeitgenossen Keplers Arbeit ignorierten und daß man ihm sein Gehalt nicht immer zahlte, stellt manche von uns Heutigen wenigstens in dieser Beziehung auf eine Stufe mit ihm.

1.1.2 Das Newtonsche Bewegungsgesetz

Unbeeinflußt von Grundsatzdebatten, wie man „Kraft" und „Masse" definiert, bezeichnen wir ein Bezugssystem als Inertialsystem, wenn ein kräftefreier Körper sich in ihm stets geradlinig und unbeschleunigt bewegt, und schreiben

$$f \quad = ma$$
$$\text{Kraft} = \text{Masse} \times \text{Beschleunigung} \tag{1.4}$$

als Bewegungsgesetz von Isaac Newton (1642–1727). Für den freien Fall sagt uns das Galilei-Gesetz (1.3) daher

$$\text{Schwerkraft} = mg \quad . \tag{1.5}$$

Kräfte addieren sich wie Vektoren („Kräfteparallelogramm"), bei zwei Körpern gilt: Kraft = − Gegenkraft, und Massen addieren sich wie Zahlen. Solange wir nicht Einsteins Relativitätstheorie berücksichtigen müssen, sind die Massen von der Geschwindigkeit unabhängig.

Der *Impuls* p ist definiert durch $p = mv$, so daß (1.4) auch lautet:

$$f = \frac{dp}{dt} \quad , \tag{1.6}$$

was auch noch relativistisch gültig bleibt. Das Gesetz von Kraft = −Gegenkraft sagt dann:

---

[1] F. Family, D.E. Platt, und T. Vicsek: J. Phys. A **20**, L 1177; J. Nittmann und H.E. Stanley: J. Phys. A **20**, L 1185 (1987)

> Die Summe der Impulse zweier Massenpunkte, die aufeinander eine
> Kraft ausüben, ist zeitlich konstant. (1.7)

Entscheidend an diesen Formeln ist, daß die Kraft zur Beschleunigung und
nicht zur Geschwindigkeit proportional ist. Jahrtausendelang glaubte man an einen
Zusammenhang mit der Geschwindigkeit, wie er durch die tägliche, durch Reibung
beherrschte Erfahrung suggeriert wird. Für die Denker des siebzehnten Jahrhunderts
war es sehr schwer anzuerkennen, daß kräftefreie Körper sich beliebig weit mit
konstanter Geschwindigkeit entfernen sollen; Kinder des Raketenzeitalters haben
sich längst daran gewöhnt.

Es ist nicht festgelegt, welches der vielen möglichen Inertialsysteme man benutzt: Man kann den Koordinatenursprung in seinen Schreibtisch legen oder ins
Wissenschaftsministerium. Mathematisch sind Transformationen von einem Inertialsystem in ein anderes („Galilei-Transformationen") beschrieben durch

$$r' = Rr + v_0 t + r_0 \quad ; \quad t' = t + t_0 \qquad (1.8)$$

mit beliebigen Parametern v_0, r_0, t_0 (Abb. 1.2). Hierbei ist R eine Drehungsmatrix
mit drei „Freiheitsgraden" (drei Drehwinkel); je drei Freiheitsgrade stecken auch in
den Vektoren v_0 und r_0, und der zehnte Freiheitsgrad ist t_0. Diesen zehn kontinuierlichen Variablen in der allgemeinen Galilei-Transformation werden später zehn
Erhaltungssätze entsprechen.

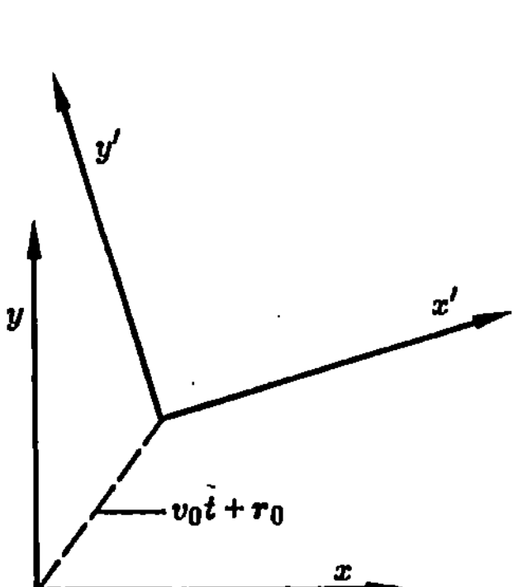

Abb. 1.2. Beispiel einer Transformation (1.8) im zweidimensionalen Raum

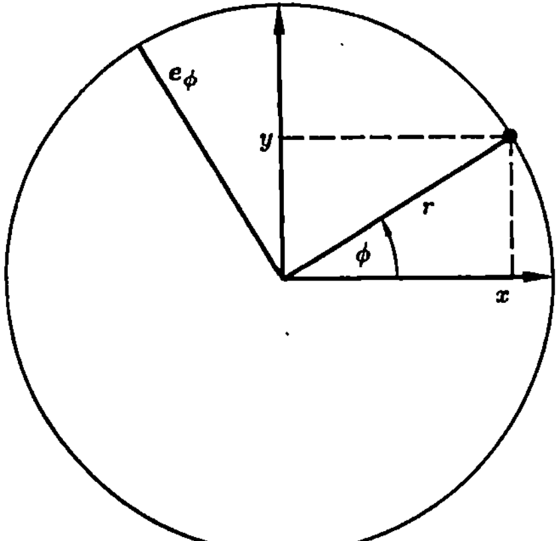

Abb. 1.3. Polarkoordinaten (r, φ) auf einer sich mit
Winkelgeschwindigkeit ω drehenden ebenen Scheibe,
von oben betrachtet

Interessante Effekte gibt es, wenn das Bezugssystem kein Inertialsystem ist.
Zum Beispiel können wir eine ebene Scheibe betrachten, die sich (gegenüber den
Fixsternen) mit einer Winkelgeschwindigkeit $\omega = \omega(t)$ dreht (Abb. 1.3). Vom Ka-
russellfahren sind die dann auftretenden Radialkräfte bekannt. Der Einheitsvektor
in Richtung von r sei $e_r = r/|r|$, der darauf senkrecht stehende Einheitsvektor
in Drehrichtung sei e_φ, wobei φ der Winkel mit der x-Achse ist: $x = r \cos \varphi$,
$y = r \sin \varphi$. Die zeitliche Ableitung von e_r ist ωe_φ, die von e_φ ist $-\omega e_r$, mit der

Winkelgeschwindigkeit $\omega = d\varphi/dt$. Die Geschwindigkeit ist

$$v = \frac{d(r\,e_r)}{dt} = e_r \frac{dr}{dt} + r\omega e_\varphi$$

nach der Produktregel des Differenzierens. Für die Beschleunigung a und die Kraft f gilt ähnlich

$$\frac{f}{m} = a = \dot v = \left(\frac{d^2 r}{dt^2} - \omega^2 r\right) e_r + (2\dot r\omega + r\dot\omega)e_\varphi \quad . \tag{1.9}$$

Von den vier Termen auf der rechten Seite ist der dritte besonders interessant. Der erste ist „normal", der zweite entspricht der Fliehkraft, der letzte tritt nur auf, wenn die Winkelgeschwindigkeit geändert wird. Falls, wie auf der sich drehenden Erde am Nordpol, die Winkelgeschwindigkeit konstant ist, entfällt der letzte Term. Der vorletzte Term in (1.9) gehört zur Coriolis-Kraft und führt dazu, daß auf der Nordhalbkugel der Erde schnell bewegte Gegenstände nach rechts abgelenkt werden, wenn man sie von der drehenden Erde aus betrachtet: Foucault-Pendel 1851, rechtes Steilufer der Wolga, Drehsinn europäischer Tiefdruckgebiete, karibischer Hurrikane und pazifischer Taifune. Zum Beispiel strömt bei einem Tiefdruckgebiet im Nordatlantik die Luft in dieses Gebiet hinein; wenn der Ursprung unserer Polarkoordinaten in die Mitte des Tiefs gelegt wird (und dieses zur Vereinfachung an den Nordpol), ist also dr/dt negativ, ω konstant, und die von der drehenden Erde aus beobachtete „Ablenkung" des Windes immer nach rechts; am Südpol ist es umgekehrt. (Wenn der Beobachter nicht auf dem Nordpol steht, ist ω noch mit $\sin\psi$ zu multiplizieren, wobei ψ der Breitengrad ist: Auf dem Äquator gibt es keine Coriolis-Kraft.)

1.1.3 Einfache Anwendungen des Newtonschen Gesetzes

a) Energiesatz

Wegen $f = ma$ gilt:

$$f\frac{dr}{dt} = m\frac{dr}{dt}\frac{d^2 r}{dt^2} = \frac{d(mv^2/2)}{dt} = \frac{dT}{dt}$$

mit der *kinetischen Energie* $T = mv^2/2$. Also gilt für die Differenz zwischen der kinetischen Energie am Ort 1 (oder zur Zeit 1) und der am Ort 2:

$$T(t_2) - T(t_1) = \int_1^2 f v\,dt = \int_1^2 f\,dr \quad ,$$

was der am Massenpunkt geleisteten mechanischen Arbeit („Arbeit = Kraft mal Weg") entspricht. (Das Produkt zweier Vektoren wie f und v hier ist das Skalarprodukt, also $f_x v_x + f_y v_y + f_z v_z$. Der Multiplikationspunkt wird weggelassen. Das Kreuzprodukt zweier Vektoren wie $f \times v$ kommt später.) Die *Leistung* dT/dt („Leistung = Arbeit/Zeit") ist daher gleich dem Produkt von Kraft f und Geschwindigkeit v, was man vor allem auf der Autobahn, aber auch im Studium merkt.

Ein dreidimensionales Kraftfeld $f(r)$ wird als *konservativ* bezeichnet, wenn das obige Integral über $f\,dr$ zwischen zwei festen Endpunkten 1 und 2 unabhängig ist von dem Weg, der von 1 nach 2 führt. Die Schwerkraft z.B., $f = mg$, is konservativ,

$$\int f\, dr = -mgh \quad ,$$

wobei die Höhe h unabhängig ist vom nach oben führenden Weg. Mit der *potentiellen Energie*

$$U(r) = -\int f\, dr$$

gilt daher:

> Kräfte sind genau dann konservativ, wenn ein Potential U existiert
> mit $f = -\mathrm{grad}\, U = -\nabla U$. $\hspace{4em}$ (1.10)

Wir haben uns hier vor allem mit konservativen Kräften auseinanderzusetzen und vernachlässigen oft Reibungskräfte, die nicht konservativ sind. Wenn sich nun ein Massenpunkt in einem konservativen Kraftfeld von 1 nach 2 bewegt, so gilt

$$T_2 - T_1 = \int_1^2 f\, dr = -(U_2 - U_1) \quad ,$$

also $T_1 + U_1 = T_2 + U_2$ oder $T + U = \mathrm{const}$:

> Die *Energie* $T + U$ ist zeitlich konstant bei konservativen Kräften. (1.11)

Wer in diesem Energiesatz von zentraler Bedeutung für unser tägliches Leben einen Fehler findet, kann ein Perpetuum Mobile erfinden. Wir werden später noch andere Energieformen außer T und U einführen, so daß dann auch Reibungsverluste („Wärme") etc. in den Energiesatz mit aufgenommen werden können, wir also nicht nur konservative Kräfte behandeln werden. Mathematisch zeigt (1.11), daß man wichtige Eigenschaften der Bewegung bereits vorhersagen kann, ohne daß man die ganze Bewegungsform explizit ausrechnen muß („Bewegungsintegrale").

b) Eindimensionale Bewegung und Pendel

In einer Dimension sind alle nur von x abhängenden Kräfte automatisch konservativ, weil es nur einen einzigen Weg von einem Punkt zu einem anderen Punkt auf einer Geraden gibt. Also ist $E = U(x) + mv^2/2$ stets konstant, mit $dU/dx = -f$ und beliebiger Kraft $f(x)$. (Mathematiker sollten wissen: Physiker tun so, als ob alle vernünftigen Funktionen stets differenzierbar und integrierbar wären, und merken erst jetzt, daß auch gewisse mathematische Monster wie „Fraktale" physikalische Bedeutung haben.) Man sieht das auch ganz direkt:

$$\frac{dE}{dt} = \frac{dU}{dx}\frac{dx}{dt} + mv\frac{dv}{dt} = -fv + mva = 0 \quad .$$

Somit gilt $dt/dx = 1/v = [(E - U)2/m]^{-1/2}$, und daher

$$t = t(x) = \int \frac{dx}{\sqrt{(E - U(x))2/m}} \quad . \tag{1.12}$$

Somit ist, bis auf eine Integrationskonstante, die Zeit als Funktion des Ortes x bestimmt durch ein relativ einfaches Integral. Schon manche Taschenrechner können Integrationen auf Tastendruck automatisch ausführen. Beim harmonischen Oszillator, also dem Pendel mit kleinen Ausschlägen, oder dem an einer Feder auf und ab wippenden Gewicht, ist $U(x)$ proportional zu x^2, und dies führt zu Sinus- und Cosinus-Schwingungen für $x(t)$, vorausgesetzt der Leser kennt die Stammfunktion zu $(1 - x^2)^{-1/2}$. Allgemein, falls die Energie E zu einer Bewegung in einer Potentialmulde der Kurve $U(x)$ führt, gibt es eine periodische Bewegung (Abb. 1.4), die aber nicht immer sin (ωt) sein muß. Beim anharmonischen Pendel zum Beispiel ist die Rückstellkraft proportional zu sin (x) (dabei ist x der Winkel), und das Integral (1.12) führt zu elliptischen Funktionen, mit denen ich sonst noch nie etwas zu tun hatte.

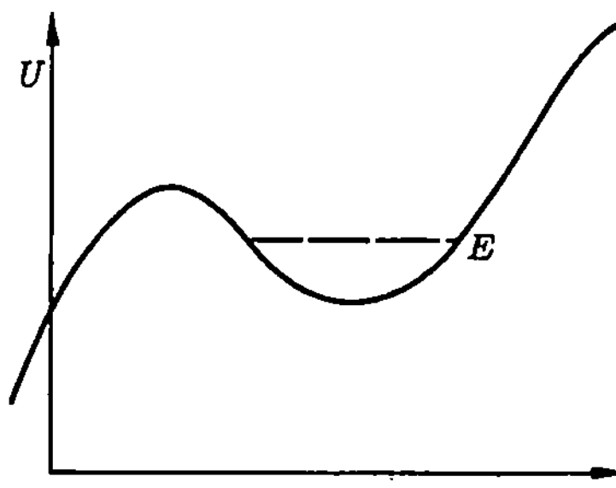

Abb. 1.4. Periodische Bewegung zwischen den Punkten a und b, wenn die Energie E in der Mulde des Potentials $U(x)$ liegt

Es ist daher, trotz der exakten Lösung durch (1.12), auch gut, sich ein Computerprogramm zu überlegen, mit dem man $f = ma$ direkt löst. Ganz primitiv (bessere Methoden überlasse ich der numerischen Mathematik) zerlegt man die Zeit in einzelne Zeitschritte Δt. Wenn ich den derzeitigen Ort x kenne, kann ich die Kraft f ausrechnen und damit die Beschleunigung $a = f/m$. Die Geschwindigkeit v ändert sich im Intervall Δt um $a\,\Delta t$, der Ort x um $v\,\Delta t$. Somit komme ich zur Befehlsfolge des Programms PENDEL, die dann dauernd zu wiederholen ist.

```
f(x) berechnen
v durch v + (f/m)Δt ersetzen
x durch x + v Δt ersetzen
zurück zur Berechnung von f
```

Am Anfang brauchen wir eine Anfangsgeschwindigkeit v_0 und einen Anfangsort x_0. Durch geeignete Wahl der Zeiteinheit kann die Masse gleich 1 gesetzt werden. Programmierbare Taschenrechner können hervorragend geeignet sein, dieses Programm durchzurechnen. In der Computersprache BASIC ist es hier für $f = -\sin x$ angegeben. Man sieht, Programmieren kann ganz einfach sein; man sollte sich nicht

```
10 x =0.0
20 v =1.0
30 dt=0.1
40 f =-sin(x)
50 v =v+f*dt
60 x =x+v*dt
70 print x,v
80 goto 40
90 end
```

durch Lehrbücher abschrecken lassen, wo allein die Eingabe der Anfangsdaten eine Programmseite füllt.

In BASIC und FORTRAN bedeutet $a = b + c$ ($a := b + c$; in PASCAL), daß die Summe von b und c in dem Speicherplatz abgespeichert werden soll, der für die Variable a reserviert ist. Der Befehl $n = n + 1$ ist also keine sensationelle mathematische Neuentdeckung, sondern bedeutet, daß die Variable n von ihrem bisherigen Wert um eins erhöht werden soll. Mit „goto" zwingt man den Computer, zu der mit der entsprechenden Nummer gekennzeichneten Zeile des Programms zu springen. In obigem Programm muß der Computer „gewaltsam" gestoppt werden. In Zeile 40 ist das jeweilige Kraftgesetz anzugeben. Noch kürzer ist es natürlich, wenn man gleich schreibt

```
40 v = v - sin(x)*dt    .
```

c) Drehimpuls und Drehmoment

Das Kreuzprodukt $L = r \times p$ von Ort und Impuls (englisch: momentum) ist der *Drehimpuls* (angular *momentum*), und $M = r \times f$ ist das *Drehmoment (torque)*. Exakte Wissenschaftler mögen behaupten, das Kreuzprodukt sei gar kein Vektor, sondern eine antisymmetrische 3×3 Matrix. Wir dreidimensionale Physiker können ganz gut mit dem Betrug leben, mit L und M wie mit Vektoren zu rechnen.

Analog zu $f = dp/dt$ haben wir

$$M = \frac{dL}{dt} \quad , \tag{1.13}$$

was man auch beweisen kann:

$$M = r \times \dot{p} = \frac{d(r \times p)}{dt} - \dot{r} \times p = \dot{L} \quad ,$$

da der Vektor dr/dt zum Vektor p parallel ist, das Kreuzprodukt der beiden Vektoren also verschwindet. Geometrisch ist $L/m = r \times v$ das Doppelte der vom Radiusvektor r pro Zeit überstrichenen Fläche (Abb. 1.5); das zweite Keplergesetz sagt also aus, daß die Sonne auf die Erde kein Drehmoment ausübt und daß somit Drehimpuls und überstrichene Fläche konstant bleiben.

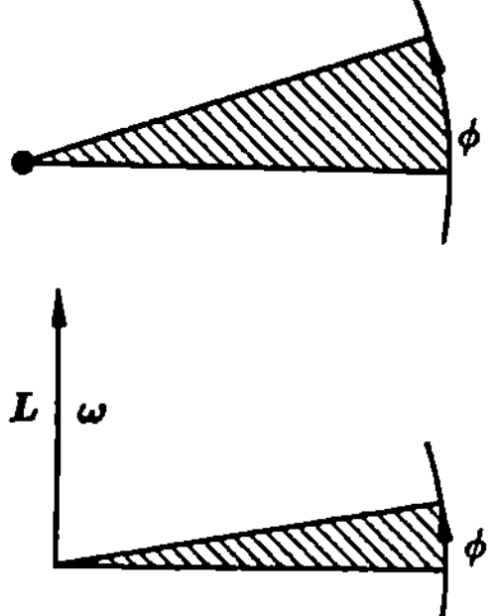

Abb. 1.5. Die vom Radiusvektor r pro Zeiteinheit überstrichene Dreiecksfläche ist die Hälfte des Kreuzprodukts $r \times v$. Das obere Bild ist in Achsenrichtung gesehen. Die untere Abbildung zeigt in drei Dimensionen den Winkel φ und die Vektoren L und ω

d) Zentralkräfte

Zentralkräfte nennt man alle Kräfte F, die in Richtung des Radiusvektors r zeigen, also $F(r) = f(r)e_r$ mit einer beliebigen skalaren Funktion f des Vektors r. Dann ist das Drehmoment $M = r \times \cdot F = (r \times r)f(r)/|r| = 0$:

> Zentralkräfte üben kein Drehmoment aus und lassen den Drehimpuls konstant. $\hfill$ (1.14)

Bei allen Zentralkräften verläuft die Bewegung des Massenpunktes in einer Ebene senkrecht zum konstanten Drehimpuls L:

$$rL = r(r \times p) = p(r \times r) = 0$$

mit der Spatprodukt-Regel

$$a(b \times c) = c(a \times b) = b(c \times a) \quad .$$

Die Berechnung des Drehimpulses in Polarkoordinaten zeigt, daß bei dieser Bewegung ωr^2 konstant bleibt: Je näher der Massenpunkt am Kraftzentrum ist, um so schneller saust er um ihn herum. *Frage:* bedeutet das, daß der Winter immer länger ist als der Sommer?

e) Isotrope Zentralkräfte

Die meisten Kräfte, mit denen theoretische Physiker rechnen, sind isotrope Zentralkräfte. Dies sind Zentralkräfte, in denen die Funktion $f(r)$ nur vom Betrag $|r| = r$ und nicht von der Richtung abhängt: $F = f(r)e_r$. Mit

$$U(r) = - \int f(r)dr$$

gilt dann $F = -\operatorname{grad} U$ und $f = -dU/dr$: Auch die potentielle Energie U ist nur vom Abstand r abhängig. Wichtige Beispiele sind:

$$U \sim 1/r, \text{ also } f \sim 1/r^2: \qquad\qquad \text{Gravitation, Coulomb-Gesetz;}$$

$U \sim 1/r$, also $f \sim 1/r^2$: $\qquad\qquad$ Gravitation, Coulomb-Gesetz;

$U \sim \exp(-r/\xi)/r$: $\qquad$ Yukawa-Potential; abgeschirmtes Coulomb-Potential;

$U = \infty$ für $r < a$, $U = 0$ für $r > a$: $\qquad$ Harte Kugeln (Billard-Spiel);

$U = \infty$, $-U_0$ und 0 für $r<a$, $a<r<b$ und $r>b$: Kugeln mit Potentialtopf;

$U \sim (a/r)^{12} - (a/r)^6$: $\qquad\qquad$ Lennard-Jones oder „6–12"-Potential;

$U \sim r^2$: $\qquad\qquad\qquad\qquad\qquad$ Harmonischer Oszillator.

(Hier ist $\sim$ das Symbol für eine Proportionalität.) Für die Computer-Simulation von realen Gasen wie etwa Argon ist das Lennard-Jones-Potential das wichtigste: Man steckt 10^5 solche Massenpunkte in einen Großrechner und bewegt jeden gemäß Kraft = Masse×Beschleunigung, wobei die Kraft die Summe der Lennard-Jones-Kräfte von den Nachbarteilchen ist. Dieses Verfahren heißt „molecular dynamics" und verlangt viel Rechenzeit.[2]

Da es stets eine potentielle Energie U gibt, sind isotrope Zentralkräfte stets konservativ. Wenn man also irgendwelche Geräte so aufbaut, daß nur Schwerkraft und elektrische Kräfte auftreten, dann ist die Energie $E = T + U$ zwangsläufig konstant. Ähnlich dem eindimensionalen Fall läßt sich auch hier die Bewegungsgleichung exakt lösen, indem wir die Geschwindigkeit v in eine Komponente dr/dt in r-Richtung und eine Komponente $r\, d\varphi/dt = r\omega$ senkrecht dazu auflösen und $L = m\omega r^2$ verwenden:

$$E = U + T = U + \frac{mv^2}{2}$$

$$= U + \frac{m(dr/dt)^2 + r^2\omega^2}{2} = U + \frac{m[(dr/dt)^2 + L^2/m^2r^2]}{2} \quad.$$

(Um Geld für Klammern zu sparen, schreiben Physiker gerne a/bc für den Bruch $a/(bc)$.) Also gilt mit $U_{\text{eff}} = U + L^2/2mr^2$:

$$\frac{dr}{dt} = \sqrt{2(E - U_{\text{eff}})/m} \quad, \quad t = \int \frac{dr}{\sqrt{2(E - U_{\text{eff}})/m}} \quad. \tag{1.15}$$

Durch die Definition des effektiven Potentials U_{eff} konnte also das Problem auf die gleiche Form gebracht werden wie in einer Dimension, (1.12). Darüber hinaus wollen wir jetzt aber auch den Winkel $\varphi(t)$ ausrechnen über

$$L = mr^2\omega = mr^2\frac{d\varphi}{dr}\frac{dr}{dt} : \quad \frac{d\varphi}{dr} = \frac{L}{mr^2}/\sqrt{2(E - U_{\text{eff}})/m} \quad. \tag{1.16}$$

Durch Integration ergibt sich hieraus $\varphi(r)$, und alles ist gelöst.

f) Bewegung im Gravitationsfeld

Zwei Massen M und m im Abstand r ziehen sich nach Newtons Gravitationsgesetz an mit

$$U = -GMm/r \quad \text{und} \quad f = -GMm/r^2 \quad, \tag{1.17}$$

wobei G die Gravitationskonstante $= 6{,}67 \times 10^{-8}$ in cgs-Einheiten ist. (Die allmählich veraltenden *centimeter-gramm-sekunden* Einheiten wie erg und dyn sind in der

---

[2] W.G. Hoover: *Computational Statistical Mechanics*, Elsevier, Amsterdam 1991

theoretischen Physik immer noch weit verbreitet; $1\,\text{dyn} = 10^{-5}\,\text{Newton} = 1\,\text{g\,cm/s}^2$; $1\,\text{erg} = 10^{-7}$ Joule oder Wattsekunden $= 1\,\text{g\,cm}^2/\text{s}^2$.) Sich abstoßende Massen sind, im Gegensatz zu sich abstoßenden elektrischen Ladungen, bisher nicht gefunden worden. Bei Planeten ist M die Sonnenmasse und m die Planetenmasse.

Die Integration von (1.16) führt, über

$$\int (1 - x^2)^{-1/2}\,dx = -\arccos x$$

zum Resultat

$$r = \frac{p}{1 + \varepsilon \cos \varphi}$$

mit dem Parameter $p = L^2/GMm^2$ und der Exzentrizität $\varepsilon = (1 + 2Ep/GMm)^{1/2}$ entsprechend Keplers Ellipsengesetz. Für große Energien ist $\varepsilon > 1$ und wir bekommen eine Hyperbel (Komet) statt einer Ellipse ($\varepsilon < 1$). Das zweite Keplergesetz gibt, wie oben besprochen, die Erhaltung des Drehimpulses an, eine Selbstverständlichkeit bei isotropen Zentralkräften wie der Gravitation. Auch das dritte Gesetz stimmt:

$$\frac{(\text{Periode})^2}{(\text{Große Halbachse})^3} = \frac{4\pi^2}{GM} \cdot \tag{1.18}$$

(Die Herleitung mache ich mir besonders einfach, indem ich mit Kreisen statt Ellipsen rechne und dann einfach die Radialkraft $m\omega^2 r$ mit der Gravitationskraft GMm/r^2 gleichsetze: Periode $= 2\pi/\omega$.)

Die Computersimulation erlaubt es auch, Abweichungen vom Gravitationsgesetz hypothetisch mitzunehmen, z.B. $U \sim 1/r^2$ statt $1/r$. Die Computersimulation zeigt dann, daß es so gar keine geschlossenen Bahnen gibt. Das BASIC-Programm PLANET illustriert nur das richtige Gesetz und führt mit der Eingabe 0.5, 0, 0.01 zu einer netten Ellipse, vor allem, wenn man es durch Graphik-Anweisungen entsprechend dem benutzten Computer anreichert. Im Gegensatz zu unserem ersten Programm haben wir es hier mit zwei Dimensionen zu tun, brauchen also x und y für den Ort und v_x und v_y für die Geschwindigkeit; auch die Kraft muß in x- und y-Komponente zerlegt werden: $f_x = xf/r$, $f_y = yf/r$. („input" bedeutet, daß man

PROGRAMM PLANET ▬▬▬▬▬▬▬▬▬▬

```
10 input "vx,vy,dt ="; vx,vy,dt
20 x =0.0
30 y =1.0
40 r2=x*x+y*y
50 r3=dt/(r2*sqr(r2))
60 vx=vx-x*r3
70 vy=vy-y*r3
80 x =x+dt*vx
90 y =y+dt*vy
100 print x,y
110 goto 40
120 end
```

nach Anlaufen der Rechnung Zahlen eingeben will, und sqr ist die Quadratwurzel.)
Für ein falsches Gravitationsgesetz mit $U \sim 1/r^2$ braucht man nur die Wurzel sqr
in Zeile 50 durch ihr Argument $r2$ zu ersetzen; die Graphik zeigt dann, daß nichts
mehr so richtig funktioniert.

1.1.4 Harmonischer Oszillator in einer Dimension

Der harmonische Oszillator zieht sich wie ein roter Faden durch die theoretische
Physik und ist in der Mechanik definiert durch

$$T = mv^2/2 \quad , \quad U = Kx^2/2 \quad , \quad E = T + U = p^2/2m + Kx^2/2 \quad . \tag{1.19}$$

Zum Beispiel wippt so ein an einer Feder aufgehängtes Gewicht, wenn die Auslenkung x nicht zu groß ist, so daß die Rückstellkraft zur Auslenkung proportional
ist.

a) Ohne Reibung

Die Ausrechnung des Integrals (1.12) gibt mit $\omega^2 = K/m$ die Lösung

$$x = x_0 \cos (\omega t + \text{const}) \quad ,$$

was man aber direkt auch einsehen kann: Aus (1.4) folgt

$$m\frac{d^2 x}{dt^2} + Kx = 0 \quad , \tag{1.20}$$

und Sinus oder Cosinus lösen diese Differentialgleichung. Die potentielle Energie
oszilliert proportional zum Quadrat des Cosinus, die kinetische proportional zum
Quadrat des Sinus; wegen $\cos^2 \psi + \sin^2 \psi = 1$ ist die Gesamtenergie $E = U + T$
konstant, wie es auch sein muß.

In der Elektrodynamik werden wir Lichtwellen kennenlernen, wo elektrische
und magnetische Feldenergie oszillieren. In der Quantenmechanik werden wir (1.19)
mit der Schrödinger-Gleichung lösen und zeigen, daß Ort x und Impuls p nicht beide
genau Null sein können („Heisenbergsche Unschärferelation"). In der Statistischen
Physik werden wir den Beitrag von Schwingungen zur spezifischen Wärme berechnen, zur Anwendung etwa in der Festkörperphysik („Debye-Theorie"). Auch
in der Technik sind harmonische Schwingungen wohlbekannt, etwa als elektrische
Schwingkreise mit Spule ($\approx$ kinetische Energie) und Kondensator ($\approx$ potentielle Energie); die gleich diskutierte Reibung entspricht dann dem elektrischen Widerstand
(„Ohmsches Gesetz").

b) Mit Reibung

In der Theoretischen Physik (nicht unbedingt in der Realität) sind Reibungskräfte in
der Regel proportional zur Geschwindigkeit. Also nehmen wir eine Reibungskraft
$-R\, dx/dt$ an,

$$m\frac{d^2 x}{dt^2} + R\frac{dx}{dt} + Kx = 0 \quad .$$

Diese Differentialgleichung (zweiter Ordnung) ist linear, d.h. enthält keine Potenzen von x, und hat konstante Koeffizienten, d.h. m, R und K hängen nicht von t ab. Solche Differentialgleichungen lassen sich generell durch komplexe Exponentialfunktionen $\exp(i\varphi) = \cos\varphi + i\sin\varphi$ lösen, von denen man zum Schluß den Realteil nimmt. In diesem Sinne machen wir also den Ansatz

$$x = a\,e^{i\omega t} \rightarrow \frac{dx}{dt} = i\omega x \rightarrow \frac{d^2 x}{dt^2} = -\omega^2 x$$

und versuchen, die komplexen Zahlen a und ω zu finden. Für den Fall ohne Reibung (1.20) ist das ganz einfach,

$$-m\omega^2 x + Kx = 0 \quad , \quad \text{oder} \quad \omega^2 = K/m \quad .$$

Mit Reibung bekommen wir jetzt

$$-m\omega^2 x + i\omega Rx + Kx = 0 \quad .$$

Diese quadratische Gleichung wird gelöst durch

$$\omega = iR/2m \pm \sqrt{K/m - R^2/4m^2} \quad .$$

Wenn wir ω in seinen Realteil Ω und Imaginärteil $1/\tau$ zerlegen, $\omega = \Omega + i/\tau$, so erhalten wir

$$x = a\,e^{i\Omega t}\,e^{-t/\tau} \quad .$$

Ganz generell entspricht bei einer komplexen Frequenz $\omega = \Omega + i/\tau$ der Realteil Ω eine Cosinus-Schwingung und der Imaginärteil einer Dämpfung mit Lebensdauer τ. Bei obigem Ausdruck ist der Realteil, wenn wir zur Vereinfachung $a = 1$ setzen,

$$x = \cos(\Omega t)\,e^{-t/\tau} \quad . \tag{1.21}$$

Analog lassen sich andere lineare Differentialgleichungen n-ter Ordnung mit konstanten Koeffizienten auf eine normale Gleichung mit Potenzen bis zu ω^n reduzieren. Die zunächst nur in der Einbildung der Mathematiker existierenden imaginären und komplexen Zahlen, mit $i^2 = -1$, sind so zu einem nützlichen Hilfsmittel der praktischen Physik geworden.

Denn was bedeutet obiges Ergebnis? Wenn $4K/m > R^2/m^2$, dann ist die Wurzel reell und gleich Ω, und $1/\tau = R/2m$. Also beschreibt (1.21) eine gedämpfte Schwingung. Wenn dagegen $4K/m < R^2/m^2$, so ist die Wurzel rein imaginär, ω hat gar keinen Realteil Ω mehr, und es gibt eine überdämpfte, rein exponentiell abklingende Bewegung. Der „aperiodische Grenzfall" $4Km = R^2$ bietet noch eine mathematische Schwierigkeit („Entartung"), die ich den Konstrukteuren von Stoßdämpfern gerne überlasse. Abbildung 1.6 zeigt zwei Beispiele.

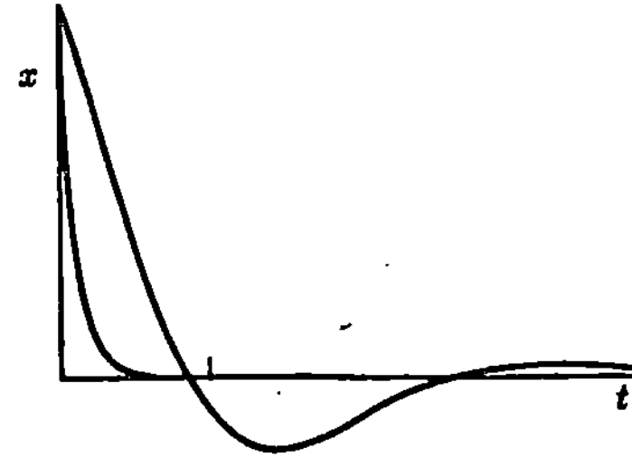

Abb. 1.6. Auslenkung x gegen Zeit t für $K = 1$, $m = 1$ und $R = 1$ (Schwingung) und $R = 4$ (Dämpfung). Im ersten Fall ist die Lebensdauer τ markiert

c) *Resonanz*

Ob dieses Buch beim Leser Resonanz findet, kann schwer berechnet werden. Stattdessen behandeln wir Resonanzeffekte, wenn ein gedämpfter harmonischer Oszillator
unter dem Einfluß einer periodischen äußeren Kraft schwingt. „Bekanntlich" setzt
Resonanz voraus, daß Oszillator und Kraft etwa die gleiche Schwingungsfrequenz
haben.

Wieder verwenden wir komplexe Zahlen zur Berechnung; die äußere Kraft, die
einem Sinus- oder Cosinus-Gesetz gehorcht, wird also als komplexe Schwingung
$f \exp(\mathrm{i}\omega t)$ und nicht proportional zu $\cos(\omega t)$ angesetzt. Dann lautet die inhomogene
Differentialgleichung

$$m\frac{d^2x}{dt^2} + R\frac{dx}{dt} + Kx = f\mathrm{e}^{\mathrm{i}\omega t} \quad .$$

Der Ansatz $x = a\exp(\mathrm{i}\omega t)$ führt wieder zur algebraischen Gleichung

$$-m\omega^2 a + R\mathrm{i}\omega a + Ka = f \quad ;$$

der Faktor $\exp(\mathrm{i}\omega t)$ hat sich herausgekürzt, was den Ansatz nachträglich rechtfertigt.
Es wird übersichtlicher, wenn wir $\omega_0^2 = K/m$ und $1/\tau = R/m$ verwenden, denn ω_0 ist
die Eigenfrequenz des Oszillators ohne äußere Kraft, und τ dessen Dämpfungszeit.
Obige Gleichung wird ganz einfach gelöst:

$$a = \frac{f/m}{\omega_0^2 - \omega^2 + \mathrm{i}\omega/\tau} \quad .$$

Diese Amplitude a ist eine komplexe Zahl, $a = |a|\exp(-\mathrm{i}\psi)$, wobei die „Phase" ψ
den Winkel angibt, um den die Schwingung x gegenüber der Kraft f hinterherhinkt.
Interessanter ist der Betrag, $|a|^2 = (\mathrm{Re}\,a)^2 + (\mathrm{Im}\,a)^2$:

$$|a| = \frac{(f/m)}{\sqrt{(\omega_0^2 - \omega^2)^2 + \omega^2/\tau^2}} \quad . \tag{1.22}$$

Diese Funktion $|a|$ von ω ist zunächst einmal symmetrisch, d.h. sie hat für positive
und negative ω den gleichen Wert, so daß wir jetzt $\omega \geq 0$ annehmen können. Wenn
die Reibung klein, also τ groß ist, dann sieht diese Funktion etwa so wie in Abb. 1.7
aus: Eine relativ scharfe Spitze hat ihr Maximum in der Nähe von $\omega = \omega_0$, die Breite
dieses Maximums ist von der Größenordnung $1/\tau$. (Experten wissen, daß nicht die
Amplituden, sondern die Energieverluste durch Reibung bei $\omega = \omega_0$ maximal sind;
für schwache Dämpfung ist der Unterschied unwichtig.) Ähnliche Phänomene treten

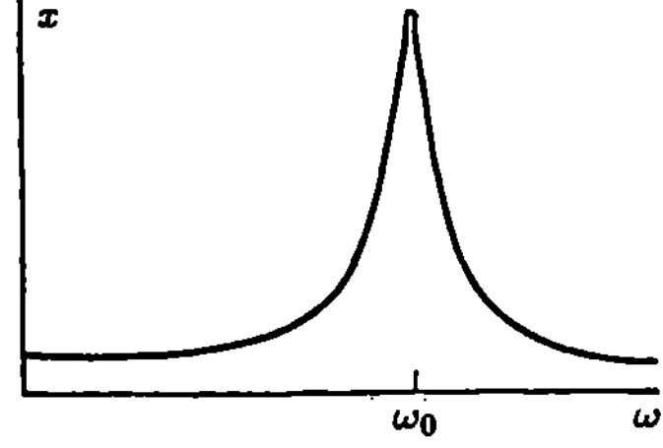

Abb. 1.7. Darstellung der Resonanzfunktion (1.22) bei
kleiner Dämpfung. Das Maximum liegt nahe an der
Eigenfrequenz ω_0, die Breite gibt $1/\tau$

häufig in der Physik auf: Die Position des Resonanzmaximums gibt ungefähr die Eigenfrequenz, die Breite die reziproke Lebensdauer an.

Bei $\omega = \omega_0$ ist $|a| = (f/m)/(\omega_0/\tau) = f\tau/(Km)^{1/2}$. Je kleiner die Dämpfung, also je größer die Lebensdauer τ ist, umso höher ist das Maximum nahe $\omega = \omega_0$. Im Grenzfall unendlich kleiner Dämpfung, $\tau = \infty$, gibt es ein unendlich hohes und unendlich scharfes Maximum, und ein Resonanzexperiment ist dann praktisch unmöglich: Man müßte haargenau die richtige Frequenz ω_0 treffen. Realistisch ist also nur eine sehr geringe Dämpfung, und dann ist der Effekt vom Radio-Hören bekannt. Man muß die Frequenz ungefähr richtig einstellen, um eine deutliche Verstärkung zu hören. Je kleiner die Dämpfung ist, um so genauer muß man die gewünschte Frequenz treffen. Wem Radioprogramme zu langweilig sind, der möge sich mal den Film einer besonders eleganten Straßenbrücke anschauen, die vor Jahrzehnten zusammenbrach, weil der Wind Schwingungsfrequenzen erzeugte, die mit der Eigenfrequenz der Torsionsschwingungen der Brücke übereinstimmten.

1.2 Mechanik von Massenpunkt-Systemen

Bisher wurde ein einzelner Massenpunkt in einem feststehenden Kraftfeld betrachtet; in diesem Kapitel geht es um mehrere bewegliche Massenpunkte, die aufeinander Kräfte ausüben. Wir werden eine vollständige Lösung bei zwei solchen Massenpunkten kennenlernen; bei mehr als zwei beschränken wir uns auf allgemeine Erhaltungssätze.

1.2.1 Die zehn Erhaltungssätze

a) Annahme

Gegeben seien N Massenpunkte mit den Massen m_i, $i = 1, 2, \ldots, N$, die aufeinander Zweikörperkräfte $F_{ik} = -F_{ki}$ ausüben. Alle diese Kräfte seien isotrope Zentralkräfte, d.h. die Masse k übt auf diese Masse i die Kraft

$$F_{ki} = f_{ki}(r_{ki}) r_{ki}/|r_{ki}| = f_{ki}(r_{ki}) e_{ki}$$

mit $r_{ki} = r_k - r_i$. Wir definieren aus Bequemlichkeit $f_{ii} = 0$ und müssen dann folgende Bewegungsgleichungen lösen:

$$m_i \frac{d^2 r_i}{dt^2} = \sum_k f_{ki} e_{ki} \quad .$$

b) Energiesatz

Die kinetische Energie $T = \sum_i T_i = \sum_i m_i v_i^2/2$ sei die Summe aller Einteilchen-Energien T_i, die potentielle Energie U sei die Doppel-Summe $\sum_i \sum_k U_{ik}/2$ aller Zweiteilchen-Potentiale U_{ik} und sei nicht explizit abhängig von der Zeit. Dann gilt der Energiesatz:

$$\boxed{\text{Die Energie } E = U + T \text{ ist zeitlich konstant.}} \qquad (1.23)$$

Beweis:

$$\frac{dT}{dt} = \sum_i m_i v_i \dot{v}_i = \sum_{ik} f_{ki} e_{ki} v_i = \sum_{ik} \frac{f_{ki} e_{ki} v_i + f_{ik} e_{ik} v_k}{2}$$

$$= \sum_{ik} \frac{e_{ki}(v_i - v_k) f_{ki}}{2} = -\sum_{ik} \frac{e_{ki} \dot{r}_{ki} f_{ki}}{2}$$

$$= -\sum_{ik} \frac{(\partial U_{ki}/\partial r_{ki})\dot{r}_{ki}}{2} = -\frac{dU}{dt} \quad ,$$

wobei $f_{ki} = f_{ik}$ und $e_{ki} = -e_{ik}$ benutzt wurde. Energieerhaltung mit ihren gesellschaftlichen Problemen beruht hier also auf der Kettenregel des Differenzierens und der Vertauschung von Indices bei Doppelsummen.

c) Impulssatz

Der Gesamtimpuls P, also die Summe $\sum_i p_i$ der Einzelimpulse, ist ebenfalls konstant:

$$\frac{dP}{dt} = \sum_i \sum_k e_{ki} f_{ki} = \sum_{ik} \frac{(e_{ki} + e_{ik}) f_{ki}}{2} = 0 \quad ,$$

> Der Impuls P ist zeitlich konstant. $\qquad$ (1.24)

d) Schwerpunktsatz

Seit $R = \sum_i m_i r_i / \sum_i m_i$ der *Schwerpunkt* oder Massenmittelpunkt, und $M = \sum_i m_i$ die Gesamtmasse. Da sowohl P als auch M konstant sind, ist dies auch die Geschwindigkeit V des Schwerpunkts, da $P = \sum_i m_i v_i = M\, dR/dt = MV$. Also gilt

$$R = R_0 + Vt \quad . \qquad (1.25)$$

Oft ist es zweckmäßig, das „Schwerpunktsystem" als Bezugssystem zu wählen, in dem der Schwerpunkt stets im Ursprung liegt: $V = R_0 = 0$ (Abb. 1.8).

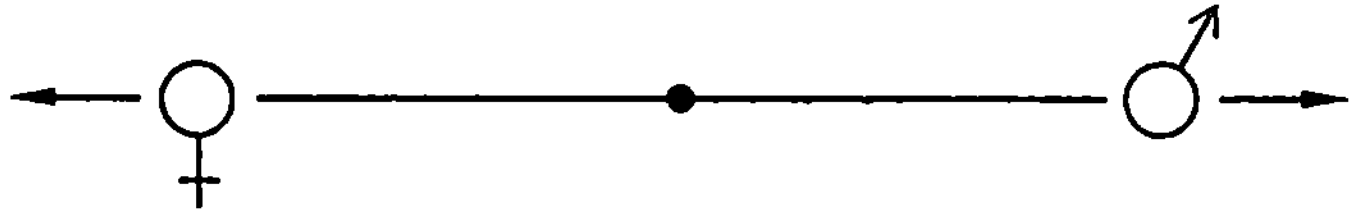

Abb. 1.8. Ehescheidung im Weltraum: Die beiden Massenpunkte fliegen auseinander, aber ihr Schwerpunkt bleibt stehen

e) Drehimpulssatz

Für die Konstanz des Gesamtdrehimpulses $L = \sum_i L_i$ verwenden wir

$$r_i \times F_{ki} + r_k \times F_{ik} = r_{ik} \times F_{ki} = 0 \quad .$$

Damit kann man zeigen:

$$\boxed{\text{Der Drehimpuls } L \text{ ist zeitlich konstant.}} \tag{1.26}$$

Insgesamt haben wir damit zehn Erhaltungssätze gefunden, denn die Konstanten, P, V und L haben je drei Komponenten. Später werden wir erläutern, wie diese zehn Erhaltungssätze mit zehn „Invarianzen" zusammenhängen; z.B. ist der Gesamtdrehimpuls deswegen konstant, weil kein äußeres Drehmoment vorliegt und weil daher das Gesamt-Potential invariant ist (sich nicht ändert) bei einer Drehung des gesamten Systems um einen festen Winkel.

1.2.2 Das Zweikörper-Problem

Wer jetzt hofft, vom Autor eine fachmännische Eheberatung zu erhalten, wird enttäuscht sein: Es geht darum, daß Systeme mit zwei Massenpunkten, im Gegensatz zu Systemen mit zwei Menschen, einfach und exakt gelöst werden können.

Gegeben seien zwei Massenpunkte mit isotroper Zentralkraft. Wir haben 12 Unbekannte (r und v für jedes der beiden Teilchen), denen obige 10 Erhaltungsgrößen und die Newtonschen Bewegungsgleichungen für die beiden Teilchen entgegenstehen. Somit sollte das Problem lösbar sein. Wir verwenden das schon oben empfohlene Schwerpunkt-System.

In ihm gilt $r_1 = -(m_2/m_1)r_2$, so daß $r = r_1 - r_2$ und $e_r = e_{21}$ in Richtung von r_1 und von r_2 liegen. Daher gilt:

$$\frac{d^2 r}{dt^2} = \frac{e_{21}f_{21}}{m_1} - \frac{e_{12}f_{12}}{m_2} = e_r f_{21}\left(\frac{1}{m_1} + \frac{1}{m_2}\right) = \frac{e_r f(r)}{\mu} \quad .$$

Somit gilt die Newtonsche Bewegungsgleichung für den Differenzvektor r, mit einer effektiven oder reduzierten Masse μ:

$$\mu\frac{d^2 r}{dt^2} = e_r f(r) \quad \text{mit} \quad \mu = \frac{m_1 m_2}{m_1 + m_2} \quad . \tag{1.27}$$

Es ist also gelungen, das Problem der zwei Massenpunkte auf das bereits gelöste Problem eines einzelnen Massenpunktes zurückzuführen.

Bei der Bewegung der Erde um die Sonne steht letztere natürlich nicht still, sondern bewegt sich, trotz Galilei, ebenfalls um den gemeinsamen Schwerpunkt des Sonne-Erde Systems, der allerdings noch innerhalb der Sonnenoberfläche liegt. Erde wie Sonne rotieren auf einer Ellipse, in deren Brennpunkt der Schwerpunkt liegt. Von diesem Schwerpunkt aus gilt auch das zweite Keplergesetz, sowohl für die Erde wie auch für die Sonne. Im dritten Keplergesetz, wo verschiedene Planeten verglichen werden, kommt jetzt ein Korrekturfaktor $\mu/m = M/(M+m)$ hinzu, der beinahe Eins ist, wenn die Planetenmasse m sehr viel kleiner ist als die Sonnenmasse M. Dieser Korrekturfaktor wurde theoretisch vorhergesagt und durch genauere Beobachtungen bestätigt, ein schönes, wenn auch seltenes Beispiel für die erfolgreiche Zusammenarbeit von Theorie und Experiment.

In Wirklichkeit ist natürlich auch dies noch falsch, denn viele Planeten umkreisen gleichzeitig die Sonne, und alle üben aufeinander Kräfte aus. Dieses Mehrkörperproblem kann man numerisch auf einem Computer für viele Millionen Jahre si-

mulieren, aber irgendwann können dann doch Fehler durch nicht genau bekannte
Anfangs-Orte und -Geschwindigkeiten (oder auch durch die begrenzte Genauigkeit von Computer und Algorithmus) sehr groß werden. Physiker nennen so etwas
„Chaos", wenn kleine Fehler exponentiell anwachsen können und das Verhalten des
Systems auf die Dauer nicht vorhersehbar machen[3]. Wenn der Leser also ermat-
tet dieses Buch zu Boden fallen läßt, so wird im Planetensystem (falls es chaotisch
ist) diese kleine Erschütterung später soviel Einfluß gewinnen, daß der Zerfall der
gewohnten Planetenbahnen dadurch (positiv oder negativ) beeinflußt wird. Bis zu
Ihrer nächsten Prüfung wird das aber noch nicht der Fall sein.

1.2.3 Zwangskräfte und d'Alembert-Prinzip

Die Erde ist in Wirklichkeit kein Inertialsystem, auch wenn wir die Sonne „weglassen", wegen der Schwerkraft, mit der die Erde alle Massen anzieht. Billardkugeln
auf einer Tischplatte stellen trotzdem ungefähr freie Massen dar, weil sie gezwungen
werden, sich auf dem waagrechten Tisch zu bewegen. Die Kraft, die die Tischplatte
auf die Kugeln ausübt, hebt die Schwerkraft genau auf. Dies ist ein spezieller Fall
der jetzt zu behandelnden allgemeinen Zwangsbedingungen, durch die sich die Massenpunkte an bestimmte Nebenbedingungen (hier an die Tischplatte) halten müssen.

a) Nebenbedingungen

Wir werden nur mit „holonom-skleronomen" Nebenbedingungen arbeiten, die durch
eine Bedingung $f(x, y, z) = 0$ gegeben sind. So bedeutet die Bewegung auf einer
Tischplatte der Höhe $z = h$, daß die Nebenbedingung $0 = f(x, y, z) = z - h$ erfüllt
ist, während $0 = f = z \cdot \tan(\alpha) - x$ eine schiefe Ebene mit Neigungswinkel α
darstellt. Allgemein bedeutet $f = 0$ eine Fläche, während die gleichzeitige Erfüllung
zweier Bedingungen $f_1 = 0$ und $f_2 = 0$ eine Linie (Schnitt der beiden Flächen)
charakterisiert .

Das Gegenteil von skleronomen (starren) sind rheonome (fließende) Bedingungen vom Typ $f(x, y, z, t) = 0$. Nicht-holonome Bedingungen sind dagegen nur noch
differentiell darstellbar: $0 = a \cdot dx + b \cdot dy + c \cdot dz + e \cdot dt$. Fortschrittliche Verkehrsmit-
tel wie Eisenbahnen laufen auf festen Gleisen, deren Lage durch eine geeignete Funk-
tion $f(x, y, z, t) = 0$ beschrieben werden kann: Holonom. Fehlentwicklungen wie das
Privatauto im Berufsverkehr sind dagegen nicht-holonom: Die Bewegung dr erfolgt
in Richtung der Räder, die man lenken kann. So kann z.B. beim Parklückefahren
die y-Koordinate durch Hin- und Her-Fahren in x-Richtung (und mehr oder weniger geschicktes Lenken) beliebig verändert werden, bei vorgegebener x-Koordinate.
Dieses Rangieren ist nicht durch $f(x, y) = 0$ holonom beschreibbar. Das Auto ist
rheonom, weil man am Lenkrad dreht, die Eisenbahn skleronom.

b) Zwangskräfte

Diejenigen Kräfte, die einen Massenpunkt auf der durch die (holonom-skleronomen)
Nebenbedingungen vorgeschriebenen Bahn halten, nennen wir *Zwangskräfte Z*. Die
Billardkugeln auf dem waagrechten Tisch spüren die Zwangskraft, die der Tisch

---

[3] H.G. Schuster: *Deterministic Chaos*, Physik Verlag, Weinheim, second edition 1989; M. Schroeder:
Fractals, Chaos, Power Laws, Freeman, New York 1991; R.W. Leuen, B.P. Koch und B. Pompe:
Chaos in Dissipativen Systemen, Vieweg, Braunschweig 1989

18

auf sie ausübt und die die Schwerkraft aufhebt. Die anderen Kräfte, die keine Zwangskräfte sind, nennt man eingeprägte Kräfte F. Es gilt also: $md^2r/dt^2 = F + Z$, die Zwangskräfte stehen senkrecht auf der Fläche (oder Kurve), auf der sich der Massenpunkt bewegen soll, und nur die eingeprägten Kräfte können zu echten Beschleunigungen der Massenpunkte führen.

Mathematisch steht der Gradient $\operatorname{grad} f = \nabla f = (\partial f/\partial x, \partial f/\partial y, \partial f/\partial z)$ senkrecht auf der durch $f(x, y, z) = 0$ gegebenen Fläche. Somit ist also die Zwangskraft parallel zu $\operatorname{grad} f$:

$$Z = \lambda \nabla f \qquad \text{(eine Bedingung)}$$

$$Z = \lambda_1 \nabla f_1 + \lambda_2 \nabla f_2 \quad \text{(zwei Bedingungen)} \quad ,$$

mit $\lambda = \lambda(r, t)$. Somit gilt die *Lagrange-Gleichung erster Art:*

$$m\frac{d^2r}{dt^2} = F + \lambda \nabla f \quad \text{bzw.} \quad m\frac{d^2r}{dt^2} = F + \lambda_1 \nabla f_1 + \lambda_2 \nabla f_2 \tag{1.28}$$

nach Joseph Louis Comte de Lagrange (geb. 1736 als Giuseppe Luigi Lagrangia in Turin).

Praktisch lösen kann man diese Gleichung durch Zerlegen der eingeprägten Kraft F in eine Komponente F_t tangential und eine andere Komponente F_n normal (senkrecht) zur Fläche bzw. Kurve der Nebenbedingung: $F = F_n + F_t$, $Z = Z_n + 0 = -F_n$. Ganz einfach geht so etwas an der schiefen Ebene, die Sie schon aus der Schule kennen; daher behandeln wir stattdessen das Pendel (Abb. 1.9):

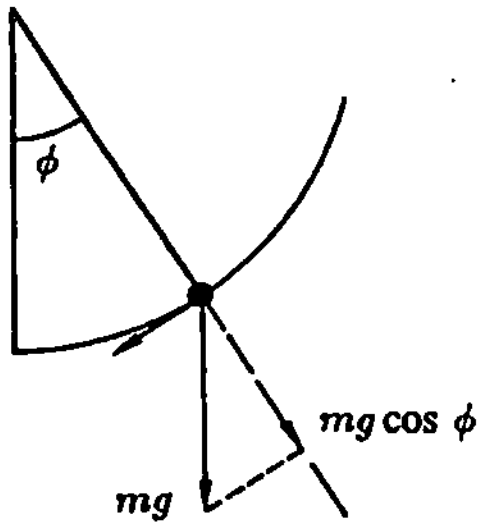

Abb. 1.9. Zwangskraft und eingepägte Schwerkraft beim Pendel, mit Zerlegung in Normal- und Tangential-Komponente

Eine Masse m hänge an einem Faden der Länge l; der Faden ist am Ursprung des Koordinatensystems angebunden. Mathematisch bedeutet dies die Nebenbedingung $0 = f(r) = |r| - l$; daher $\operatorname{grad} f = e_r$ und $Z = \lambda e_r$: Die Fadenkraft Z wirkt in Fadenrichtung. Die Zerlegung der eingeprägten Schwerkraft $F = mg$ in Tangentialkomponente $F_t = -mg \sin \varphi$ und Normalkomponente $F_n = -mg \cos \varphi$ ($\varphi = $ Auslenkungswinkel) gibt $mld^2\varphi/dt^2 = ma_t = F_t = -mg \sin \varphi$. Die Masse kürzt sich heraus (da schwere Masse = träge Masse), und übrig bleibt die schon in Abschn. 1.1.3b behandelte Pendelgleichung. Monsieur Lagrange hat uns also nichts Neues geliefert, sondern wir haben an diesem wohlbekannten Beispiel ausprobiert, daß der Formalismus richtige Resultate gibt.

c) Virtuelle Verrückung und d'Alembert-Prinzip

Wir definieren eine *virtuelle Verrückung* als eine unendlich kleine Verschiebung der Massenpunkte derart, daß die Nebenbedingungen nicht verletzt werden. („Unendlich

klein" im Sinne der Differentialgleichung: In $f'(x) = dy/dx$ ist dy die von einer unendlich kleinen Verschiebung dx hervorgerufene Änderung der Funktion $y = f(x)$.)
Bei einer schiefen Ebene ist daher diese virtuelle Verrückung eine Verschiebung auf dieser Ebene, ohne Abheben.

Eine virtuelle Verrückung δr zeigt daher in Richtung der Fläche oder Kurve der Zwangsbedingungen und ist somit senkrecht zur Zwangskraft Z. Zwangskräfte leisten also keine Arbeit: $Z\delta r = 0$, wie von Studienreform bekannt. Wegen $-Z = F - ma$ gilt:

$$(F - m\, d^2 r/dt^2)\delta r = 0 \quad ; \tag{1.29a}$$

$$\text{im Gleichgewicht:} \quad F\delta r = 0 \quad ; \tag{1.29b}$$

$$\text{falls } F \text{ konservativ:} \quad \delta U = \nabla U\, \delta r = 0 \quad . \tag{1.29c}$$

Verallgemeinert man diese Prinzipien auf ein System von N Massenpunkten m_i ($i = 1, 2, \ldots, N$) mit ϱ Nebenbedingungen $f_\mu = 0$ ($\mu = 1, 2, \ldots, \varrho$), so gilt:

$$\text{Lagrange 1. Art:} \quad m_i d^2 r_i/dt^2 = F_i + \sum_\mu \lambda_\mu \nabla_i f_\mu(r_1, \ldots, r_N) \quad ; \tag{1.30a}$$

$$\text{d'Alembert:} \quad \sum_i \left(F_i - m_i \frac{d^2 r_i}{dt^2} \right) \delta r_i = 0 \quad ; \tag{1.30b}$$

$$\text{im Gleichgewicht:} \quad \sum_i F_i \delta r_i = 0 \tag{1.30c}$$

$$\text{falls } F_i \text{ konservativ:} \quad \delta U = 0 \quad , \tag{1.30d}$$

wobei U die gesamte potentielle Energie ist. Diese letzte Gleichung $\delta U = 0$ erfaßt mit nur vier Zeichen alle Gleichgewichtsfragen der Punktmechanik: Eine Maschine kann noch so kompliziert sein, mit Stangen zwischen den verschiedenen Massen, und Schienen, auf denen die Massen laufen müssen. Trotzdem gilt im Gleichgewicht dieser Maschine, daß eine ganz kleine Verschiebung an einem Teil das Gesamtpotential U nicht ändern darf: Prinzip der virtuellen Arbeit. So gesehen ist dieser Teil der theoretischen Physik nicht nur elegant, sondern auch praktisch. Das Hebelgesetz ist eine besonders einfache Anwendung: Wenn der Balken einer Waage links vom Aufhängepunkt die Länge a hat und rechts davon die Länge b, dann verhalten sich die Höhendifferenzen bei einer kleinen Drehung wie $a : b$. Die potentiellen Energien $m_a g z$ und $m_b g z$ ändern sich dann in ihrer Summe nicht, wenn $m_a g a = m_b g b$ oder $m_a a = m_b b$ ist. Als Beispiel für d'Alembert diene die Atwoodsche Fallmaschine in Abb. 1.10: Zwei Massenpunkte hängen an einem Faden, der über eine reibungslose Rolle gehängt ist. Mit welcher Beschleunigung a sinkt die schwerere Masse nach unten?

Da die Fadenlänge konstant ist, gilt $\delta z_1 = -\delta z_2$ für die virtuellen Verschiebungen in z-Richtung (nach oben). Die eingeprägten Schwerkräfte in z-Richtung sind $F_1 = -m_1 g$ und $F_2 = -m_2 g$. Also gilt

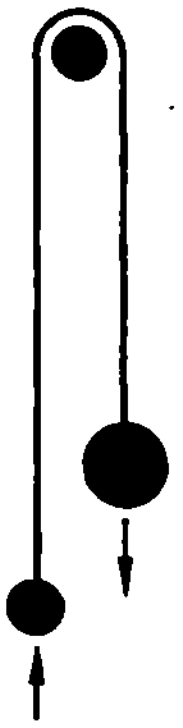

Abb. 1.10. Atwoodsche Fallmaschine oder: Wie sich der theoretische Physiker ein experimentelles Gerät vorstellt

$$0 = \sum_i (F_i - m_i d^2 z_i/dt^2)\delta z_i$$

$$= (-m_1 g - m_1 d^2 z_1/dt^2)\delta z_1 + (-m_2 g - m_2 d^2 z_2/dt^2)\delta z_2$$

$$= \delta z_1(-m_1 g + m_1 a + m_2 g + m_2 a)$$

für beliebige δz_1. Also muß die Klammer Null sein:

$$a = -g\frac{m_2 - m_1}{m_2 + m_1} \quad ,$$

was als offensichtlich vernünftiges Resultat den d'Alembert-Formalismus bestätigt.

Im nächsten Kapitel setzen wir daher diesen Formalismus weiter fort; auch schon die letzten Abschnitte könnte man zur analytischen Mechanik zählen.

1.3 Analytische Mechanik

In diesem Kapitel setzen wir die bereits begonnene Diskussion allgemeiner formaler Methoden fort. Später in der Quantenmechanik werden wir den praktischen Nutzen z.B. der Hamilton-Funktion von Ort und Impuls kennenlernen.

1.3.1 Die Lagrange-Funktion

a) Verallgemeinerte Koordinaten und Geschwindigkeiten

Jetzt numerieren wir die Koordinaten aller N Teilchen neu durch: Statt x_1, y_1, z_1, x_2, y_2, z_2, ..., y_N, z_N schreiben wir x_1, x_2, x_3, x_4, x_5, x_6, ..., x_{3N-1} und x_{3N}. Jetzt hat das d'Alembert-Prinzip von (1.30b) die Form

$$\sum_i (F_i - m_i d^2 x_i/dt^2)\delta x_i = 0 \quad .$$

Doch sind diese Koordinaten x_i noch nicht sehr zweckmäßig, falls Zwangsbedingungen die Bewegungen einschränken. Dann verwenden wir lieber verallgemeinerte Koordinaten q_1, q_2, ..., q_f, wenn es $3N - f$ Nebenbedingungen und somit nur noch f „Freiheitsgrade" gibt. Diese verallgemeinerten Koordinaten sollen automatisch die Nebenbedingungen erfüllen, so daß beim Einsetzen irgendwelcher Zahlenwerte für die q_μ sich keine Verletzung der Nebenbedingungen ergibt, andererseits die Angabe aller q_μ das System vollständig festlegt. Wenn zum Beispiel eine Bewegung auf einer ebenen Kreisbahn mit Radius R erfolgt, so verwenden wir statt der traditionellen Koordinaten x_1 und x_2 mit der Nebenbedingung $x_1^2 + x_2^2 = R^2$ viel einfacher den Winkel φ als die einzige verallgemeinerte Koordinate q. Diese verallgemeinerten Koordinaten brauchen also nicht unbedingt die Dimension einer Länge zu haben; wir beschränken uns in der Praxis meist auf Längen und Winkel für die q_μ.

b) Lagrange-Gleichung zweiter Art

Das oben erwähnte d'Alembert-Prinzip kann nun in die neuen Variablen q_μ umgeschrieben werden. Aus Faulheit gebe ich gleich das Ergebnis an:

$$\frac{d[\partial L/\partial \dot{q}_\mu]}{dt} = \frac{\partial L}{\partial q_\mu} \quad , \tag{1.31}$$

wobei die *Lagrange-Funktion* $L = T - U$ die Differenz von kinetischer und potentieller Energie ist, geschrieben als Funktion der q_μ und ihrer zeitlichen Ableitungen. Wo in (1.31) der Punkt für die zeitliche Ableitung hinkommt, kann man aus Dimensions-Überlegungen leicht klären; und wer die ganze Gleichung nicht glaubt, möge sie nachprüfen anhand des Beispiels $L = \sum_i m_i v_i^2/2 - U(x_1, x_2, \ldots, x_{3N})$, wenn Zwangsbedingungen ganz fehlen (also $q_\mu = x_i$ und $v_i = dq_\mu/dt$). Dann ergibt sich aus (1.31) nämlich wieder $m_i dv_i/dt = -\partial U/\partial x_i$, wie von Newton gefordert. Wenn es Zwangsbedingungen gibt, dann werden die von der Lagrange-Gleichung zweiter Art (1788) elegant überpudert, denn sie verstecken sich in der Definition der verallgemeinerten Koordination q_μ.

Generell also geht man vor wie folgt:

— Wahl der Koordinaten q_μ entsprechend den Zwangsbedingungen;
— Berechnung von dx_i/dt als Funktion von q_μ und dq_μ/dt;
— Einsetzen des Ergebnisses in die kinetische Energie T;
— Berechnung der potentiellen Energie U als Funktion der q_μ;
— Ableiten von $L = T - U$ nach q_μ und dq_μ/dt; Einsetzen in (1.31).

Damit haben wir eine allgemeine Methode gefunden, Systeme mit beliebig komplizierten Zwangsbedingungen zu berechnen. Die Praxis sieht oft einfacher aus als diese allgemeinen Regeln: Beim Pendel der Länge l ist die Koordinate q der Winkel φ, die kinetische Energie ist $mv^2/2 = ml^2(d\varphi/dt)^2/2$ und die potentielle Energie ist $-mgl \cos \varphi$, wenn $\varphi = 0$ die Ruhelage ist. Somit gilt

$$L = ml^2\dot{\varphi}^2/2 + mql \cos \varphi \quad .$$

so daß (1.31) die gewohnte Pendelgleichung $ml^2 d^2\varphi/dt^2 = -mgl \sin \varphi$ aus Abschn. 1.1.3b ergibt. Lagrange scheint recht zu haben.

c) Das Hamiltonsche Prinzip der kleinsten Wirkung

Ähnlich zu vielen anderen Extremalprinzipien in der Physik gibt es auch hier eines: Die tatsächliche Bewegung eines Systems erfolgt so, daß die Wirkung W extremal wird, also ein Maximum oder Minimum ist, wenn man alle denkbaren Bewegungen von einem festen Ausgangszustand „1" zu einem festen Endzustand „2" betrachtet. Dabei hat die Wirkung nichts mit dem (trivialerweise maximalen) Lernerfolg dieses Buches zu tun, sondern ist definiert durch das Integral

$$W = \int_{t_1}^{t_2} L(q_\mu, \dot{q}_\mu)dt$$

längs der Bewegungskurve $q_\mu = q_\mu(t)$, $\dot{q}_\mu = \dot{q}_\mu(t)$. Mit etwas Rechnung, unter Verwendung von (1.31) und von partieller Integration kann man bei festen Endpunkten „1" und „2" zeigen:

$$\delta W = 0 \quad . \tag{1.32}$$

Dieses Hamilton-Prinzip von 1834 sagt also aus, daß sich die Wirkung nicht ändert, wenn man die tatsächliche Bewegung des Systems ein klein wenig ändert. So ein Verschwinden der kleinen Änderungen ist bekanntlich charakteristisch für ein Maximum oder Minimum. Experten der Variationsrechnung kommt (1.31) ohnehin bekannt vor als Kennzeichen eines Extremalprinzips.

Analog „bewegt" sich das Licht so, daß ein anderes Integral, nämlich die durchlaufene Zeit, minimal wird: Fermatsches Prinzip. Hieraus folgt z.B. das Brechungsgesetz der geometrischen Optik. Auch der Student sollte sein Studium so planen, daß er sein Studienziel möglichst schnell erreicht, unter Berücksichtigung der Zwangsbedingungen.

1.3.2 Die Hamilton-Funktion

Ungewöhnlich an der Lagrange-Funktion L ist, daß sie die Differenz und nicht die Summe von kinetischer und potentieller Energie ist. Dies ist anders bei der Hamilton-Funktion $H = T + U$; diese ist also nichts anderes als die Gesamtenergie, nur schreiben wir sie als Funktion der (verallgemeinerten) Koordinaten und Impulse: $L = L(x, v)$, aber $H = H(x, p)$ bei einem Teilchen mit Ort x, Geschwindigkeit v und Impuls $p = mv$. Die partielle Ableitung $\partial/\partial x$ läßt also bei L die Geschwindigkeit v und bei H den Impuls p konstant.

Falls wieder Zwangsbedingungen vorliegen, so definieren wir einen verallgemeinerten Impuls

$$p_\mu = \partial L/\partial \dot{q}_\mu \quad ,$$

der ohne Zwangsbedingungen mit dem üblichen Impuls $m\, dq_\mu/dt$ übereinstimmt. Die Lagrange-Gleichung zweiter Art hat jetzt die Form $dp_\mu/dt = \partial L/\partial q_\mu$. Wenn also eine Koordinate q_μ gar nicht vorkommt in der Lagrange-Funktion L des betrachteten Systems, wenn also L invariant ist gegen Änderungen der Variable q_μ, dann ist der zugehörige Impuls p_μ zeitlich konstant. Zu jeder Invarianz einer kontinuierlichen Variablen q_μ gehört so ein Erhaltungssatz. Das hat Emmy Noether 1918 viel genauer bewiesen. So folgt aus der Invarianz gegenüber einer Drehung des Gesamtsystems die Konstanz des Drehimpulses, aus der Invarianz gegenüber Translation die Invarianz des Gesamtimpulses, wie in Abschn. 1.2.1 diskutiert.

Die totale zeitliche Ableitung der Lagrange-Funktion L gibt

$$\begin{aligned}
\frac{dL}{dt} &= \sum_\mu \left(\frac{\partial L}{\partial q_\mu} \frac{dq_\mu}{dt} + \frac{\partial L}{\partial \dot{q}_\mu} \frac{d\dot{q}_\mu}{dt} \right) \\
&= \sum_\mu \left[\frac{d(\partial L/\partial \dot{q}_\mu)}{dt} \frac{dq_\mu}{dt} + \frac{\partial L}{\partial \dot{q}_\mu} \frac{d\dot{q}_\mu}{dt} \right] \\
&= d\left(\sum_\mu \dot{q}_\mu \frac{\partial L}{\partial \dot{q}_\mu} \right) \Big/ dt \quad .
\end{aligned}$$

Mit der Energie $E = -L + \sum_\mu \dot{q}_\mu \partial L/\partial \dot{q}_\mu$ ergibt sich also $dE/dt = 0$: Die Energie ist zeitlich konstant. Daß dieses E auch wirklich die Gesamtenergie $T + U$ ist, ergibt sich daraus, daß U unabhängig von den Geschwindigkeiten ist, während T quadratisch von den (verallgemeinerten) Geschwindigkeiten dq_μ/dt abhängt, also

$$\sum_\mu \dot{q}_\mu p_\mu = \sum_\mu \dot{q}_\mu \frac{\partial T}{\partial \dot{q}_\mu} = 2T \quad .$$

Wir können daher zusammenfassen:

$$p_\mu = \frac{\partial L}{\partial \dot{q}_\mu} \quad , \quad \dot{p}_\mu = \frac{\partial L}{\partial q_\mu} \quad , \quad T + U = E = H = \sum_\mu p_\mu \dot{q}_\mu - L \quad , \tag{1.33a}$$

und diese Energie E ist zeitlich konstant:

$$\frac{dE}{dt} = 0 \quad . \tag{1.33b}$$

Die Energie ist hier erhalten, weil äußere Kräfte oder zeitlich veränderliche Potentiale vernachlässigt wurden.

Vergleicht man nun das Differential $dH = \sum_\mu (\partial H/\partial q_\mu)dq_\mu + (\partial H/\partial p_\mu)dp_\mu$ mit dem analogen Differential dL, unter Berücksichtigung von (1.33a), so findet man die *kanonischen Gleichungen*

$$\dot{p}_\mu = -\frac{\partial H}{\partial q_\mu} \quad , \quad \dot{q}_\mu = \frac{\partial H}{\partial p_\mu} \quad , \quad H = H(q_\mu, p_\mu) \quad . \tag{1.34}$$

Man sieht am einfachen Beispiel des freien Teilchens, $H = p^2/2m$, daß diese Gleichungen die vernünftigen Resultate $dp/dt = 0$, $dq/dt = p/m$ liefern; so kann man sich auch merken, wo das Minuszeichen hingehört.

Wie schon erwähnt, spielt die Hamilton-Funktion in der Quantenmechanik eine wichtige Rolle. Der sogenannte Kommutator der Quantenmechanik ähnelt den durch

$$\{F, G\} = \sum_\mu \left(\frac{\partial F}{\partial q_\mu} \frac{\partial G}{\partial p_\mu} - \frac{\partial F}{\partial p_\mu} \frac{\partial G}{\partial q_\mu} \right) \tag{1.35}$$

definierten Poissonklammern der klassischen Physik, wobei F und G irgendwelche von den Orten q und Impulsen p abhängige Funktionen sind. Mit Hilfe der Kettenregel des Differenzierens folgt dann

$$\frac{dF}{dt} = \{F, H\} \tag{1.36}$$

so, wie die zeitliche Änderung des quantenmechanischen Mittelwertes einer Meßgröße F durch den Kommutator $FH - HF$ gegeben ist (wobei dann F und H „Operatoren", also eine Art Matrizen, sind).

Als Beispiel nehmen wir mal wieder den harmonischen Oszillator: $T = mv^2/2$, $U = Kx^2/2$, keine Zwangsbedingungen, also $q = x$, $p = mv$. Somit ist die Hamilton-Funktion

$$H(q, p) = \frac{p^2}{2m} + \frac{Kq^2}{2} \quad .$$

Aus den kanonischen Gleichungen (1.34) folgt $dp/dt = -Kq$ und $dq/dt = p/m$, was sicher richtig ist. Aus (1.36), mit $F = p$ in der Poisson-Klammer, folgt das ebenfalls richtige Resultat:

$$\frac{dp}{dt} = \{p, H\} = \frac{\partial p}{\partial q} \cdot \frac{\partial H}{\partial p} - \frac{\partial p}{\partial p} \frac{\partial H}{\partial q} = -\frac{\partial H}{\partial q} = -Kq \quad .$$

Somit haben wir also erfolgreich das einfache Gesetz von Kraft = Masse mal Beschleunigung in kompliziertere, aber auch schönere Formen umgeschrieben und den am praktischen Nutzen interessierten Leser auf die Quantenmechanik vertröstet. Der nächste Abschnitt gibt aber bereits eine andere Anwendung.

1.3.3 Harmonische Näherung für kleine Schwingungen

Eine sehr häufig benutzte Näherung der Theoretischen Physik ist die harmonische Näherung, wo man eine komplizierte Funktion nach Taylor entwickelt und die Reihe nach dem quadratischen Glied abbricht. Auf die potentielle Energie U eines Teilchens angewendet ergibt sich

$$U(x) = U_0 + x\frac{dU}{dx} + \frac{x^2}{2} \frac{d^2 U}{dx^2} + \ldots \quad ,$$

wobei U_0 und dU/dx wegfallen, wenn wir den Koordinatenursprung in das Minimum der Energie $U(x)$ legen. Die Hamilton-Funktion ist dann $H = p^2/2m + Kx^2/2$ mit $K = d^2U/dx^2 + \ldots$ (Ableitungen an der Stelle $x = 0$), also die wohlbekannte Funktion des harmonischen Oszillators. In einem Festkörper gibt es massenhaft Atome, die komplizierte Kräfte aufeinander ausüben. Entwickeln wir die gesamte potentielle Energie U um die Gleichgewichtslagen der Atome herum und brechen diese Taylorreihe nach dem quadratischen Glied ab, so liefert diese harmonische Näherung eine große Zahl gekoppelter harmonischer Oszillatoren. Dies sind die Gitterschwingungen oder Phononen der Festkörper. Bevor wir diese 10^{24} Oszillatoren mathematisch entkoppeln, lernen wir das erst einmal bei nur zwei Oszillatoren.

a) Zwei gekoppelte Oszillatoren

Zwei Massenpunkte der Masse m seien miteinander durch eine Feder verbunden, sowie mit zwei festen Wänden durch je eine weitere Feder (Abb. 1.11). Die drei Federn sollen alle die Kraftkonstante K haben. Das System sei eindimensional, die Koordinaten x_1 und x_2 geben die Abweichungen der beiden Massenpunkte von ihrer Ruhelage an. Somit ist die Hamilton-Funktion, mit $v_i = dx_i/dt$:

$$H = (m/2)[v_1^2 + v_2^2] + (K/2)[x_1^2 + x_2^2 + (x_1 - x_2)^2] \quad .$$

Die kinetische Energie ist hier eine schöne Summe zweier quadratischer Terme, aber die potentielle Energie ist es nicht wegen der Kopplung $(x_1 - x_2)^2$. Was tun?

Obwohl es hier keine Zwangsbedingungen gibt, benutzen wir die oben diskutierte Möglichkeit, durch geeignete Wahl von Koordinaten q_μ das Problem mathe-

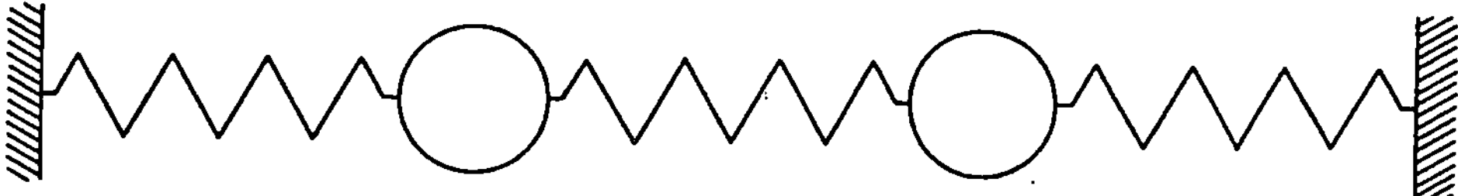

Abb. 1.11. Zwei gekoppelte eindimensionale Oszillatoren zwischen zwei festen Wänden. Alle drei Federkonstanten seien gleich

matisch zu vereinfachen („zu diagonalisieren"). Mit $q_1 = x_1 + x_2$ und $q_2 = x_1 - x_2$, also $x_1 = (q_1 + q_2)/2$ und $x_2 = (q_1 - q_2)/2$, ergibt sich nämlich

$$H = \frac{m}{4}[\dot{q}_1^2 + \dot{q}_2^2] + \frac{K}{4}[q_1^2 + 3q_2^2] = H_1^{\text{osz}} + H_2^{\text{osz}} \quad ,$$

wobei H_1^{osz} nur von q_1 und $\dot{q}_1$ abhängt und die Struktur der Hamilton-Funktion eines normalen harmonischen Oszillators hat; analog H_2. Mit den verallgemeinerten Impulsen

$$p_i = \frac{\partial L}{\partial \dot{q}_i} = \frac{\partial H}{\partial \dot{q}_i} = \frac{m\dot{q}_i}{2}$$

und den kanonischen Gleichungen (1.34)

$$\frac{m}{2}\frac{d^2 q_i}{dt^2} = \dot{p}_i = -\frac{\partial H}{\partial q_i}$$

finden wir die zwei Bewegungsgleichungen

$$m\frac{d^2 q_i}{dt^2} = -K_i q_i$$

mit $K_1 = K$ und $K_2 = 3K$. Sie werden gelöst durch $q_1 \sim \exp(\mathrm{i}\omega t)$ und $q_2 \sim \exp(\mathrm{i}\Omega t)$ mit $\omega^2 = K/m$ und $\Omega^2 = 3K/m$. Falls $q_2 = 0$ ist, also $x_1 = x_2$, dann schwingt das System mit der Winkelgeschwindigkeit ω; falls dagegen $q_1 = 0$, also $x_1 = -x_2$, so schwingt es mit dem größeren $\Omega = \omega\sqrt{3}$. Miteinander schwingende Massen oszillieren also mit einer kleineren Frequenz als gegeneinander schwingende Massen. In der Festkörperphysik spricht man von akustischen Phononen beim Schwingen miteinander, von optischen Phononen beim Schwingen gegeneinander. Die allgemeine Schwingungsform ist eine Überlagerung (Addition; Linearkombination) dieser beiden Normal-Schwingungen. Damit sind die wesentlichen Aspekte der harmonischen Schwingungen der Festkörper an diesem einfachen Beispiel dargestellt; der nächste Abschnitt bringt das gleiche, nur komplizierter.

b) Normalschwingungen im Festkörper

Wir berechnen jetzt analog die Schwingungsfrequenzen der Atome in einem Festkörper, der nur eine Sorte von Atomen der Masse m hat. Die Gleichgewichtslage des i-ten Atoms sei r_i^0, und $q_i = r_i - r_i^0$ sei die Abweichung vom Gleichgewicht. Wir entwickeln das Potential U quadratisch („harmonische Näherung") um die Gleichgewichtslage $q_i = 0$ herum und numerieren wieder die Koordinaten i von 1 bis $3N$:

$$U(q) = U(0) + \sum_{ik} \frac{\partial^2 U}{\partial q_i \partial q_k} \frac{q_i q_k}{2} \quad ,$$

denn die ersten Ableitungen verschwinden im Gleichgewicht (Minimum der potentiellen Energie U). Mit der „Hesse-Matrix"

$$K_{ik} = \frac{\partial^2 U}{\partial q_i \partial q_k} = K_{ki}$$

hat dann die Hamilton-Funktion die Form

$$H = U(0) + \sum_i \frac{p_i^2}{2m} + \sum_{ik} \frac{K_{ik} q_i q_k}{2} \quad .$$

Die kanonische Gleichung (1.34) gibt dann

$$-m \frac{d^2 q_j}{dt^2} = -\dot{p}_j = \frac{\partial H}{\partial q_j} = \frac{\partial U}{\partial q_j} = \sum_k K_{jk} q_k \quad ,$$

was man natürlich auch direkt aus Masse · Beschleunigung = Kraft = −grad U ableiten kann. (Bei Differenzieren der Doppelsumme gibt es zwei Beiträge, einmal von $i = j$ und zum anderen von $k = j$; wegen $K_{ik} = K_{ki}$ sind beide Terme gleich groß, so daß sich der Faktor $\frac{1}{2}$ weghebt.) Wir machen für dieses System linearer Differentialgleichungen (konstante Koeffizienten) den üblichen Exponentialansatz: $q_j \sim \exp(i\omega t)$. Dieser führt zu

$$m\omega^2 q_j = \sum_k K_{jk} q_k \quad . \tag{1.37a}$$

Mathematiker erkennen, daß rechts der $3N$-dimensionale Vektor aus den Komponenten q_k, $k = 1, 2, \ldots, 3N$, mit der Hesse-Matrix $\mathcal{K}$ der K_{jk} multipliziert wird und daß das Ergebnis (also die linke Seite) gleich diesem Vektor sein soll, bis auf einen konstanten Faktor $m\omega^2$. Probleme von diesem Typ

$$\text{Faktor} \cdot \text{Vektor} = \text{Matrix} \cdot \text{Vektor}$$

nennt man Eigenwertgleichungen (der Eigenwert der Matrix ist hier der Faktor, und der Vektor ist dann der Eigenvektor). Allgemein ist das Gleichungssystem Matrix · Vektor = 0 nur lösbar (mit von Null verschiedenem Vektor), wenn die Determinante der Matrix Null ist. Wenn $\mathcal{E}$ die Einheitsmatrix ist, also $\mathcal{E}_{jk} = \delta_{jk} = 1$ für $j = k$ und $= 0$ sonst, dann haben Eigenwertgleichungen die Form

$$(\text{Matrix} - \text{Faktor} \cdot \mathcal{E}) \cdot \text{Vektor} = 0 \quad ,$$

was zu

$$\text{Determinante von } (\text{Matrix} - \text{Faktor} \cdot \mathcal{E}) = 0$$

als Bedingung für eine Lösung führt. Die Determinante det einer zweidimensionalen Matrix ist

$$\det \begin{pmatrix} a & b \\ c & d \end{pmatrix} = ad - bc \quad ;$$

größere Matrizen findet der Leser in Büchern zur Linearen Algebra behandelt.

Im Fall der Festkörperschwingungen haben wir also die Determinante einer $3N$-dimensionalen Matrix Null zu setzen:

$$\det(\mathcal{K} - m\omega^2 \mathcal{E}) = 0 \quad . \tag{1.37b}$$

Aus der linearen Algebra ist bekannt, daß die Eigenwerte symmetrischer Matrizen ($K_{jk} = K_{kj}$) stets reell und nie komplex sind. Wenn die potentielle Energie im Gleichgewicht ein Minimum ist, was für ein stabiles Gleichgewicht der Fall sein muß, dann sind keine Eigenwerte $m\omega^2$ negativ, so daß ω auch nicht imaginär wird.

Man hat dann also echte Schwingungen, und nicht exponentiell mit der Zeit anwachsende Störungen.

Diese sogenannte Säkulargleichung (1.37b) ist ein Polynom des Grades $3N$, was bei $N = 10^{24}$ Atomen recht mühsam auszurechnen ist. Einfacher wird es, wenn man annimmt, daß alle Atome im Gleichgewicht auf den Plätzen eines periodischen Gitters liegen. Dann macht man den Ansatz einer ebenen Welle:

$$q_j \sim \exp\left(\mathrm{i}\omega t - \mathrm{i}Qr_j^0\right) \quad , \tag{1.38}$$

wobei jetzt q_j wieder ein dreidimensionaler Vektor ist, $j = 1, 2, \ldots, N$, und Q als Wellenvektor bezeichnet wird. Mit dieser Vereinfachung reduziert sich das Eigenwertproblem auf das eines dreidimensionalen „Polarisationsvektors" q mit zugehörigem Eigenwert $m\omega^2$, die beide vom Wellenvektor Q abhängen. (Siehe Lehrbücher der Festkörper-Physik.) Die Eigenwerte einer 3×3 Matrix zu bestimmen, läuft auf eine Gleichung dritten Grades hinaus; in zwei Dimensionen löst man eine quadratische Gleichung.

Typische Lösungen für die Frequenz ω als Funktion des Wellenvektors Q in drei Dimensionen haben die Form von Abb. 1.12, wobei A für „akustisch" (miteinander schwingen), O für „optisch" (gegeneinander schwingen), L für longitudinal (Auslenkung q in Richtung des Wellenvektors Q) und T für transversal steht. Mit nur einer Atomsorte gibt es nur drei akustische Zweige (links), mit zwei verschiedenen Atomsorten auch noch drei optische Zweige (rechts). In der Quantenmechanik nennt man diese Schwingungen Phononen.

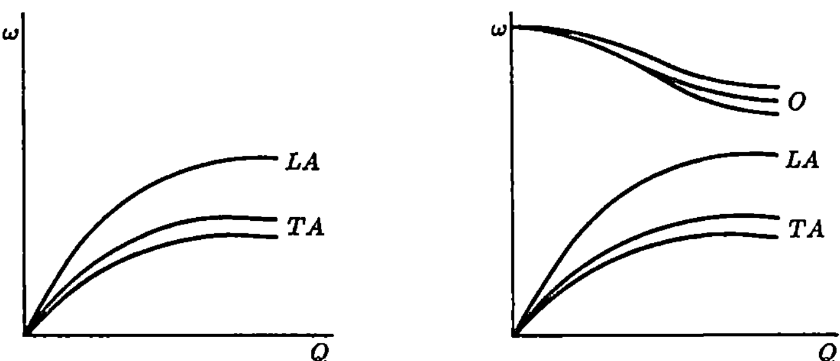

Abb. 1.12. Typische Phononenspektren in dreidimensionalen Kristallen

c) Lineare Kette

Explizit berechnen wollen wir jetzt das Frequenzspektrum $\omega(Q)$ in einer Dimension, also in einer unendlich langen Kette gleichartiger Massenpunkte m. Zwischen den Punkten j und $j + 1$ ist eine Feder mit Kraftkonstante K; wenn benachbarte Massenpunkte den Abstand a voneinander haben, ist die Federkraft Null, die Atome sind dann im Gleichgewicht: $x_j^0 = aj$ für $-\infty < j < +\infty$.

Die Hamilton-Funktion oder Gesamtenergie ist dann

$$H = \sum_j \frac{p_j^2}{2m} + \frac{K}{2} \sum_j (q_{j+1} - q_j)^2 = \sum_j \frac{p_j^2}{2m} + \sum_{jk} \frac{K_{jk} q_j q_k}{2}$$

28

mit $q_j = x_j - x_j^0$ und den Matrix-Elementen $K_{jk} = 0$, $-K$, $2K$, $-K$ und 0 für $k < j - 1$, $k = j - 1$, $k = j$, $k = j + 1$, bzw. $k > j + 1$. Der Ansatz ebener Wellen (1.38) mit Wellenvektor Q, $q_j \sim \exp(i\omega t - iQaj)$, ergibt mit (1.37a)

$$m\omega^2 e^{i\omega t - iQaj} = \sum_k K_{jk} e^{i\omega t - iQak} \qquad \text{oder}$$

$$m\omega^2 = \sum_k K_{jk} e^{iQa(j-k)} = -Ke^{iQa} + 2K - Ke^{-iQa}$$

$$= -K(e^{iQa/2} - e^{-iQa/2})^2 = 4K \sin^2 (Qa/2) \quad,$$

also

$$\omega = \pm 2(K/m)^{1/2} \sin (Qa/2) \quad. \tag{1.39}$$

Sinnvollerweise beschränkt man den Wellenvektor Q auf den Bereich $0 \leq |Q| \leq \pi/a$, weil in einer periodischen Kette die Wellenvektoren Q und $Q + 2\pi/a$ zum Beispiel vollkommen äquivalent sind (zwischen den Atomen gibt es nichts, was sich bewegen könnte). In dieser sogenannten Brillouin-Zone zwischen $Qa = 0$ und $Qa = \pi$ steigt der Sinus in (1.39) von 0 auf 1 an, so wie es schematisch in Abb. 1.12 für den longitudinal-akustischen Phononenzweig behauptet wurde. Die Unfehlbarkeit des Universitätsprofessors ist daher schon wieder mit mathematischer Exaktheit bewiesen.

1.4 Mechanik starrer Körper

Nicht die Reformierung erstarrter Universitäten ist Thema dieses Kapitels, sondern die Bewegung von Festkörpern als Ganzes. Bei einer Eisenscheibe betrachten wir diese Scheibe nicht mehr als Massenpunkt, wie in den Abschn. 1.1 und 1.2, und auch nicht als System von 10^{25} mit- oder gegeneinander schwingenden Atomen, wie auf den letzten Seiten, sondern wir fragen zum Beispiel, welche Kräfte auf die Scheibe einwirken, wenn die Scheibe in einen Motor eingebaut und dann gedreht wird. Warum etwa verhalten sich Kreisel so eigenartig? Allgemein betrachten wir also Festkörper, bei denen die Abstände und die Winkel zwischen den einzelnen Atomen *starr* festgelegt sind (genauer: bei denen die Abstands- und Winkeländerungen vernachlässigbar sind).

1.4.1 Kinematik und Trägheitstensor

a) Drehungen

Wenn ein starrer Körper sich mit der Winkelgeschwindigkeit $\omega = \partial\varphi/\partial t$ um eine Achse dreht, dann zeigt der Vektor ω in Richtung der Achse (Abb. 1.5). Und zwar dreht der Körper sich im Uhrzeigersinn, wenn man ihn in Richtung von $+\omega$ betrachtet: Daumenregel der *rechten* Hand. Daß hier rechts Vorrang hat vor links, hängt weder an der Straßenverkehrs-Ordnung noch an der Politik, sondern an Mogeleien der Physiker: Sie bezeichnen bestimmte asymmetrische 3×3 Matrizen als axiale Vektoren, obwohl es keine richtigen Vektoren sind. Zu diesen Mogelvektoren gehören Kreuzprodukte, Magnetfelder und durch Dreh-Richtungen festgelegte Vektoren wie eben ω. Bei der Definition der Tensoren weiter unten, und in Abschn. 2.3.2 (relativistische Elektrodynamik) werden wir den Betrügern noch näher kommen.

Die Geschwindigkeit v eines Punktes auf dem sich drehenden starren Körper im Abstand r vom Ursprung ist das Kreuzprodukt

$$v = \omega \times r \quad , \tag{1.40}$$

vorausgesetzt (was wir von jetzt an stets annehmen) der Koordinatenursprung liegt auf der Drehachse. Sowohl v als auch r sind anständige polare Vektoren, ω und das Kreuzprodukt sind axiale Vektoren. Axiale Vektoren ändern, im Gegensatz zu polaren, ihr Vorzeichen, wenn x, y, und z-Achse gleichzeitig ihr Vorzeichen umdrehen („Inversion" des Koordinatensystems). Die beiden Vorzeichenfehler in ω und im Kreuzprodukt heben sich daher in (1.40) schön auf. Im Übrigen kann ich mir (1.40) am besten klar machen, wenn ich Punkte auf einer Scheibe betrachte, die senkrecht zur Drehachse steht; Punkte auf der Drehachse haben keine Geschwindigkeit v.

Wer das Vorderrad eines Fahrrades in seinen Händen hält, dieses schnell um seine Achse dreht, und dann versucht, der Achse eine andere Richtung zu geben, der merkt die Tendenz des Rades, senkrecht zu der Kraft auszuweichen, mit der man die Achse drehen will. Dieses senkrechte Ausweichen ist im Prinzip leicht zu erklären: Die zeitliche Änderung des Drehimpulses L ist nach (1.13) das Drehmoment M. Dieses wiederum ist $r \times f$; wenn also die Kraft f am Ort r der Achse senkrecht zur Achse angreift, dann steht das Drehmoment M und die Änderung des Drehimpulses senkrecht sowohl auf der Achse als auch auf der Kraft (Abb. 1.13). Und letzteres wollten wir ja verstehen. In den folgenden Abschnitten ersetzen wir diese qualitativen Überlegungen durch präzisere, leider aber auch komplizierte Formeln.

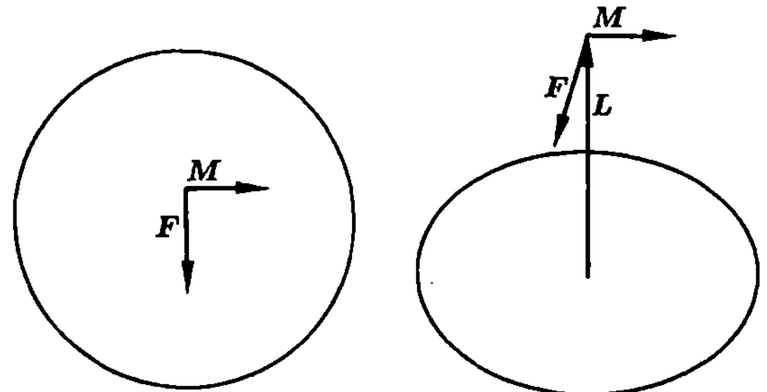

Abb. 1.13. Einfache Deutung des senkrechten Ausweichens zur angelegten Kraft F. Der Drehimpuls L steht nach oben. Links ist der Kreisel von oben, rechts von der Seite gesehen. L ändert sich in Richtung des Drehmoments M

Der Kreiselkompass ist eine praktische Anwendung. Da die Erde kein Inertialsystem ist, sondern sich täglich um ihre Achse dreht, übt diese Erddrehung ein Drehmoment aus auf jeden sich drehenden starren Körper, wenn dessen Drehachse fest mit der Erdoberfläche verbunden ist. Ist die Drehachse stattdessen so aufgehängt, daß sie horizontal zur Erdoberfläche rotieren kann, nicht aber vertikal, dann führt das Drehmoment durch die Erddrehung im allgemeinen zu obigem Ausweichen quer zur Kreiselachse. Dieses dauernde Ausweichen der Kreiselachse („Präzession") führt zu Reibungsverlusten; allmählich stellt sich daher die Kreiselachse in Nord-Süd-Richtung, wo die Präzessionen nicht mehr stattfinden. Auch ein Bumerang fliegt aufgrund von Kreiseleffekten; seine Demonstration durch einen theoretischen Physiker im voll besetzten Hörsaal hat aber auch gewisse Nachteile.

b) Drehimpuls und Trägheitstensor

Für das Kreuzprodukt mit einem Kreuzprodukt gilt die Transformation $a \times (b \times c) = b(ac) - c(ab)$ in Skalarprodukte. Diese Regel wenden wir an beim Drehimpuls L_i des i-ten Atoms oder Massenelements:

$$\frac{L_i}{m_i} = r_i \times v_i = r_i \times (\omega \times r_i) = \omega(r_i r_i) - r_i(r_i \omega) = \omega r_i^2 - \sum_{\nu=1}^{3} \omega_\nu r_{i\nu} r_i \quad ,$$

oder in Komponenten ($\mu, \nu = 1, 2, 3$):

$$\frac{L_{i\mu}}{m_i} = \omega_\mu r_i^2 - \sum_\nu \omega_\nu r_{i\mu} r_{i\nu} = \sum_\nu \omega_\nu (r_i^2 \delta_{\mu\nu} - r_{i\mu} r_{i\nu})$$

mit dem Kroneckersymbol $\delta_{\mu\nu} = 1$ für $\mu = \nu$ und $= 0$ sonst. Für die Komponenten des Gesamtdrehimpulses $L = \sum_i L_i$ gilt daher

$$L_\mu = \sum_\nu \omega_\nu \Theta_{\mu\nu} \quad \text{oder} \quad L = \Theta\omega \quad ,$$

$$\Theta_{\mu\nu} = \sum_i m_i (r_i^2 \delta_{\mu\nu} - r_{i\mu} r_{i\nu}) \quad . \tag{1.41}$$

Die Matrix Θ der so definierten $\Theta_{\mu\nu}$ heißt *Trägheitstensor;* abgesehen von dieser Matrizeneigenschaft ist die Beziehung $L = \Theta\omega$ für Drehungen starrer Körper ganz analog zur Impuls-Definition $p = mv$ für deren Translationsbewegung. Tensoren sind „vernünftige" Matrizen mit physikalischer Bedeutung. Genauer: Ein Vektor ist für ein *Computerprogramm* jede Kombination von (in drei Dimensionen) drei Zahlen, z.B. das Zahlentriplett aus: an erster Stelle der Dow Jones Index aus Wall Street, an zweiter Stelle das Körpergewicht des Lesers, und an dritter Stelle die Seite im Verordnungsblatt mit der letzten Änderung der Lehramtsprüfungsordnung. Für die *Physik* ist so etwas Quatsch, während z.B. der Ortsvektor ein vernünftiger Vektor ist. Außerdem sind für den Physiker alle diejenigen Zahlentripletts richtige Vektoren, die sich bei einer Drehung des Koordinaten-Systems wie ein Ortsvektor transformieren. Analog ist nicht jedes quadratische Schema von Zahlen, die ein Computer als Matrix abspeichern könnte, für den Physiker ein Tensor. Tensoren sind nur die Matrizen, deren Komponenten sich bei einer Koordinatendrehung so transformieren, daß der Tensor vorher und nachher die gleichen Vektoren verknüpft. Bei richtigen Vektoren und Tensoren ist also die Beziehung: Vektor$_1$ = Tensor · Vektor$_2$ unabhängig von der Richtung der Koordinatenachsen. Nur dann machen Gleichungen wie (1.41) Sinn.

Da der Trägheitstensor Θ symmetrisch ist, $\Theta_{\mu\nu} = \Theta_{\nu\mu}$, hat er nur reelle Eigenwerte. Außerdem kann man bei allen symmetrischen Tensoren die Eigenvektoren so wählen, daß sie aufeinander senkrecht stehen. Wenn wir also unsere Koordinatenachsen in die Richtung dieser drei Eigenvektoren legen, so wird jeder in der x-Achse liegende Vektor nach seiner Multiplikation mit dem Tensor Θ wieder in der x-Achse liegen, nur in seiner Länge multipliziert mit dem ersten Eigenwert, genannt Θ_1. Analog wird ein Vektor der y-Achse bei Anwendung der Matrix Θ um den Faktor Θ_2 gestreckt oder gestaucht, ohne Richtungsänderung. Der dritte Eigenwert Θ_3 gilt für Vektoren in z-Richtung. Allgemeine Vektoren lassen sich zusammensetzen aus ihren Komponenten in x-, y- und z-Richtung, und nach Multiplikation mit Θ sind sie wieder die Summe der mit Θ_μ multiplizierten drei Komponenten. Also gilt in dem neuen Koordinatensystem mit seinen Achsen in Richtung der Eigenvektoren

$$L = \begin{pmatrix} \Theta_1 & 0 & 0 \\ 0 & \Theta_2 & 0 \\ 0 & 0 & \Theta_3 \end{pmatrix} \cdot \omega = \Theta\omega \quad \text{oder} \quad L_\mu = \Theta_\mu \omega_\mu \tag{1.42}$$

für $\mu = 1, 2, 3$. Der Tensor Θ hat also im neuen Koordinatensystem eine Diagonalform bekommen; außerhalb der Diagonale der Matrix stehen nur Nullen.

Mathematiker nennen diese bei jeder symmetrischen Matrix mögliche Wahl des Koordinatensystems seine *Hauptachsen*form; man hat den Tensor auf seine Hauptachsen gebracht oder „diagonalisiert". Physiker nennen die drei Eigenwerte Θ_i des Trägheitstensors die *Hauptträgheitsmomente*.

Benutzt man diese Hauptachsen, so gilt

$$\Theta_\mu = \Theta_{\mu\mu} = \sum_i m_i \varrho_i^2 \quad \text{mit} \quad \varrho_i^2 = r_i^2 - r_{i\mu}^2 \quad , \tag{1.43}$$

wobei ϱ der Abstand des Ortes r von der μ-Achse ist; bei $\mu = 1$, also der x-Achse, ist nämlich $\varrho^2 = x^2 + y^2 + z^2 - x^2 = y^2 + z^2$, wie behauptet. Dreht man den starren Körper um eine feste Stange herum, nicht nur um eine gedankliche Achse, so gilt (1.43) analog mit der Stange anstelle der μ-Achse: $L = \sum_i m_i \varrho_i^2 \omega$. In diesem Fall nennt man $\sum_i m_i \varrho_i^2$ das Trägheitsmoment ϑ; ϑ ist dann eine Zahl und kein Tensor mehr. Erinnern Sie sich noch an den Steinerschen Satz? Wenn nicht, kennen Sie wenigstens Frisbee-Scheiben?

c) Kinetische Energie

Wenn der Schwerpunkt des starren Körpers der Masse M nicht im Ursprung liegt, so ist seine kinetische Energie $T' = T + P^2/2M$, wobei P der Gesamtimpuls und T die kinetische Energie in dem Koordinatensystem sind, dessen Ursprung mit dem Schwerpunkt des starren Körpers übereinstimmt. Also ist es hier und anderswo praktisch, wenn wir gleich letzteres Bezugssystem benutzen und berechnen T.

Es gilt

$$2T = \sum_i m_i v_i^2 = \sum_i m_i v_i(\omega \times r_i) = \omega L \quad ,$$

wobei zum Schluß wieder die Beziehung für das „Spatprodukt" (Volumen eines Parallelepipeds) $a(b \times c) = b(c \times a) = c(a \times b)$ verwendet wurde. Also:

$$2T = \omega L = \omega\Theta\omega = \sum_{\mu\nu} \omega_\mu \Theta_{\mu\nu} \omega_\nu = \omega_1^2 \Theta_1 + \omega_2^2 \Theta_2 + \omega_3^2 \Theta_3 \quad , \tag{1.44}$$

wobei die letzte Beziehung nur im Hauptachsensystem des Körpers gilt. Dreht sich der Körper mit Trägheitsmoment ϑ um eine feste Achse, so vereinfacht sich (1.44) zu $2T = \vartheta\omega^2$. Da ohne äußere Kräfte die kinetische Energie konstant ist, ist also $\sum_{\mu\nu} \omega_\mu \Theta_{\mu\nu} \omega_\nu$ zeitlich konstant. Diese Bedingung beschreibt ein *Trägheitsellipsoid* im ω-Raum. Falls die drei Hauptträgheitsmomente gleich groß sind, entartet dieses „Ellipsoid" zu einer Kugel, was jeder versteht. Man bezeichnet übrigens alle starren Körper mit drei gleichen Hauptträgheitsmomenten als „Kugelkreisel", obwohl neben der Kugel auch ein homogener Würfel dazu zählt. „Symmetrische" *Kreisel* sind solche, wo zwei der drei Trägheitsmomente Θ_μ gleich sind.

Der Drehimpuls L nach (1.42) ist der Gradient (im ω-Raum) der kinetischen Energie T nach (1.44) und steht daher senkrecht auf diesem Trägheitsellipsoid; allgemein steht grad f senkrecht auf der durch $f(r)$ definierten Fläche. Im allgemeinen sind daher die Vektoren ω und L nicht parallel, was Abb. 1.14 verdeutlicht. Nur wenn das Ellipsoid zur Kugel entartet, also alle drei Trägheitsmomente gleich sind, sind ω und L stets parallel. Mathematiker sehen beides direkt aus der Beziehung (1.42).

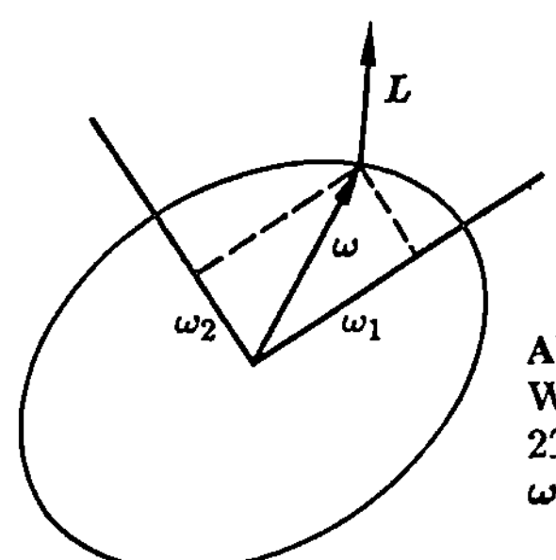

Abb. 1.14. Zweidimensionale Illustration von (1.42) und (1.44). Wenn die Trägheitsellipse (in Hauptachsenform $\Theta_1\omega_1^2 + \Theta_2\omega_2^2 = 2T$) nicht zum Kreis entartet ist, sind in der Regel die Vektoren ω und L nicht parallel

1.4.2 Bewegungsgleichungen

a) Grundlagen

Im Gleichgewicht ist der starre Körper nur, wenn auf ihn weder ein äußeres Drehmoment noch eine äußere Kraft wirkt. Diese von einzelnen Massenpunkten wie auch von der täglichen Erfahrung her bekannte Tatsache ist nicht ganz trivial, da ja zwischen den Atomen des starren Körpers enorme Zwangskräfte, vielleicht auch Drehmomente herrschen. Aber diese heben sich alle auf, wie man aus dem Prinzip der virtuellen Arbeit, (1.30), sieht. Wird nämlich der ganze Körper um die Strecke δR verschoben und um den Winkel $\delta\varphi$ gedreht, also $\delta r_i = \delta R + \delta\varphi \times r_i$, so darf diese virtuelle Verrückung keine Arbeit leisten:

$$0 = \sum_i F_i \delta r_i = \delta R \sum_i F_i + \delta\varphi \times \sum_i r_i \times F_i$$

für alle kleinen δR und $\delta\varphi$. Daher müssen die Summen verschwinden: $\sum_i F_i = 0 = \sum_i r_i \times F_i$. Somit verschwindet also die Gesamtkraft wie auch das Gesamtdrehmoment.

Wenn eine äußere Kraft F und ein äußeres Drehmoment M am starren Körper angreifen, so bestimmen diese die Änderung von Gesamtimpuls P und Gesamtdrehimpuls L, eben weil die inneren Kräfte und Momente sich alle aufheben:

$$F = \frac{dP}{dt} \quad , \quad M = \frac{dL}{dt} = \frac{d(\Theta\omega)}{dt} \tag{1.45}$$

in einem Inertialsystem. Dies sind sechs Gleichungen für sechs Unbekannte, so daß wir uns auf einem erfolgversprechenden Weg befinden.

b) Eulersche Gleichungen

Wenn ein Körper sich dreht, so drehen sich mit ihm alle seine Hauptachsen und damit der ganze Trägheitstensor. Wir betrachten diesen Körper von einem Inertialsystem aus unter dem Einfluß eines äußeren Drehmomentes M und bezeichnen als e_μ die Einheitsvektoren in Richtung der Hauptachsen (Eigenvektoren des Trägheits-Tensors). Somit ändern sich diese e_μ zeitlich mit $de_\mu/dt = \omega \times e_\mu$, $\mu = 1, 2, 3$. Der Drehimpuls ist daher vom Inertialsystem aus gesehen, unter Berücksichtigung der Diagonalform (1.42) des Tensors Θ:

$$L = \Theta\omega = \sum_\mu \Theta_\mu \omega_\mu e_\mu \quad .$$

Hierbei benutzten wir $\omega = \sum_\mu \omega_\mu e_\mu$, was harmlos klingt, aber festlegt, daß jetzt die drei ω_μ die Komponenten bezüglich des körperfesten Bezugssystems der e_μ sind, und nicht die bezüglich eines Inertialsystems.

Für die zeitliche Ableitung von L gilt daher

$$M = \dot{L} = \sum_\mu (\Theta_\mu \dot{\omega}_\mu e_\mu + \Theta_\mu \omega_\mu \dot{e}_\mu) \quad .$$

Setzt man nun ein

$$\frac{de_1}{dt} = (\omega_1 e_1 + \omega_2 e_2 + \omega_3 e_3) \times e_1 = \omega_3 e_2 - \omega_2 e_3 \quad ,$$

und analoge Beziehungen für die zwei anderen Komponenten, so führt obiger Ausdruck für M schließlich zu den Eulerschen Gleichungen:

$$M_1 = \Theta_1 \frac{d\omega_1}{dt} + (\Theta_3 - \Theta_2)\omega_2\omega_3$$

$$M_2 = \Theta_2 \frac{d\omega_2}{dt} + (\Theta_1 - \Theta_3)\omega_3\omega_1 \tag{1.46}$$

$$M_3 = \Theta_3 \frac{d\omega_3}{dt} + (\Theta_2 - \Theta_1)\omega_1\omega_2 \quad .$$

Wenn man eine dieser Gleichungen schon weiß, folgen natürlich die anderen aus ihr durch zyklische Vertauschung der Indices: 1 nach 2, 2 nach 3, 3 nach 1. Bei einem Kugelkreisel sind alle drei Θ_μ gleich, und folglich gilt dann einfach $M = \Theta_\mu d\omega/dt$.

Bemerkenswert an diesen Gleichungen ist zunächst einmal, daß sie nicht linear, sondern quadratisch in ω sind. Da wir oft nur lineare Differentialgleichungen exakt lösen können, programmieren wir ihre Simulation, nach dem schon in Kap. 1 besprochenen Verfahren, für den Fall $M = 0$ (siehe Programm EULER).

Ob linear oder nichtlinear, dem BASIC-Programm ist das ziemlich egal; wichtiger ist, daß wir ω als w bezeichnen müssen. Die drei Hauptträgheitsmomente sind 10, 1 und 1/10, der Zeit-Schritt dt ist 1/100. Lassen wir den Körper um eine Hauptträgheitsachse rotieren, z.B. durch die Eingabe 0,1,0, so ändert sich gar nichts. Falls wir aber kleine Störungen einführen, also eines der drei w_μ als 1, die beiden anderen als 0.01 eingeben, so ändert sich das Bild. Eine Drehung um die Hauptachse mit dem größten Trägheitsmoment (hier: Achse 1) ist stabil, d.h. die kleine Störung in den beiden anderen Komponenten oszilliert um Null herum und bleibt klein, während w_1 in der Nähe von 1 bleibt. Dies erhält man mit der Eingabe 1.0, 0.01, 0.01. Mit der Eingabe 0.01, 1, 0.01 dagegen, also mit einer Drehung um die Achse mit dem mitt-

```
  10 input "omega="; w1, w2, w3
  20 dt = 0.01
  30 t1 =10.0
  40 t2 = 1.0
  50 t3 = 0.1
  60 d1 =dt*(t2-t3)/t1
  70 d2 =dt*(t3-t1)/t2
  80 d3 =dt*(t1-t2)/t3
  90 w1=w1+d1*w2*w3
 100 w2=w2+d2*w3*w1
 110 w3=w3+d3*w1*w2
 120 print w1,w2
 130 goto 90
 140 end
```

leren Trägheitsmoment, torkelt der Körper durch die Gegend: Das anfänglich kleine w_3 wird bis zu zehnmal größer, aber vor allem ändert w_2 sein Vorzeichen. Die am Anfang dominierende Drehkomponente w_2 wird also durch die kleine Störung ganz entscheidend beeinflußt. Exponentiell gegen Unendlich geht natürlich keine dieser Störungen (im Gegensatz zu linearen Differentialgleichungen), da ja die kinetische Energie erhalten bleiben muß. Die Drehung um die dritte Hauptachse mit dem kleinsten Trägheitsmoment ist wieder stabil.

Experimentell kann man versuchen, durch geschicktes Werfen gefüllter Streichholzschachteln die Stabilität (Instabilität) bei Drehung um die Achse mit dem größten (mittleren) Trägheitsmoment zu demonstrieren. Doch gelangt man hier nahe an die Grenze zwischen genauer Beobachtung und hoffnungsvollem Glauben. Stattdessen kann man die Euler-Gleichungen in harmonischer Näherung behandeln und theoretisch klar zwischen Instabilität (exponentielles Anwachsen von Störungen) und Stabilität unterscheiden; Euler (1707–1783) kannte ja noch kein BASIC.

c) Nutation

Das stabile Wackeln eines Kreisels ohne äußere Drehmomente nennen wir *Nutation; Präzession* nennen wir die allmähliche Drehung der Rotationsachse unter dem Einfluß eines schwachen Drehmoments. Auch andere Definitionen kommen in der Literatur vor. Wir berechnen jetzt die Nutationsfrequenz, die wir empirisch mit obigem Computerprogramm in der Größe w_2 beobachten konnten. Wir behandeln den symmetrischen Kreisel, $\Theta_1 = \Theta_2$, und stellen uns vor, daß der Kreisel schnell um die dritte Achse mit Moment Θ_3 rotiert, daß aber ω_1 und ω_2 nicht exakt Null sind. Wie oszillieren in diesem stabilen Fall die beiden Komponenten ω_1 und ω_2, d.h. wie wackelt die momentane Drehachse, vom starren Körper aus gesehen? Die ω_μ in (1.46) und hier sind immer noch die Komponenten in dem fest mit dem starren Körper verbundenen Hauptachsensystem.

Die Euler-Gleichungen lauten mit der Abkürzung $\tau = (\Theta_1 - \Theta_3)/\Theta_1$ jetzt

$$\frac{d\omega_1}{dt} = \tau\omega_2\omega_3 \quad , \quad \frac{d\omega_2}{dt} = -\tau\omega_3\omega_1 \quad , \quad \frac{d\omega_3}{dt} = 0 \quad .$$

Also ist die Hauptkomponente ω_3 zeitlich konstant, und es gilt

$$\frac{d^2\omega_1}{dt^2} = \tau\omega_3\frac{d\omega_2}{dt} = -\tau^2\omega_3^2\omega_1 \, .$$

Dies ist mal wieder die Gleichung des harmonischen Oszillators und gilt analog für ω_2. Die wohlbekannte Lösung ist

$$\omega_\mu \sim e^{i\Omega t} \quad (\mu = 1,2) \quad , \quad \Omega/\omega_3 = \tau = (\Theta_1 - \Theta_3)/\Theta_1 \quad . \tag{1.47}$$

Wenn also die Drehachse in Richtung von ω nicht ganz genau mit der Figurenachse des symmetrischen Kreisels e_3 übereinstimmt, wenn also nicht $\omega_1 = \omega_2 = 0$, dann wackelt die Drehachse mit der Nutationsfrequenz Ω um die Figurenachse e_3 herum. Diese Nutationsfrequenz ist proportional zur eigentlichen Rotationsfrequenz ω_3; der Proportionalitätsfaktor ist ein Verhältnis von Trägheitsmomenten.

Da die drei ω-Komponenten vom mitrotierenden körperfesten Bezugssystem aus gemessen werden, kann einem dabei leicht schwindlig werden. Sicherer ist es, wir nehmen den Planeten Erde als Beispiel eines starren Körpers. Bekanntlich ist die Erde keine Kugel, sondern leicht abgeplattet; das Hauptträgheitsmoment Θ_3 bezüglich der Nord-Süd-Achse ist also etwas größer als das der zwei anderen in der Äquatorebene. Das körperfeste Bezugssystem sind jetzt unsere üblichen Landkarten, Längen- und Breitengrade. Wenn wir den Südpol durch die Richtung des Hauptträgheitsmomentes e_3 definieren, so wird die momentane Drehachse nicht genau mit diesem Pol übereinstimmen, sondern um ihn herumnutieren. Die NutationsFrequenz Ω müßte wegen $\tau = 1/300$ einer Periode von etwa 300 Tagen entsprechen. Tatsächlich beobachtet man Polschwankungen mit einer Periode von 427 Tagen, denn die Erde ist kein starrer Körper: Vulkanausbrüche zeigen, daß sie innen auch flüssig ist.

Betrachtet man den nutierenden symmetrischen Kreisel vom Inertial-System statt vom körperfesten System aus, so zeigt nicht mehr die Figurenachse e_3 immer in die gleiche Richtung, sondern der Drehimpuls (falls kein äußeres Drehmoment vorliegt). Um diese feste Drehimpuls-Richtung herum wackelt die Figurenachse e_3 auf dem „Nutationskegel", die momentane Drehachse ω auf dem „Rastpolkegel" oder „Herpolhodiekegel", während sich ω auf dem „Gangpolkegel" oder „Polhodiekegel" um die Figurenachse dreht. Bevor wir auf alle Neune kommen, verlassen wir diese Kegelbahn.

d) Präzession

Was passiert, wenn ein äußeres Drehmoment auf einen symmetrischen Kreisel wirkt? Zum Beispiel kann es sich um einen Spielzeugkreisel handeln, der an seiner Spitze den Boden berührt und nicht genau senkrecht steht. Für Leser, die in ihrer Jugend so mit Video-Spielen beschäftigt waren, daß sie für solche Kreisel keine Zeit hatten, gibt Abb. 1.15 eine Skizze dieses Experimentiergeräts.

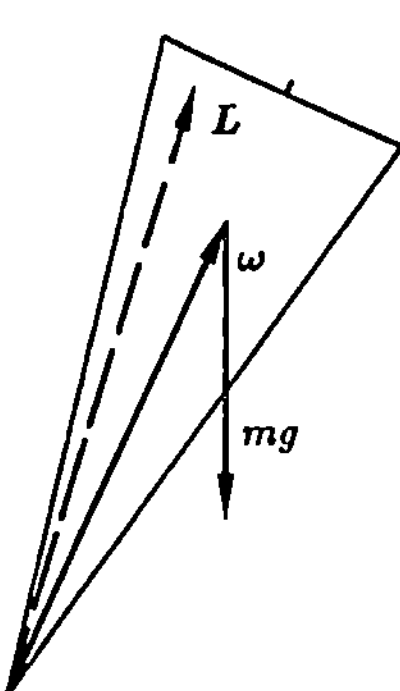

Abb. 1.15. Beispiel eines symmetrischen Kreisels im Schwerefeld. Der Drehimpuls L ist fast parallel zu ω, das Drehmoment M steht senkrecht zur Papierebene

Wenn m die Masse des Kreisels ist, R der Abstand seines Schwerpunktes von der Spitze (Auflagepunkt) und g die nach unten zeigende Erdbeschleunigung, dann übt die Schwerkraft mg das Drehmoment $mR \times g$ auf den Kreisel aus. Der Vektor R zeigt in Richtung der Figurenachse (zumindest wenn der Kreisel schön rund ist), und diese zeigt in Richtung des Drehimpulses L, wenn wir die Nutation vernachlässigen. (Wir nehmen also an, daß der Kreisel genau in seiner Symmetrieachse rotiert). Es gilt also

$$\frac{dL}{dt} = M = \omega_L \times L \quad , \tag{1.48}$$

wobei der Vektor ω_L nach oben zeigt und den Betrag mRg/L hat. Die Lösung dieser Gleichung ist einfach: Die Horizontalkomponente des Drehimpulses (und damit auch die Figurenachse) rotiert mit der Winkelgeschwindigkeit ω_L um die Vertikale herum. Diese langsame Rotation proportional zum von außen angreifenden Drehmoment nennen wir Präzession (auch andere Namen existieren in der Literatur für unsere Nutation und Präzession). Der Betrag von L und seine Vertikalkomponente L_3 bleiben dabei konstant. Beim realen Kreisel treten natürlich noch Reibungskräfte auf. So also erklärt es sich, daß der Kreisel nicht umfällt, sondern senkrecht zur an sich plausiblen Fallrichtung ausweicht.

Ein anderes Anwendungsbeispiel von (1.48) ist die „Larmor-Präzession" von magnetischen Momenten („Spins"). Klassisch saust im Atom ein Elektron um den Atomkern herum, was wegen der Ladung zu einem elektrischen Kreisstrom und damit zu einem magnetischen Dipolmoment μ führt. So hat ein Atom in der Regel Trägheitsmoment und Drehimpuls L, aber auch ein magnetisches Dipolmoment μ proportional zu L. (Wir werden bei der Elektrodynamik noch lernen: Ruhende Ladungen erzeugen elektrische Felder, gleichmäßig bewegte Ladungen Magnet-Felder und oszillierende Ladungen Wellen.) In einem Magnetfeld B wird auf ein magnetisches Dipolmoment ein Drehmoment $B \times \mu$ ausgeübt. Damit gilt wieder (1.48), mit der Larmorfrequenz $\omega_L = |B \times \mu|/L$. Ohne die Quantenmechanik würden also die Elementarmagnete dauernd präzedieren, wenn sie nicht genau parallel zum Magnetfeld stehen. Das „gyromagnetische" Verhältnis μ/L ist proportional zum Verhältnis von elektrischer Elementarladung e zum Produkt von Masse m und Lichtgeschwindigkeit c: $\omega_L = eB/mc$ in geeigneten Einheiten.

Solche Effekte werden angewendet bei Spinresonanz (NMR, ESR; seit 1946) zur Untersuchung von Festkörpern und biologischen Makromolekülen, aber neuerdings auch in der Medizin zur Diagnose ohne Operation und ohne Röntgenstrahlung (NMR-Tomographie).

Auch für *Horoskope* ist Präzession wichtig. Wegen der Abplattung der Erde übt die Schwerkraft der Sonne ein Drehmoment auf die Erde aus, und der Drehimpuls der Erde präzediert mit einer Periode von 26 000 Jahren. Dadurch stimmen Sternbilder und Kalendermonate im Lauf der Zeit immer schlechter miteinander überein; nach je 26 000/12 Jahren gibt es eine Verschiebung um ein Sternzeichen. Da die Sternzeichen schon lange vor dem Hochschulrahmengesetz festgelegt wurden, stimmen sie schon heute nicht mehr so richtig. Erfahrene Zukunftsforscher lesen daher beim Horoskop immer zwischen den Zeilen, um den Mittelwert aus den zwei Vorhersagen der beiden benachbarten Sternzeichen zu bilden. So kam ich zur Vorhersage, dieses Lehrbuch würde ein großer Erfolg werden.

Egal ob mechanische Kreisel oder magnetische Spins, der Drehimpuls präzediert bei ihnen mit Winkelgeschwindigkeit ω_L auf einem Kegel um die Vertikale herum, falls Schwerkraft bzw. Magnetfeld nach unten zeigen. Dieses einfache Resultat stimmt natürlich nur, wenn sowohl Reibung als auch Nutation vernachlässigt werden. Kommt noch eine schwache Nutation hinzu, weil der symmetrische Kreisel nicht genau um die Figurenachse e_3 rotiert, so bewegt sich der Vektor e_3 nicht mehr auf dem Kegel, seine Spitze also nicht mehr auf einem Kreis. Stattdessen bewegt sich die Spitze von e_3 auf Kringeln (starke Amplitude der Nutation) oder Wellenlinien (schwache Nutation) aus der Überlagerung der zwei Kreisbewegungen (Abb. 1.16).

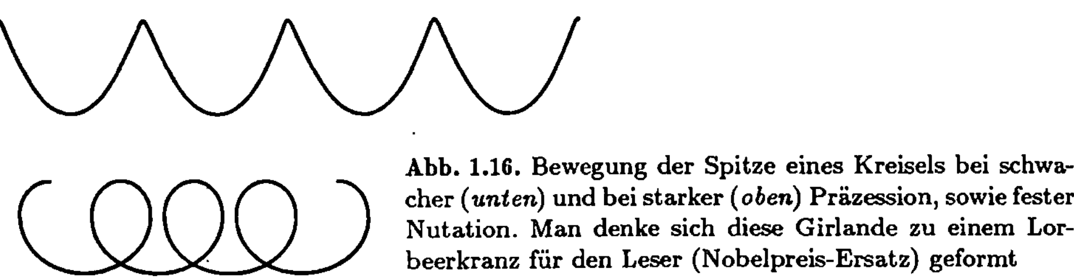

Abb. 1.16. Bewegung der Spitze eines Kreisels bei schwacher (*unten*) und bei starker (*oben*) Präzession, sowie fester Nutation. Man denke sich diese Girlande zu einem Lorbeerkranz für den Leser (Nobelpreis-Ersatz) geformt

1.5 Kontinuumsmechanik

1.5.1 Grundbegriffe

a) Kontinuum

Elastische Festkörper, fließende Flüssigkeiten und wehender Wind sind das Thema dieses Kapitels über *Elastizität* und *Hydrodynamik*. Wenn in diesem Sinne ein Körper nicht starr ist, so müßte man eigentlich alle Moleküle getrennt behandeln. Bei einem Glas Bier sind das etwa 10^{25} Teilchen, und es gibt wohl angenehmere Methoden, mit diesen umzugehen, als für alle gleichzeitig die Newtonsche Bewegungsgleichung zu lösen. Stattdessen benutzen wir mal wieder eine Näherung: Wir mitteln über viele Atome. Wenn wir die Strömung von Luft um ein Auto herum beschreiben wollen oder die Dehnung eines Eisendrahtes, an dem ein großes Gewicht hängt, dann interessieren uns in diesen technischen Anwendungen kaum die Wärmebewegung der

Luftmoleküle und die hochfrequenten Phononen im Eisen. Wir wollen eine mittlere Geschwindigkeit der Luftmoleküle wissen und eine mittlere Verschiebung der Eisenatome aus ihrer Ruhelage. Wir müssen daher mitteln über „mesoskopische" Bereiche, die viele Moleküle enthalten, aber klein sind gegenüber der Ausdehnung der Festkörper oder gegenüber den Längen, über die sich die Geschwindigkeit der Flüssigkeitsströmung wesentlich ändert.

Tatsächlich führen wir diese Mittelung gar nicht aus; erst in den letzten Jahren ist Hydrodynamik am Computer durch Simulation jedes einzelnen Atoms studiert worden. Wir beschränken uns hier darauf zu postulieren, daß es eine mittlere Auslenkung und eine mittlere Geschwindigkeit gibt. Wir bauen auf dieser Annahme die ganze Kontinuums-Mechanik auf, ohne diese Mittelwerte tatsächlich aus den Einzelmolekülen zu berechnen. Analoge Tricks werden wir später anwenden bei den Maxwell-Gleichungen in Materie und in der Thermodynamik. Wenn wir eine Größe nicht kennen, die im Prinzip aus den Einzelmolekülen zu berechnen wäre, dann geben wir dieser Größe einen Namen („Dichte", „Viskosität", „Suszeptibilität", „spezifische Wärme") und nehmen an, daß sie von unseren Konkurrenten in der Experimentalphysik gemessen werden kann. Mit diesem Meßwert arbeiten wir dann weiter, um andere Meßwerte und Phänomene vorherzusagen. Man mag das für Betrug halten, aber dieses Verfahren ist gewohnheitsrechtlich abgesichert seit Hunderten von Jahren. Allgemein nennt man so etwas eine „phänomenologische" Theorie, wenn einige Materialeigenschaften nicht errechnet, sondern nur experimentell gemessen werden.

Fast alle Formeln dieses Kapitels gelten für Gase, Flüssigkeiten und Festkörper gemeinsam. Man kann ja ohnehin nicht so klar in der Realität zwischen diesen Phasen unterscheiden, denn Eisen-Drähte können sogar leichter verformt werden als Glas, und am kritischen Punkt (vgl. van der Waals-Gleichung) verschwindet der Unterschied von Dampf und Flüssigkeit. Trotzdem kann sich der Leser, wenn von Verzerrungen die Rede ist, dabei einen Festkörper-Einkristall vorstellen; bei Geschwindigkeitsfeldern denkt man am besten an fließendes „inkompressibles" Wasser, und Schallwellen stellt man sich in „kompressibler" Luft vor.

b) Verzerrungstensor ε

In einem elastischen Festkörper sei u die mittlere Auslenkung der Moleküle aus der Gleichgewichtslage; u hängt vom Ort r ab, an dem wir uns den Festkörper betrachten. (Bei Flüssigkeiten und Gasen ist u die Abweichung von der Position zur Zeit $t = 0$.) Bei hinreichend kleinen Abständen r zwischen zwei Punkten auf dem Körper gilt die Taylor-Entwicklung

$$u(r) = u(0) + \sum_k x_k \frac{\partial u}{\partial x_k} \quad , \quad k = 1, 2, 3 \quad .$$

Man definiert

$$\operatorname{div} u = \frac{\partial u_1}{\partial x_1} + \frac{\partial u_2}{\partial x_2} + \frac{\partial u_3}{\partial x_3} \tag{1.49a}$$

$$\operatorname{rot} u = \left(\frac{\partial u_3}{\partial x_2} - \frac{\partial u_2}{\partial x_3}, \ \frac{\partial u_1}{\partial x_3} - \frac{\partial u_3}{\partial x_1}, \ \frac{\partial u_2}{\partial x_1} - \frac{\partial u_1}{\partial x_2} \right) \tag{1.49b}$$

als *Divergenz* bzw. *Rotation* der Größe $u(r)$. Manche Autoren schreiben div u als Skalarprodukt des Nabla-Operators $\nabla = (\partial/\partial x_1, \partial/\partial x_2, \partial/\partial x_3)$ mit dem Vektor u; in diesem Sinne ist rot u (curl u im Englischen) das Kreuzprodukt $\nabla \times u$. Viele Regeln über Skalar- und Kreuzprodukte gelten auch hier. Wichtig ist vor allem: Die Rotation ist ein Vektor, die Divergenz dagegen nicht.

Mit etwas Rechnung ergibt obige Taylor-Entwicklung

$$u(r) = u(0) + \text{rot}(u) \times r/2 + \varepsilon r \tag{1.50}$$

mit dem *Verzerrungstensor* ε, einer 3×3 Matrix, definiert durch

$$\varepsilon_{ik} = \frac{\partial u_i/\partial x_k + \partial u_k/\partial x_i}{2} = \varepsilon_{ki} \quad . \tag{1.51}$$

Anschaulich heißt das, daß die Verschiebung u sich in kleinen Bereichen (r nicht zu groß) darstellen läßt als Überlagerung einer Translation $u(0)$, einer Rotation um den Winkel rot $(u)/2$, und einer Verzerrung des elastischen Festkörpers. Bei den starren Körpern des vorigen Kapitels fehlt die Verzerrung, und rot (u) ist räumlich konstant.

Da der Verzerrungstensor ε stets symmetrisch ist, gibt es ein rechtwinkliges Koordinatensystem, in dem die Matrix der ε_{ik} diagonal ist: $\varepsilon_{ik} = 0$ außer für $i = k$. In diesem Koordinatensystem kann man die Volumenänderung ΔV eines verzerrten Quaders der Länge x, Breite y und Höhe z besonders bequem ausrechnen, da jetzt $\Delta x = \varepsilon_{11} x$ etc:

$$\frac{\Delta V}{V} = \frac{(x + \Delta x)(y + \Delta y)(z + \Delta z) - xyz}{xyz} \approx \varepsilon_{11} + \varepsilon_{22} + \varepsilon_{33} = \text{Sp}(\varepsilon)$$

mit der *Spur* $\text{Sp}(\varepsilon) = \sum_i \varepsilon_{ii}$ (englisch Tr für Trace). Mathematiker haben bewiesen, daß sich die Spur einer Matrix bei einer Drehung des Koordinatensystems nicht ändert. Die Spur des Einheitstensors $\mathcal{E}$, also der Matrix der Kronecker-Symbole δ_{ik}, ist trivialerweise $= 3$. Mit der Definition

$$\varepsilon = \varepsilon' + \text{Sp}(\varepsilon)\mathcal{E}/3$$

wird daher der Verzerrungstensor aufgeteilt in eine Scherung ε' ohne Volumenänderung (da $\text{Sp}(\varepsilon') = 0$) und eine Volumenänderung ohne Formänderung (da proportional zur Einheitsmatrix). Diese Mischung allgemeiner Verschiebung u aus Translation, Rotation, Formänderung und Volumenänderung ist ja wohl auch ohne Mathematik recht plausibel.

c) Geschwindigkeitsfeld

In Gasen und Flüssigkeiten kann das Verschiebungsfeld $u(r)$ die Verschiebung der Moleküle aus ihrer Lage zur Zeit $t = 0$ beschreiben; eine Gleichgewichtslage gibt es gar nicht. Anschaulicher ist es dagegen, von einer mittleren Geschwindigkeit $v(r)$ der Moleküle zu reden: $v = du/dt$. Außer dem Ort r hängt das Geschwindigkeitsfeld v auch noch von der Zeit t ab.

Man muß klar unterscheiden zwischen der totalen zeitlichen Ableitung d/dt und der partiellen zeitlichen Ableitung $\partial/\partial t$. Physikalisch kann man sich das klarmachen, wenn man die Temperatur im Wasser eines Flusses betrachtet. Mißt man sie an einer bestimmten Stelle von einer Brücke aus, so hält man den Ort r konstant, und die gemessene Temperaturänderung ist daher $\partial T/\partial t$. Wirft man dagegen das Thermometer in den Fluß, so daß es mit dem Wasser mitschwimmt, so mißt man Aufheizung oder Abkühlung der Wassermenge, in der das Thermometer den ganzen Flußlauf entlang sich aufhält. Diese Temperaturänderung, bei variablem Ort, ist also dT/dt.

Mathematisch lassen sich beide Ableitungen durch den Temperatur-Gradienten $\mathrm{grad}\,T$ miteinander verknüpfen:

$$\frac{dT}{dt} = \frac{\partial T}{\partial t} + \frac{\partial T}{\partial x}\frac{\partial x}{\partial t} + \frac{\partial T}{\partial y}\frac{\partial y}{\partial t} + \frac{\partial T}{\partial z}\frac{\partial z}{\partial t}$$

$$= \frac{\partial T}{\partial t} + \sum_i v_i \frac{\partial T}{\partial x_i} = \frac{\partial T}{\partial t} + (v\,\mathrm{grad})T \quad ,$$

wobei $(v\,\mathrm{grad})$ das Skalarprodukt der Geschwindigkeit mit dem Nabla-Operator ∇ ist. Eine andere Notation für diesen Term $(v\,\mathrm{grad})$ ist $(v \cdot \nabla)$; wer diese Operator-Schreibweisen nicht praktisch findet, möge den Ausdruck $(v\,\mathrm{grad})T$ eben ersetzen durch $\sum_i v_i \partial T/\partial x_i$ mit $i = 1, 2, 3$ für die drei Richtungen.

Was für die Temperatur gesagt wurde, gilt analog für jede andere Größe A:

$$\frac{dA}{dt} = \frac{\partial A}{\partial t} + \sum_i v_i \frac{\partial A}{\partial x_i} \quad . \tag{1.52a}$$

Man spricht auch von der Euler-Beschreibung, wenn man mit $\partial/\partial t$, und von der Lagrange-Beschreibung, wenn man mit der totalen Ableitung d/dt arbeitet. Schlichte Punkte als Symbole für Ableitungen nach der Zeit sind in der Hydrodynamik gefährlich.

Wenn wir nun das Newtonsche Bewegungsgesetz Kraft = Masse · Beschleunigung anwenden, so ist die Beschleunigung die totale zeitliche Ableitung der Geschwindigkeit, denn die Wasserteilchen werden beschleunigt („*substantielle* Ableitung" dv/dt):

$$\mathrm{Kraft} = m\frac{dv}{dt} = m\left[\frac{\partial v}{\partial t} + (v\,\mathrm{grad})v\right] \quad .$$

Hier bedeutet $(v\,\mathrm{grad})A$ bei einem Vektor A, daß $(v\,\mathrm{grad})$ auf jede der drei Komponenten angewendet wird und daß das Ergebnis ein Vektor ist:

$$[(v\,\mathrm{grad})A]_k = \sum_i v_i \frac{\partial A_k}{\partial x_i} \quad .$$

Wichtig ist, daß die Geschwindigkeit v jetzt nicht nur linear, sondern auch quadratisch in der Newtonschen Bewegungsgleichung auftritt. Dadurch werden viele Probleme der Hydrodynamik bei hohen Geschwindigkeiten nicht mehr exakt lösbar, sondern verbrauchen viel Rechenzeit auf Supercomputern. Anschaulich messen wir dv/dt, indem wir Papierschnitzel in die Strömung werfen und deren Beschleunigung verfolgen; $\partial v/\partial t$ spüren wir, wenn wir einen Finger in die Strömung halten und die Kraft auf ihn sich verändert. In beiden Fällen ist eine Badewanne als Meßumgebung praktischer als eine Rheinbrücke.

Wie in der ganzen Kontinuums-Mechanik wollen wir aber die Atome nicht einzeln behandeln, sondern über sie mitteln. Wir definieren daher die Dichte ϱ als das

Verhältnis von Masse zu Volumen. Genauer ist ϱ der Grenzwert des Verhältnisses von Masse zu Volumen, falls die Masse in einem gedanklich definierten Teilvolumen der Flüssigkeit bestimmt wird und dieses Volumen sehr viel größer ist als das Volumen eines Atoms, aber sehr viel kleiner als das Gesamtvolumen oder als das Volumen, innerhalb dessen sich die Dichte wesentlich ändert. Ich stelle mir unter ϱ einfach die Masse pro cm^3 vor, weil der Rhein breiter als ein Zentimeter ist.

Völlig analog definieren wir die *Kraftdichte* f als die Kraft pro cm^3, die auf eine Flüssigkeit wirkt (f =Kraft/Volumen). Newtons Gesetz hat jetzt die Form

$$f = \varrho \left[\frac{\partial v}{\partial t} + (v\,\mathrm{grad})v \right] \quad . \tag{1.52b}$$

Ein Beispiel für die Kraftdichte f ist die Schwerkraft, $f = \varrho g$. Später werden wir noch Flächenkräfte wie den Druck kennenlernen.

„Bekanntlich" sagt der Gaußsche Satz:

$$\oiint j d^2 f = \int \mathrm{div}\,(j) d^3 r \tag{1.53}$$

für ein Vektorfeld $j = j(r)$. Auf der linken Seite steht ein zweidimensionales Integral über die Oberfläche des Volumens, über das auf der rechten Seite dreidimensional integriert wird. Das Flächenelement $d^2 f$ steht senkrecht auf dieser Oberfläche und zeigt nach außen.

Notation: Zwei- oder dreidimensionale Integrale, die sich über eine Ebene oder den Raum erstrecken, bekommen von uns nur ein Integralzeichen, und haben z.B. $d^3 r$ als Integrationsvariable. Ein Flächenintegral, das sich z.B. über die geschlossene Oberfläche eines dreidimensionalen Volumens erstreckt, wird durch zwei Integralzeichen mit Kreis gekennzeichnet, wie in (1.53); das Flächenelement ist dann ein Vektor d^2f, im Gegensatz zu $d^3 r$. Beim Satz (1.67a) von Stokes kommt noch ein eindimensionales geschlossenes Linienintegral vor, das ebenfalls mit einem Kreis markiert wird; diese Linienintegrale haben einen in Linienrichtung zeigenden Vektor dl als Integrationsvariable. Die Notation dV für $d^3 r$ wird hier vermieden; in der Wärmelehre wird bei der mechanischen Arbeit $-PdV$ die Größe V der Betrag des Volumens sein.

Diese Rechenregel (1.53) wenden wir nun an auf die Stromdichte $j = \varrho v$ der Flüssigkeitsströmung; j gibt also an, wieviel Gramm Wasser pro Sekunde durch einen Querschnitt von einem Quadratzentimeter fließen und zeigt in Richtung der Geschwindigkeit v. Dann ist das Oberflächenintegral (1.53) die Differenz zwischen der pro Sekunde in das Integrationsvolumen heraus- und hineinfließenden Masse, also im Grenzfall sehr kleinen Volumens

$$\frac{-d(\mathrm{Masse})}{dt} = \mathrm{div}(j) \cdot \mathrm{Volumen} \quad .$$

Somit gilt nach Division durch das Volumen die *Kontinuitätsgleichung*

$$\frac{\partial \varrho}{\partial t} + \mathrm{div}\,(j) = 0 \quad . \tag{1.54}$$

Dieser fundamentale Zusammenhang zwischen Dichteänderung und Divergenz der zugehörigen Stromdichte gilt analog in vielen Gebieten der Physik, z.B. bei elektrischer Ladungsdichte und elektrischer Stromdichte. Er ist auch vom Bankkonto bekannt: Die Divergenz von Aus- und Eingaben bestimmt das Wachsen der Schulden beim Leser, das Wachsen des Vermögens beim Lehrbuchautor.

Ein Medium heißt *inkompressibel*, wenn seine Dichte ϱ konstant ist:

$$\mathrm{div}\,(j) = 0 \quad , \quad \mathrm{div}\,(v) = 0 \quad . \tag{1.55}$$

Üblicherweise wird Wasser als inkompressibel approximiert, während Luft eher kompressibel ist. Auch elastische Festkörper können inkompressibel sein; dann gilt $\mathrm{div}\,(u) = 0$.

1.5.2 Spannung, Bewegung und Hookesches Gesetz

Die Schwerkraft ist, wie gesagt, eine Volumenkraft, die durch eine

$$\mathrm{Kraftdichte} = \frac{\mathrm{Kraft}}{\mathrm{Volumen}}$$

gemessen wird. Der Druck andererseits hat die Dimension Kraft/Fläche, ist also eine Flächenkraft. Allgemein definieren wir eine *Flächenkraft* als den Grenzwert von Kraft/Fläche für kleine Flächen. Als Kraft ist sie ein Vektor, aber die Fläche selbst kann verschiedene Orientierungen haben. So ist die Flächenkraft als Tensor σ definiert:

$$\boxed{\begin{array}{l} \sigma_{ik} \text{ ist die Kraft (pro Flächeneinheit) in } i\text{-Richtung} \\ \text{auf eine zur } k\text{-Richtung senkrechte Fläche; } i, k = 1, 2, 3 \ . \end{array}} \tag{1.56}$$

Auch dieser Tensor ist, wie fast alle physikalischen Matrizen, symmetrisch. Seine Diagonalelemente σ_{ii} beschreiben Drücke, die ja in zusammengedrückten Festkörpern von der Richtung i abhängen können; die Nichtdiagonalglieder wie σ_{12} beschreiben Scherspannungen. In ruhenden Flüssigkeiten ist der Druck P überall gleich, und es gibt keine Scherspannungen: $\sigma_{ik} = -P\delta_{ik}$.

Falls in einem bestimmten Volumen sowohl eine Volumenkraft f als auch eine auf seine Oberfläche angreifende Flächenkraft σ vorhanden ist, so ist die Gesamtkraft

$$F = \oiint \sigma d^2 S + \int f d^3 r = \int (\mathrm{div}\,\sigma + f) d^3 r \quad ,$$

wobei wir unter der Divergenz eines Tensors den Vektor verstehen, dessen Komponenten die Divergenzen der Zeilen (oder Spalten) des Tensors sind:

$$(\mathrm{div}\,\sigma)_i = \sum_k \frac{\partial \sigma_{ik}}{\partial x_k} = \sum_k \frac{\partial \sigma_{ki}}{\partial x_k} \quad .$$

In diesem Sinne konnten wir in obiger Formel den Gaußschen Satz (1.53) anwenden. Im Grenzfall kleiner Volumina gilt daher

$$\frac{\mathrm{Flächenkraft}}{\mathrm{Volumen}} = \mathrm{div}\,\sigma \quad , \tag{1.57}$$

z.B. für die Kraft, die Druckunterschiede auf einen cm^3 ausüben.

Die Bewegungsgleichung ist nun wegen (1.57)

$$\varrho\frac{dv}{dt} = \operatorname{div}\sigma + f \qquad\qquad (1.58)$$

mit der totalen Ableitung gemäß (1.52), für Festkörper wie für Flüssigkeiten und Gase. In einer ruhenden Flüssigkeit unter dem Einfluß der Schwerkraft $f = \varrho g$ gilt also $f = -\operatorname{div}\sigma = \operatorname{div}(P\delta_{ik}) = \operatorname{grad}P$, also in der Höhe h: $P = \text{const} - \varrho g h$. Je 10 Meter Wassertiefe nimmt der Druck um eine „Atmosphäre" $\approx 1000\,\text{millibar} = 10^5$ Pascal zu. Wer im Meer nach Schätzen oder Korallen taucht, muß daher ganz langsam auftauchen, damit die plötzliche Druckerniedrigung keine lebensgefährlichen Bläschen in den Blutadern entstehen läßt. Die Beziehung $\operatorname{div}\sigma = -\operatorname{grad}P$ gilt auch allgemein in „idealen" Flüssigkeiten ohne Reibungseffekte (Euler 1755):

$$\varrho\frac{dv}{dt} = -\operatorname{grad}(P) + f \quad . \qquad\qquad (1.59)$$

Gleichung (1.59) liefert drei Gleichungen für vier Unbekannte, v und ϱ. Falls die Strömung kompressibel ist, müssen wir daher auch noch wissen, wie die Dichte vom Druck abhängt. In der Regel genügt eine lineare Näherung: $\varrho(P) = \varrho(P = 0)(1 + \kappa P)$, mit der so definierten Kompressibilität κ.

In einem elastischen Festkörper ist der *Spannungstensor* σ nicht mehr nur durch einen einzigen Druck P gegeben, und statt einer einzigen Kompressibilität brauchen wir jetzt viele elastische Konstanten C. Wir nehmen wieder eine lineare Beziehung an, nur jetzt zwischen Spannungstensor σ und Verzerrungstensor ε,

$$\sigma = C\varepsilon \quad , \qquad\qquad (1.60)$$

analog zum Hookeschen Gesetz: Rückstellkraft $= C \cdot$ Auslenkung. Robert Hooke (1635–1703) würde sich allerdings etwas wundern, als Vater von (1.60) angesehen zu werden, denn dort sind σ_{ik} und ε_{mn} ja Tensoren (Matrizen). Folglich ist C ein Tensor vierter Stufe (der einzige in diesem Buch), d.h. eine Größe mit vier Indizes:

$$\sigma_{ik} = \sum_{mn} C^{ik}_{mn}\varepsilon_{mn} \quad (i,k,m,n = 1,2,3) \quad .$$

Diese 81 Elemente des Tensors vierter Stufe C reduzieren sich auf zwei Lamésche Konstanten μ und λ in isotropen Festkörpern:

$$\sigma = 2\mu\varepsilon + \lambda\mathcal{E}\,\mathrm{Sp}(\varepsilon) \qquad\qquad (1.61)$$

mit der Einheitsmatrix $\mathcal{E}$, also $\sigma_{ik} = 2\mu\varepsilon_{ik} + \lambda\delta_{ik}\sum_j \varepsilon_{jj}$. Die Kompressibilität ist dann (vgl. Übung) $\kappa = 3/(3\lambda + 2\mu)$, das Verhältnis von Druck zu relativer Längenänderung ist der Young-Modul $E = \mu(2\mu + 3\lambda)/(\mu + \lambda)$. Das Verhältnis: relative Längenänderung quer zur Zugrichtung dividiert durch relative Längenänderung parallel zur Zugrichtung ist die Poissonzahl $\lambda/(2\mu + 2\lambda)$. Ebenfalls ohne Beweis sei die elastische Energie $\sum_{ik}\mu(\varepsilon_{ik})^2 + (\lambda/2)(\mathrm{Sp}\,\varepsilon)^2$ angegeben.

1.5.3 Wellen in isotropen Kontinua

Schall (langwellige akustische Phononen) breitet sich in Luft, Wasser und Festkörpern mit verschiedenen Geschwindigkeiten aus. Wie funktioniert das? Die mathematische wegfallen und wir nur isotrope Medien betrachten, in denen der Schall in allen Richtungen gleich schnell ist. Es gilt dann (1.61), nur daß $\mu = 0$, $\lambda = 1/\kappa$ für Gase und Flüssigkeiten.

Schallschwingungen haben so kleine Amplituden (im Gegensatz zu Schockwellen), daß sie in harmonischer Näherung behandelt werden; quadratische Terme wie $(v\,\mathrm{grad})v$ fallen also weg: $dv/dt = \partial v/\partial t$. Daher bekommt (1.58) unter Berücksichtigung von (1.61) nach etwas Zwischenrechnung die Form

$$\varrho\frac{\partial v}{\partial t} = \mathrm{div}\,\sigma + f = \mu\nabla^2 u + (\mu + \lambda)\,\mathrm{grad}\,\mathrm{div}\,u + f \quad . \tag{1.62}$$

Hier macht die Auslenkung u jetzt auch für Gase und Flüssigkeiten einen Sinn, $v = \partial u/\partial t$, da ja alle Schwingungen auch eine Ruheposition haben. Der Laplace-Operator ∇^2 ist das Skalarprodukt des Nabla-Operators ∇ mit sich selbst: $\nabla^2 A = \nabla(\nabla A) = \mathrm{div}\,\mathrm{grad}\,A = \sum_i \partial^2 A/\partial x_i^2$ für einen Skalar A. Bei einem Vektor u ist $\nabla^2 u$ ein Vektor aus den drei Komponenten $\nabla^2 u_1$, $\nabla^2 u_2$, $\nabla^2 u_3$. Man beachte auch den Unterschied zwischen div grad und grad div: Operatoren sind selten vertauschbar.

Zur Berechnung der Schallgeschwindigkeit vernachlässigen wir die Schwerkraft f und nehmen Schallausbreitung in x-Richtung an:

$$\varrho\frac{\partial^2 u}{\partial t^2} = \mu\frac{\partial^2 u}{\partial x^2} + (\mu + \lambda)\,\mathrm{grad}\left(\frac{\partial u_x}{\partial x}\right) \tag{1.63a}$$

oder

$$\varrho\frac{\partial^2 u_x}{\partial t^2} = (2\mu + \lambda)\frac{\partial^2 u_x}{\partial x^2} \quad , \quad \varrho\frac{\partial^2 u_y}{dt^2} = \mu\frac{\partial^2 u_y}{\partial x^2} \quad , \quad \varrho\frac{\partial^2 u_z}{dt^2} = \mu\frac{\partial^2 u_z}{\partial x^2}$$

in Komponenten. Diese Gleichungen haben die Form der allgemeinen *Wellengleichung*

$$\frac{\partial^2\Psi}{\partial t^2} = c^2\frac{\partial^2\Psi}{\partial x^2} \quad (\text{bzw.} = c^2\nabla^2\Psi) \tag{1.63b}$$

für die Schwingung Ψ, die durch die ebene Welle

$$\Psi \sim e^{i(Qx-\omega t)} \quad \text{mit} \quad \omega = cQ \tag{1.63c}$$

gelöst wird. (Bei beliebiger Ausbreitungsrichtung ist Qx im Ansatz durch Qr zu ersetzen.) Die Schallgeschwindigkeit $c = \omega/Q$ gibt an, mit welcher Geschwindigkeit sich eine bestimmte Phase fortpflanzt, also z.B. eine Nullstelle des Realteils $\cos(Qx - \omega t)$. (Diese Phasen-Geschwindigkeit ist i.a. zu unterscheiden von der Gruppengeschwindigkeit $\partial\omega/\partial Q$, die bei hochfrequenten Phononen kleiner sein kann, hier aber mit ω/Q übereinstimmt.) In drei Dimensionen ist Q der Wellenvektor mit Betrag $Q = 2\pi/(\text{Wellenlänge})$; oft wird er auch mit q, k oder K bezeichnet.

Vergleichen wir (1.63b) mit (1.63a) in seinen drei Komponenten, so sehen wir sofort

$$c^2 = (2\mu + \lambda)/\varrho \tag{1.64a}$$

für den Fall, daß die Auslenkung u zur x-Richtung parallel ist (longitudinale Schwingung), und

$$c^2 = \mu/\varrho \tag{1.64b}$$

für transversale Auslenkung senkrecht zur x-Richtung. Im allgemeinen ist der Schall eine Überlagerung longitudinaler und transversaler Schwingungsformen. Die longitudinale Schallgeschwindigkeit ist größer als die Transversalgeschwindigkeit in Festkörpern, da bei der longitudinalen Schwingung auch noch die Dichte komprimiert werden muß. In Flüssigkeiten und Gasen mit $\mu = 0$ und $\lambda = 1/\kappa$ gibt es nur longitudinale Schallwellen (bei niedrigen Frequenzen, wie hier angenommen) mit

$$c^2 = 1/(\kappa\varrho) \quad . \tag{1.64c}$$

Da auch bei Gasen gleicher Kompressibilität κ die Dichte ϱ verschieden sein kann, ist die Schallgeschwindigkeit c stets vom Material abhängig. Üblicherweise denkt man natürlich an Schall in Luft unter Normal-Bedingungen.

1.5.4 Hydrodynamik

In diesem Abschnitt denken wir weniger an Festkörper als an isotrope Flüssigkeiten und Gase. Fast immer werden wir die Strömung als inkompressibel annehmen, wie bei Wasser sinnvoll (Hydro-... kommt vom griechischen Wort für Wasser).

a) Bernoulli-Gleichung und Laplace-Gleichung

Statisch nennen wir den Fall $v = 0$, und stationär die Strömung mit $\partial v/\partial t = 0$. (Ist Nullwachstum in der Wirtschaft statisch oder stationär?) Wenn die Volumenkraft f konservativ ist, so gibt es ein Potential φ mit $f = -\operatorname{grad}\varphi$. Dann gilt in einer stationären, inkompressiblen Strömung mit konservativer Volumenkraft nach der Euler-Gleichung (1.59): $\varrho(v\operatorname{grad})v = -\operatorname{grad}(\varphi + P)$; hieraus wird der Druck als eine Art von Energiedichte (erg pro cm^3) klar.

Stromlinien sind die (gemittelten) Geschwindigkeitskurven der Wassermoleküle, also mathematisch gegeben durch $dx/v_x = dy/v_y = dz/v_z = dt$. Wenn l die Längenkoordinate längs einer Stromlinie ist, und $\partial/\partial l$ die Ableitung nach dieser Koordinate in Richtung der Stromlinie (also in Richtung der Geschwindigkeit v), dann gilt $|(v\operatorname{grad}v| = v\partial v/\partial l$, also bei stationären Strömungen

$$\frac{-\partial(\varphi + P)}{\partial l} = -|\operatorname{grad}(\varphi + P)| = \varrho v\frac{\partial v}{\partial l} = \varrho\frac{\partial(v^2/2)}{\partial l}$$

analog zur Ableitung des Energiesatzes in einer Dimension (siehe Abschn. 1.1.3a). Längs einer stationären Stromlinie gilt daher

$$\varphi + P + \varrho v^2/2 = \text{const} \tag{1.65}$$

(Bernoulli 1738). Dies ist ein Erhaltungssatz für die Energie, wenn man den Druck, der von den Kräften zwischen den Molekülen herrührt, als Energie pro cm^3 interpretiert; denn φ ist z.B. die Gravitationsenergie und $\varrho v^2/2$ die kinetische Energie einer Volumeneinheit. Diese mechanische Energie längs einer Stromlinie ist also konstant, da Reibung vernachlässigt wurde. Durch Messung der Druckunterschiede kann man hiermit die Geschwindigkeit berechnen.

Eine Strömung v heißt *Potentialströmung*, wenn es eine Funktion Φ gibt, deren negativer Gradient überall die Geschwindigkeit v ist. Da ganz allgemein die Rotation eines Gradienten Null ist, gilt bei Potentialströmungen rot $v = 0$, d.h. die Strömung ist „wirbelfrei". Wenn eine Potentialströmung auch noch inkompressibel ist, so gilt $0 = \text{div}\, v = -\text{div}\, \text{grad}\, \Phi = -\nabla^2 \Phi$ und

$$\nabla^2 \Phi = 0 \quad \text{(Laplace-Gleichung)} \quad . \tag{1.66a}$$

Man kann auch zeigen, daß dann (1.65) nicht nur längs einer Stromlinie gilt, sondern auch beim Vergleich verschiedener Stromlinien:

$$\varphi + P + \varrho v^2/2 = \text{const} \tag{1.66b}$$

im ganzen Gebiet einer inkompressiblen stationären Potentialströmung ohne Reibung, bei konservativen Kräften.

b) Wirbelströmungen

Der wohlbekannte Satz von Stokes sagt

$$\Gamma = \oint v\, dl = \oiint \text{rot}\,(v) d^2 f \quad , \tag{1.67a}$$

mit dem Linienintegral dl über den Rand der Fläche, über die das Flächenintegral $d^2 f$ integriert. In der Hydrodynamik nennen wir Γ die Zirkulation oder *Wirbelstärke;* sie verschwindet in einer Potentialströmung. Seit Thomson 1860 ist

$$\frac{d\Gamma}{dt} = 0 \tag{1.67b}$$

bekannt für inkompressible Flüssigkeiten ohne Reibung (auch instationär), d.h. die Zirkulation bewegt sich mit den Wasserteilchen mit.

Bei Wirbellinien, wie sie annähernd durch einen Tornado realisiert werden, sind die Stromlinien Kreise um eine Wirbelachse herum, ähnlich zu den Kraftlinien des Magnetfeldes um einen stromdurchflossenen Draht. Die Geschwindigkeit v der Strömung ist umgekehrt proportional zum Abstand von der Wirbelachse, wie am Abflußloch der Badewanne beobachtet werden kann. In Polarkoordinaten (r', φ) um die z-Achse herum hat also eine ideale Wirbellinie die Geschwindigkeit

$$v = e_\varphi \Gamma/2\pi r' \quad , \quad r' > a \; .$$
$$v = e_\varphi \omega r' \quad , \quad r' < a$$

mit dem Kernradius a und der Winkelgeschwindigkeit $\omega = \Gamma/2\pi a^2$. Unter diesen Bedingungen ist rot $v = 0$ außerhalb des Kerns und $= 2\omega$ im Kern: Die Wirbelstärke ist fast wie eine Punktmasse auf den als klein angenommenen Kern konzentriert.

Der Kern heißt Auge beim Hurricane, und dort ist es relativ ruhig. In der Badewanne wird der Kern durch Luft ersetzt. In der modernen Physikforschung[4] sind die Wirbel interessant nicht mehr wegen der Loreley, die die Rheinschiffer in früher existierende Wirbel lockte (Abb. 1.17), sondern wegen der unendlich langen Lebensdauer, die Wirbellinien aufgrund von Quanteneffekten in superfluidem Helium bei tiefen Temperaturen haben (Onsager, Feynman, um 1950). Auch der Auftrieb

---

[4] E.L. Andronikashvili, Yu.G. Mamaladze: In: *Progress in Low Temperature Physics*, vol. V, hg. von C.J. Gorter (North Holland, Amsterdam 1967) S. 79

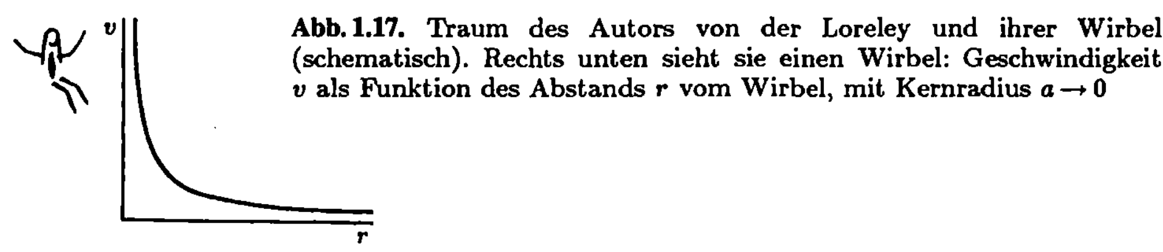

Abb. 1.17. Traum des Autors von der Loreley und ihrer Wirbel (schematisch). Rechts unten sieht sie einen Wirbel: Geschwindigkeit v als Funktion des Abstands r vom Wirbel, mit Kernradius $a \to 0$

eines Flugzeugflügels beruht auf der Zirkulation um den Flügel herum; der Flügel ist also der Kern einer Art von Wirbellinie.

Wenn zwei oder mehr Wirbellinien parallel nebeneinander in der Flüssigkeit vorhanden sind, muß sich der Kern jeder Wirbellinie in dem Geschwindigkeitsfeld bewegen, das durch die anderen Wirbellinien verursacht wird. Denn die Zirkulation ist auf den dünnen Kern konzentriert und muß sich mit der Flüssigkeit mitbewegen, wie oben gesagt. So laufen zwei parallele Wirbelfäden mit $\Gamma_1 = -\Gamma_2$ geradlinig miteinander weg, während sie bei $\Gamma_1 = +\Gamma_2$ umeinander herumtanzen (Abb. 1.18). Biegt man eine Wirbellinie zu einem geschlossenen Kreisring zusammen, so bewegt sich aus den gleichen Gründen dieser Wirbelring geradlinig-gleichförmig weg: Jeder Teil des Rings muß sich im Geschwindigkeitsfeld aller anderen Teile bewegen. Dieses Wirbelfeld ist auch der Grund dafür, daß man Kerzen zwar ausblasen, aber nicht aussaugen kann (Verbrennungs-Gefahr bei experimenteller Überprüfung!). Auch erfahrene Raucher können Rauchringe erzeugen (falls die Nichtraucher sie in Ruhe lassen).

Abb. 1.18. Bewegung eines Wirbelpaares mit gleicher (*links*) und entgegengesetzter (*rechts*) Zirkulation

c) Flüssigkeiten mit Reibung

In den bisher untersuchten „idealen" Flüssigkeiten gab es keine Reibung, und so bestand der Spannungstensor σ nur aus dem Druck P: $\sigma_{ik} = -P\delta_{ik}$. Wenn wir dagegen mit einem Löffel im Honig herumrühren, so erzeugen wir auch Scherspannungen wie σ_{12}, die zu den Geschwindigkeitsunterschieden proportional sind.

Ähnlich wie in der Elastizitätstheorie für isotrope Festkörper in (1.61) zwei elastische Konstanten μ und λ ausreichten, brauchen wir für die durch Reibung hervorgerufenen Spannungen auch nur zwei *Viskositäten*, η und ζ (mit $\mathcal{E}$ = Einheitstensor):

$$\sigma' = 2\eta\varepsilon' + (\zeta - 2\eta/3)\mathcal{E} \, \mathrm{Sp}(\varepsilon') \quad . \tag{1.68}$$

Hierbei ist σ' der Spannungstensor ohne den Druck-Term, und ε' hat die Matrixelemente $(\partial v_i/\partial x_k + \partial v_k/\partial x_i)/2$, da der entsprechende Ausdruck mit u in (1.51) wenig Sinn bei Flüssigkeiten macht. Die Spur des Tensors ε' ist dann einfach div v, so daß in inkompressiblen Strömungen der komplizierte zweite Term in (1.68) wegfällt.

48

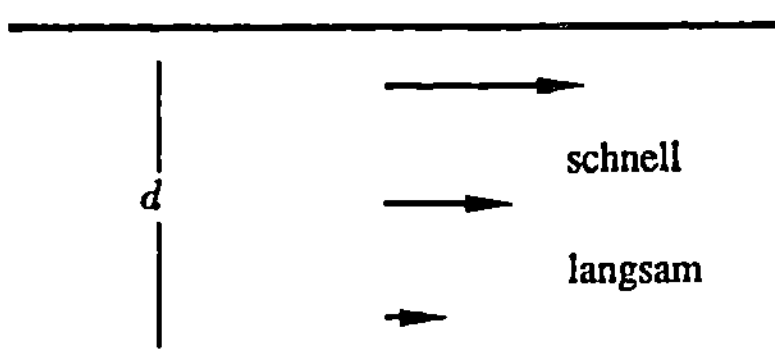

Abb. 1.19. Strömung zwischen 2 Platten (im Querschnitt) zur Bestimmung der Viskosität η. Die obere Platte bewegt sich gegenüber der unteren festen Platte mit der Geschwindigkeit v_0 nach rechts

Betrachten wir als Beispiel die Strömung zwischen zwei parallelen Platten senkrecht zur z-Achse (Abb. 1.19). Die obere Platte bei $z = d$ bewegt sich mit der Geschwindigkeit v_0 nach rechts, die untere Platte bei $z = 0$ wird festgehalten. Nach einiger Zeit stellt sich eine stationäre Flüssigkeitsströmung zwischen den Platten ein: v zeigt nur nach rechts in x-Richtung, mit $v_x(z) = v_0 z/d$, unabhängig von x und y. Damit ist div $v = 0$: Die Strömung ist inkompressibel sogar dann, wenn die Flüssigkeit an sich kompressibel wäre. Der Tensor $\sigma' = 2\eta\varepsilon'$ gemäß (1.68) enthält viele Nullen, denn nur $\varepsilon'_{13} = \varepsilon'_{31} = (\partial v_x/\partial z + 0)/2 = v_0/2d$ ist von Null verschieden:

$$\sigma'_{13} = \eta v_0/d \quad .$$

Dies ist also die Kraft in x-Richtung, die auf jeden Quadratzentimeter der zur z-Richtung senkrechten Platten ausgeübt wird, um den Reibungswiderstand der Flüssigkeit zu überwinden. Im Prinzip kann man die Viskosität η so messen, wenn auch fallende Kugeln (s.u.) eine praktischere Methode zur Bestimmung der Zähigkeit sind. Die andere Viskosität ζ geht nur ein, wenn sich die Dichte ändert, also z.B. bei der Dämpfung von Schallwellen.

Mit diesem Spannungstensor σ' und dem Druck P hat (1.58) die Form

$$\varrho\frac{dv}{dt} = \text{div}\,\sigma' - \text{grad}\,P + f \quad ,$$

was ähnlich zu (1.62) umgeschrieben werden kann (siehe (1.68)) zu

$$\varrho\frac{dv}{dt} = \eta\nabla^2 v + (\zeta + \eta/3)\text{grad}\,\text{div}\,v - \text{grad}\,P + f \quad . \tag{1.69a}$$

Im Spezialfall der inkompressiblen Strömung div $v = 0$ und $f = 0$ ergibt sich daraus die berühmte *Navier-Stokes* Gleichung von 1822,

$$\varrho\frac{dv}{dt} = \eta\nabla^2 v - \text{grad}\,P \quad , \tag{1.69b}$$

die schon vielen Computern Arbeit und Bits verschafft hat. Daher brauchen wir in der Hydrodynamik meist nur eine Viskosität η. Da jetzt ϱ konstant ist, können wir, falls auch der Druck konstant ist, die kinematische Viskosität $\nu = \eta/\varrho$ definieren, und schreiben

$$\frac{dv}{dt} = \nu\nabla^2 v \quad . \tag{1.69c}$$

Diese Gleichung hat die Form einer *Diffusions-* oder Wärmeleitungsgleichung, abgesehen von der für kleine Geschwindigkeiten vernachlässigbaren Differenz zwischen dv/dt und $\partial v/\partial t$. Eine an einer Stelle konzentrierte hohe Geschwindigkeit breitet sich also durch Reibung ähnlich aus wie die Temperatur eines an einer Stelle kurz erhitzten Festkörpers, bis schließlich die ganze Flüssigkeit die gleiche Geschwindigkeit hat. Die Lösung ist $\exp(-t/\tau)\sin(Qr)$ mit $1/\tau = \nu Q^2$, wenn $\sin(Qr)$ die Anfangsbedingung ist, egal ob sich kleine Geschwindigkeiten in einer zähen Flüssigkeit, Wärme in einem Festkörper oder Moleküle in einem porösen Material ausbreiten. In Luft, Wasser und Glycerin ist ν von der Ordnung 10^{-1}, 10^{-2} bzw. $10\,\mathrm{cm^2/s}$.

d) Hagen-Poiseuille-Gesetz (1839)

Etwas komplizierter als obige Strömung zwischen bewegten und festen Platten ist die Strömung durch ein langes Rohr (Abb. 1.20). In der Mitte fließt das Wasser am schnellsten, an den Wänden „haftet" es. Für die stationäre Lösung fordert die Navier-Stokes-Gleichung: $0 = -\mathrm{grad}\,P + \eta\nabla^2 v$, oder, da alles nur in x-Richtung nach rechts fließt: $\partial P/\partial x = \eta\nabla^2 v_x$. P ist unabhängig von y und z, während v_x eine Funktion des Abstands r von der Rohrmitte ist; $v_x(r = R) = 0$ am Rand des Rohres mit Radius R.

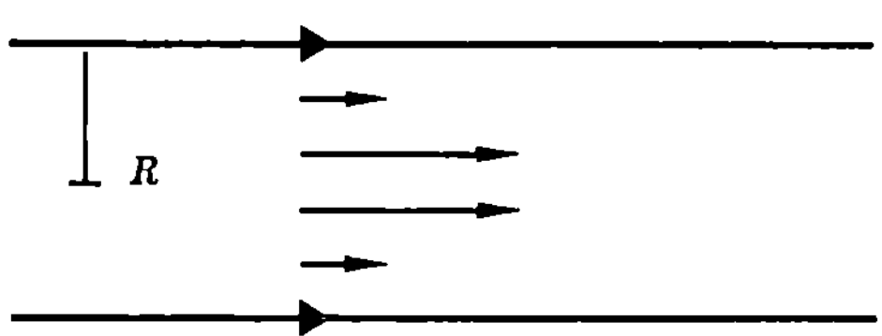

Abb. 1.20. Poiseuille-Fluß durch ein langes Rohr, mit parabolischem Geschwindigkeitsprofil $v_x(r)$, $0 < r < R$

Für vom Winkel unabhängige Größen A gilt generell

$$\nabla^2 A = \frac{d^2 A}{dr^2} + (d-1)\frac{dA/dr}{r}$$

in d Dimensionen. Hier haben wir $d = 2$ (Polarkoordinaten für den Rohrquerschnitt); außerdem gilt $P' = \partial P/\partial x = -\Delta P/L$ bei einem Rohr der Länge L und Druckdifferenz ΔP. Also ist

$$P' = \eta\left(\frac{d^2 v_x}{dr^2} + \frac{1}{r}\frac{dv_x}{dr}\right) = \frac{\eta}{r}\frac{d(r\,dv_x/dr)}{dr}$$

zu lösen (diese Umformungen von ∇^2 sind auch anderswo nützlich). Wir finden:

$$\frac{r\,dv_x}{dr} = P'r^2/2\eta + \mathrm{const} \quad,$$

$$v_x = \frac{P'r^2}{4\eta} + \mathrm{const}\ln(r) + \mathrm{const}' \quad.$$

Da die Geschwindigkeit bei $r = 0$ endlich sein muß, ist $\mathrm{const} = 0$, und da sie bei $r = R$ Null sein soll, gilt $\mathrm{const}' = -P'R^2/4\eta$ und somit

$$v_x = \frac{\Delta P}{4L\eta}(R^2 - r^2) \quad, \tag{1.70a}$$

also eine Parabel für das Geschwindigkeitsprofil. Der Gesamtstrom durch das Rohr (Gramm pro Sekunde) ist

$$J = \varrho \iint v_x(r)dx\,dy = (\varrho\Delta P\pi/8L\eta)R^4$$

also

$$J \sim R^4 \quad . \tag{1.70b}$$

Der Wasserstrom durch ein Rohr ist also nicht zum Querschnitt, sondern zum Quadrat des Rohrquerschnitt proportional, da die Maximalgeschwindigkeit in der Rohrmitte, (1.70a), bereits mit dem Querschnitt wächst. Auch dieses Gesetz kann zur Messung der Viskosität verwendet werden. Es stimmt nicht mehr, wenn bei hohen Geschwindigkeiten durch Turbulenzen die stationäre Lösung instabil wird.

Aktuelle Forschung in der Hydrodynamik betrifft z.B. den Fluß von Öl und Wasser durch poröse Medien. Denn wenn eine Erdölquelle „versiegt", ist noch massenhaft Öl im porösen Sand. Versucht man, es herauszuquetschen, indem man Wasser in den Sand pumpt, so entstehen komplexe Instabilitäten und schöne, aber unpraktische, fraktale Strukturen, Hydrodynamik ist kein toter Formalismus!

Fraktal[5] nennen wir Gebilde mit Masse proportional zu (Radius)^D und einer fraktalen Dimension D verschieden von der Raumdimension d; andere Fraktale sind Schneeflocken, der Weg diffundierender Teilchen, Polymerketten in Lösungen, geographische Gebilde, aber auch die „Cluster", die das Magnetismusprogramm von Abschn. 2.2.2 auf dem Computer nahe dem Curiepunkt produziert. Seit 15 Jahren sind Fraktale ein weit verbreitetes Forschungsgebiet der Physik.

e) Ähnlichkeitsgesetze

Die sogenannte *Reynoldszahl* ist definiert als

$$\mathrm{Re} = v_0 l\varrho/\eta = v_0 l/\nu \tag{1.71}$$

mit der typischen Geschwindigkeit v_0, Länge l und Zähigkeit ν. Hat man für eine bestimmte Geometrie eine Lösung der Navier-Stokes-Gleichung gefunden (exakt, am Computer oder im Experiment), so ist für eine ähnliche Geometrie (konstanter Vergrößerungs- oder Verkleinerungsfaktor) die Strömung auch ähnlich, wenn nur die Reynoldszahl die gleiche ist. Ein Tanker-Kapitän kann also das Steuern eines Schiffes erstmal im kleinen Maßstab üben, wenn man das Wasser im Schwimmbecken durch eine andere Flüssigkeit mit gleicher Reynoldszahl ersetzt und die Schwerkraft vernachlässigt. Man muß nur alle Geschwindigkeiten durch v_0 dividieren, alle Längen duch l, etc. Mit $r/l = r'$, $v/v_0 = v'$, $t/(l/v_0) = t'$, $P/(\varrho v_0^2) = P'$ bekommt (1.69b) die dimensionslose Form

$$dv'/dt' = \nabla'^2 v'/\mathrm{Re} - \mathrm{grad}'\,P' \quad ,$$

und diese Gleichung können wir untersuchen, ohne v_0 und l zu kennen.

So ergibt sich zum Beispiel, daß die bisherigen stationären Lösungen nur stabil sind bei Reynoldszahlen bis etwa 10^3. Darüber hinaus entsteht Turbulenz, also spontane Bildung von Wirbeln. Auch dies ist ein aktuelles Forschungsgebiet.

Erhitzt man eine Flüssigkeit zwischen zwei Platten von unten, so entstehen bei großen Temperaturunterschieden Δ „Rayleigh-Benard"-Instabilitäten, die auch in

---

[5] Siehe z.B. B. Mandelbrot: *Die fraktale Geometrie der Natur* (Birkhäuser, Basel 1987) und Physica **A 191** (1992)

der Atmosphäre beobachtet werden (räumlich periodische Wolken)[6]. Bei besonders großen Δ wächst der Wärmefluß im Gegensatz zur normalen Wärmeleitung mit experimentell bestimmtem $\Delta^{1.28}$ an (Libchaber-Gruppe 1988); theoretisch ist ein Exponent 9/7 vorhergesagt.

Wenn eine Kugel mit Radius R durch ihr Gewicht in einer zähen Flüssigkeit mit Geschwindigkeit v_0 nach unten sinkt, so ist das Verhältnis Kraft/$(\varrho v_0^2 R^2)$ dimensionslos und folglich nach Navier-Stokes eine Funktion nur der Reynoldszahl $\text{Re} = v_0 R/\nu$. Bei kleinen Re ist diese Reibungskraft F wie üblich proportional zur Geschwindigkeit: $F = \text{const}\,(\varrho v_0^2 R^2)/\text{Re} = \text{const}\, v_0 R \eta$. Exakte Rechnungen ergeben $\text{const} = 6\pi$ und somit das Stokes-Gesetz

$$F = 6\pi\eta v_0 R \quad . \tag{1.72}$$

Unsere Dimensionsbetrachtungen haben uns also viel Rechnung erspart, allerdings nicht den numerischen Faktor 6π geliefert. Das Stokes-Gesetz erlaubt eine bequeme Meßmethode für η.

Andere dimensionslose Verhältnisse sind die Knudsen-Zahl $\text{Kn} = \lambda/l$, wobei λ die mittlere freie Weglänge von Gasmolekülen ist. Unsere Hydrodynamik gilt nur für kleine Knudsen-Zahlen. Pecletzahl, Nusseltzahl und Rayleighzahl sind andere Beispiele. Ganz allgemein sollte man komplizierte Differentialgleichungen erst dann zu lösen versuchen, wenn man sie dimensionslos gemacht hat.

Abschließend sei noch vermerkt, daß die auf Festkörper, Flüssigkeiten und Gase wirkenden Kräfte, wie wir sie hier behandelt haben, ganz allgemein durch Linearkombinationen der Tensoren ε und σ, ihrer Spuren und ihrer zeitlichen Ableitung miteinander verknüpft sind. Unsere bisherigen Resultate sind dann Spezialfälle: Unsere harmlose Gleichung $\varrho(P) = \varrho(P = 0)(1 + \kappa P)$ verwendet nur $\text{Sp}\,(\sigma)$ und $\text{Sp}\,(\varepsilon)$, die viel kompliziertere Gleichung (1.60) verknüpft σ und ε und (1.68) tut das auch (nur ist ε dort durch die zeitlichen Ableitungen der Orte definiert).

---

[6] G. Zocchi, E. Moses, und A. Libchaber: Physica A **166**, 387 (1990)

2. Elektrodynamik

Eine ruhende elektrische Ladung erzeugt ein elektrisches Feld, eine bewegte Ladung erzeugt zusätzlich ein Magnetfeld, und eine oszillierende Ladung erzeugt elektromagnetische Wellen. Wie kann man das theoretisch beschreiben und durch die Relativitätstheorie besser verstehen? Zunächst behandeln wir einzelne Punktladungen im Vakuum, dann das Verhalten von Materie, und schließlich Einsteins Relativitätstheorie. Wir arbeiten daher mit einem Maßsystem, bei dem elektrisches Feld E und Magnetfeld B die gleichen Einheiten haben, da sie relativistisch nur verschiedene Komponenten eines antisymmetrischen 4×4 Feld-Tensors sind.

2.1 Vakuum-Elektrodynamik

2.1.1 Zeitlich konstante elektrische und magnetische Felder

Die Erfahrung zeigt, daß es neben der Gravitation noch andere Kräfte gibt. Hier betrachten wir die elektromagnetische Kraft $F = q(E+(v/c) \times B)$ auf eine sich mit der Geschwindigkeit v bewegende elektrische Ladung; c ist die Lichtgeschwindigkeit. Zunächst einmal ignoren wir das Magnetfeld B.

a) Coulomb-Gesetz

Zwischen zwei ruhenden elektrischen Ladungen q_1 und q_2 im Abstand r wirkt eine mit $1/r^2$ abfallende isotrope Zentralkraft F:

$$F = \text{const}\, q_1 q_2 e_r / r^2 \quad . \tag{2.1}$$

Wenn die Maßeinheit für die Ladung bereits festgelegt ist, muß der Proportionalitätsfaktor experimentell bestimmt werden, z.B. durch $1/\text{const} = 4\pi\varepsilon_0$. Theoretische Physiker erleichtern sich das Leben und setzen: const $= 1$ im cgs-System. Die Ladungseinheit esu (electrostatic units) zieht also eine andere Einheitsladung im Abstand von $1\,\text{cm}$ mit einer Kraft von $1\,\text{dyn} = 1\,\text{cm}\,\text{g}\,\text{s}^{-2}$ an. Die SI-Einheit „1 Coulomb" entspricht $3 \cdot 10^9$ esu; ein Elektron hat eine Ladung von $-1,6 \cdot 10^{-19}$ Coulomb oder $-4,8 \cdot 10^{-10}$ esu. Wenn ein Coulomb in einer Sekunde durch einen Draht fließt, so ist das ein Strom von 1 Ampere; wenn dabei ein Volt Spannung abfällt, so ist die Leistung $1\,\text{Watt} = 1\,\text{Volt} \cdot \text{Ampere}$ und nach einer Sekunde ist eine Arbeit von $1\,\text{Wattsekunde} = 1\,\text{Joule}$ geleistet. Für technische Anwendungen sind also SI-Einheiten praktischer als unsere cgs-Einheiten.

Bei einem Elektron und einem Proton ist ihre Coulomb-Anziehung 10^{39} mal stärker als ihre Anziehung nach dem Gravitationsgesetz. Wenn wir die Schwerkraft trotzdem merken, so hängt das damit zusammen, daß es positive und negative Ladungen gibt, aber nur positive Massen. So heben sich die elektrostatischen Kräfte, die die Atome zusammenhalten, nach außen auf, und es bleiben nur die Gravitationseffekte übrig, um die Erde um die Sonne kreisen zu lassen.

Die *Feldstärke* E wird durch die Kraft auf eine positive Einheitsladung definiert: $F = qE$. Gleichung (2.1) lautet dann

$$E = (q/r^2)e_r \tag{2.2a}$$

für das Feld um eine Punktladung q herum. Meistens ist es praktischer, wie in der Mechanik mit einer potentiellen Energie zu arbeiten, denn Coulomb-Kräfte sind konservativ. In diesem Sinne ist das *Potential* φ definiert als die potentielle Energie einer Einheitsladung, also $E = -\operatorname{grad}\varphi$. Die *Spannung* U (SI-Einheit: Volt) ist die Potentialdifferenz zwischen zwei Punkten. Somit ist das Coulomb-Potential bei einer Ladung q

$$\varphi = q/r \quad . \tag{2.2b}$$

Die von verschiedenen Punktladungen herrührenden Felder E überlagern sich linear:

$$E = \sum_i \frac{q_i e_i}{r_i^2} = \int \varrho(r)\frac{e_r}{r^2}d^3r$$

für das Feld im Koordinatenursprung, mit der Ladungsdichte ϱ (esu pro cm^3), oder

$$\varphi = \int \frac{\varrho(r)}{r}d^3r \quad .$$

Will man Feld oder Potential an einem beliebigen Ort r wissen, so muß man nur r durch den Abstand ersetzen:

$$\varphi(r) = \int \frac{\varrho(r')}{|r - r'|}d^3r' \quad . \tag{2.3}$$

Eine *Deltafunktion* $\delta(x)$ (Delta-„Distribution" nach Ansicht von Formalisten) ist eine sehr hohe und schmale Spitze, wie z.B. die Dichte eines Massenpunktes, und ist die Verallgemeinerung des Kronecker-Symbols δ_{ij} auf reelle Zahlen: $\delta(x) = 0$ außer für $x = 0$; das Integral über die Deltafunktion gibt eins, und für jede Funktion $f(x)$ gilt daher

$$\int_{-\infty}^{\infty} f(x)\delta(x)dx = f(0) \quad . \tag{2.4}$$

Analoges gilt in drei Dimensionen, mit $\delta(r) = \delta(x)\delta(y)\delta(z)$.

Außerdem gilt $\nabla^2 r^{-1} = \operatorname{div}\operatorname{grad}(1/r) = -4\pi\delta(r)$, wie man durch den Satz von Gauß nachprüfen kann:

$$\int \operatorname{div}\operatorname{grad}(1/r)d^3r = \oiint \nabla r^{-1}d^2f = \frac{4\pi r^2}{-r^2} = -4\pi \quad .$$

Für das elektrostatische Potential und Feld gilt daher

$$\operatorname{div}E = -\operatorname{div}\operatorname{grad}\varphi = \int -\nabla_r^2\frac{\varrho(r')}{|r - r'|}d^3r$$

$$= 4\pi \int \varrho(r')\delta(r - r')\,d^3r' = 4\pi\varrho(r) \quad .$$

Generell ist die Rotation eines Gradienten Null; da $E = -\mathrm{grad}\,\varphi$, gilt das auch für E:

$$\mathrm{div}\,E = 4\pi\varrho \quad , \quad \mathrm{rot}\,E = 0 \quad . \tag{2.5}$$

Man kann das auch in Integralform schreiben mit den Sätzen von Gauß bzw. Stokes:

$$\oiint E\,d^2f = 4\pi Q \quad \text{und} \quad \oint E\,dl = 0 \quad \text{mit} \quad Q = \int \varrho(r)\,d^3r \quad .$$

Diese Primitiv-Form der Maxwell-Gleichungen gilt nur für ruhende Ladungen: „Elektrostatik". Abbildung 2.1 zeigt die Definition dieses Oberflächenintegrals und dieses Wegintegrals.

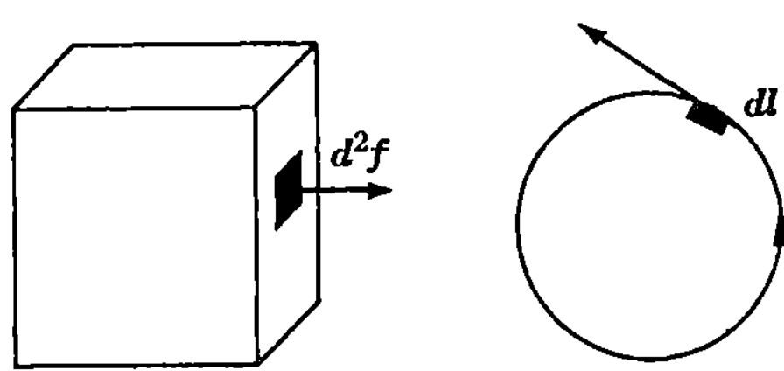

Abb. 2.1. Das Oberflächenintegral (*links*) von E (*links*) gibt die im eingeschlossenen Volumen vorhandene Ladung, das Wegintegral (*rechts*) ist Null. Das Oberflächenelement d^2f und das Linienelement dl sind nach außen bzw. in Integrationsrichtung zeigende Vektoren

Wenn die Ladungsdichte Null ist, so gilt $\mathrm{div}\,E = 0$, also wegen $\mathrm{div}\,\mathrm{grad} = \nabla^2$ die Laplace-Gleichung $\nabla^2\varphi = 0$ für das Potential. Durch äußere Spannungen kann das Potential am Rand festgelegt sein. Die partielle Differentialgleichung $\nabla^2\varphi = 0$ kann man in zwei Dimensionen oft exakt lösen; andernfalls macht man das mit dem Computer (Programm LAPLACE). Zu diesem Zweck teilen wir den zu untersuchenden Raum in einzelne Würfel i, j, k auf, die durch je einen Punkt $\varphi(i, j, k)$ beschrieben werden (i, j, k sind ganze Zahlen). Ersetzt man die Differentialquotienten in ∇^2 durch Differenzenquotienten, so führt $\nabla^2\varphi = 0$ in zwei Dimensionen zur Forderung

$$\varphi(i, k) = \frac{\varphi(i + 1, k) + \varphi(i - 1, k) + \varphi(i, k + 1) + \varphi(i, k - 1)}{4} \quad .$$

Man löst sie iterativ, daß heißt, von einem gegebenen Ansatz φ ausgehend berechnet man für jeden Punkt die rechte Seite und ersetzt dann das alte φ an diesem Punkt (i, k) durch dieses Ergebnis. Diese Ersetzung wird solange wiederholt, bis sich φ kaum noch ändert. Das Programm druckt φ längs einer Geraden in der Mitte eines Quadrates aus, wenn φ am Rande eines Quadrats fest vorgegeben ist als 0 bzw. 1; der Anfangs-Schätzwert ist $\frac{1}{2}$. Schleifen vom Typ „for i=1 to 20" führen alle nachfolgenden Befehle bis zu „next i" aus; sie können auch ineinandergeschachtelt werden.

b) Magnetfeld

Auf bewegte Ladungen wirken noch zusätzliche „*Lorentz*"-Kräfte senkrecht zur Geschwindigkeit v und proportional zur elektrischen Ladung q. Den Proportionalitätsfaktor nennen wir das *Magnetfeld* B; wir messen dabei v in Einheiten der Lichtgeschwindigkeit c:

$$F = (q/c)v \times B \quad . \tag{2.6}$$

```
   10 dim ph(20,20)
   20 for i=1 to 20
   30 for k=1 to 20
   40 ph(i,k)=0.5
   50 next k
   60 ph(i,1)=0
   70 ph(i,20)=0
   80 next i
   90 for k=1 to 20
  100 ph(1,k)=0
  110 ph(20,k)=0
  120 next k
  130 print 1,ph(1,10)
  140 for i=2 to 19
  150 for k=2 to 19
  160 ph(i,k)=0.25*(ph(i-1,k)+ph(i+1,k)+ph(i,k-1)+ph(i,k+1))
  170 next k
  180 next i
  190 for i=1 to 20
  200 print i,ph(i,10)
  210 next i
  220 print
  230 goto 140
  240 end
```

Daß hier plötzlich eine Absolutgeschwindigkeit v (gegenüber dem Schreibtisch des Lesers?) auftritt, deutet bereits die Notwendigkeit einer relativistischen Erklärung (Abschn. 2.3) an. Die Kontinuitätsgleichung (1.54) gilt auch hier für elektrische Ladungsdichte ϱ und Stromdichte j:

$$\frac{\partial \varrho}{\partial t} + \operatorname{div} j = 0 \quad . \tag{2.7}$$

Einzelne magnetische Ladungen („Monopole") sind bisher nicht gefunden worden; zerbricht man einen Stabmagneten in der Mitte, so erhält man nicht einen Nordpol und einen Südpol getrennt, sondern zwei *„Dipole"* mit je einem Nord- und einem Südpol. Also ist die magnetische Ladungsdichte stets Null; analog zu div $E = 4\pi\varrho$ gilt div $B = 0$. Ursache für B sind nicht Ladungen, sondern Ströme:

$$\operatorname{rot} B = (4\pi/c)j \quad .. \tag{2.8}$$

Zum Beispiel herrscht im Abstand r von einem stromdurchflossenen Draht das Magnetfeld $B = 2J/cr$, wenn J das Flächenintegral über die Stromdichte, also der Gesamtstrom im Draht ist. Man braucht zum Beweis nur dieses Flächenintegral über (2.8) zu bilden und links den Satz von Stokes anzuwenden:

$$\iint \operatorname{rot} B \, d^2 f = \oint B \, d\boldsymbol{l} = 2\pi r B \quad .$$

(Statt des Faktors $4\pi/c$ in (2.8) braucht man andere Proportionalitätsfaktoren, wenn man andere Maßsysteme benutzt.)

Allgemein läßt sich ein Vektorfeld $F(r)$ aus seiner Divergenz und seiner Rotation konstruieren:

$$F(r) = (4\pi)^{-1} \int \frac{\operatorname{div}(F)R + \operatorname{rot}(F) \times R}{R^3} d^3 r' + F_{\mathrm{hom}}(r) \tag{2.9}$$

mit $R = r - r'$. Dabei ist F_{hom} eine mit den Randbedingungen verträgliche Lösung von $\operatorname{div} F = \operatorname{rot} F = 0$, also z.B. $F_{\mathrm{hom}} = \mathrm{const}$. Dies ist praktisch die dreidimensionale Verallgemeinerung von

$$F(x) = \int \frac{dF}{dx} dx + \mathrm{const}$$

in einer Dimension. Für das Magnetfeld um eine beliebige endliche Stromverteilung $j(r)$ herum gilt daher das Biot-Savart-Gesetz

$$B(r)c = \int \frac{j(r') \times (r - r')}{|r - r'|^3} d^3 r' \quad ,$$

falls B im Unendlichen verschwinden soll. Trotz ihrer Komplexität sind aber diese Gleichungen noch nicht vollständig und erklären z.B. nicht, warum ein Transformator bei Wechselstrom funktioniert und bei Gleichstrom nicht. Die bisherigen Resultate gelten nämlich nur für den stationären Fall, wo keine Ströme und Felder sich mit der Zeit ändern.

2.1.2 Maxwell-Gleichungen und Vektorpotential

a) Maxwell-Gleichungen

Experimentell zeigt sich, daß ein sich zeitlich änderndes Magnetfeld B in einer festen Drahtschleife Spannungen U induziert nach dem Induktionsgesetz:

$$cU = \iint \frac{\partial B}{\partial t} d^2 f \quad .$$

Da andererseits

$$U = -\oint E(l) \, d\boldsymbol{l} = -\iint \operatorname{rot} E \, d^2 f \quad ,$$

So gilt $c \operatorname{rot} E = -\partial B/\partial t$. Auch das bisherige Resultat $c \operatorname{rot} B = 4\pi j$ muß verallgemeinert werden, damit bei zeitlich veränderlichem ϱ die Kontinuitätsgleichung (1.55) noch stimmt: Zu j wird Maxwells Verschiebungsstrom $(\partial E/\partial t)/4\pi$ addiert. Damit haben wir die vier Maxwell-Gleichungen vollständig:

$$\operatorname{div} E = 4\pi\varrho \quad , \quad c \operatorname{rot} E + \frac{\partial B}{\partial t} = 0$$

$$\operatorname{div} B = 0 \quad , \quad c \operatorname{rot} B - \frac{\partial E}{\partial t} = 4\pi j \tag{2.10}$$

zusammen mit der allgemeinen Lorentzkraft $F/q = E + v \times B/c$. Die Erfahrung zeigt, daß diese Maxwell-Gleichungen stimmen und in Prüfungen gewußt werden. Die Relativitätstheorie ändert sie nicht mehr und erklärt sie nur besser. Man hat damit das Muster einer erfolgreichen einheitlichen Theorie für eine Vielzahl zunächst getrennter Phänomene, ähnlich zu Newtons Bewegungsgesetz in der Mechanik oder zur Schrödingergleichung in der Quantenmechanik. Die modernen Weltformeln, die auch die Kräfte zwischen den Elementarteilchen beschreiben sollen, sind leider komplizierter.

b) Vektorpotential

Wir hatten in der Elektrostatik $E = -\operatorname{grad}\varphi$ definiert. Jetzt wollen wir dies verallgemeinern, aber auch etwas ähnliches für B bekommen. Da $\operatorname{rot}B$ auch im stationären Fall nicht Null ist, wird B im Gegensatz zu E schwerlich der Gradient eines Potentials sein.

Stattdessen definieren wir für die magnetischen Effekte ein „*Vektorpotential*" A so, daß

$$\operatorname{rot}A = B$$

ist. Wegen $\operatorname{rot}\operatorname{grad}f(r) = 0$ ist mit A auch $A + \operatorname{grad}f(r)$ ein zum gleichen B passendes Vektorpotential, mit „beliebiger" Funktion f. Eine Maxwell-Gleichung lautet jetzt

$$0 = c\operatorname{rot}E + \frac{\partial B}{\partial t} = \operatorname{rot}\left(cE + \frac{\partial A}{\partial t}\right) \quad ;$$

so liegt es nahe, die bisherige Definition $E = -\operatorname{grad}\varphi$ zu ersetzen durch

$$E + c^{-1}\frac{\partial A}{\partial t} = -\operatorname{grad}\varphi$$

zu ersetzen, da die Rotation Null ist:

$$B = \operatorname{rot}A \quad \text{und} \quad E + \dot{A}/c = -\operatorname{grad}\varphi \quad . \tag{2.11a}$$

Als „Integrationskonstanten" legen wir $\varphi = A = 0$ im Unendlichen fest sowie entweder die „Coulomb-Eichung" $\operatorname{div}A = 0$ oder besser die „Lorentz-Eichung"

$$c\operatorname{div}A + \frac{\partial\varphi}{\partial t} = 0 \quad . \tag{2.11b}$$

Obiges Biot-Savart-Gesetz für stationäre Ströme $j(r)$ sieht jetzt einfacher aus:

$$A = \int \frac{j(r')}{c|r - r'|}d^3r' \quad .$$

Allgemein kann man aus den Maxwell-Gleichungen und der Lorentz-Eichung ableiten (mit $\operatorname{rot}\operatorname{rot}A = \operatorname{grad}\operatorname{div}A - \nabla^2 A$)

$$\Box A + (4\pi/c)j = 0 \quad \text{und} \quad \Box\varphi + 4\pi\varrho = 0 \qquad \text{mit}$$

$$\Box = \nabla^2 - c^{-2}\partial^2/\partial t^2 \tag{2.12}$$

als Wellenoperator (d'Alembert-Operator, „Quabla"). Wellengleichungen $\Box f = 0$ werden durch sich fortpflanzende Wellen gelöst: $f(x,t) = F(x \pm ct)$ in einer Dimension, mit einer beliebigen Form F des Wellenberges. Spielereien mit einem eingespannten Seil könnten die ersten Experimente des Lesers zu (2.12) gewesen sein.

Ernster zu nehmen ist die Tatsache, daß nunmehr die Felder E und B ein Eigenleben bekommen haben: Auch ohne Ladungen ϱ und Ströme j sind wegen $\Box A = \Box \varphi = 0$ elektromagnetische Wellen möglich. Theoretische Physiker sind stolz darauf, daß diese Wellen vorhergesagt wurden, *bevor* Heinrich Hertz sie vor einem Jahrhundert im Labor nachwies. „Sehen" konnte man diese Wellen natürlich längst, denn Licht ist ja nur eine Überlagerung solcher elektromagnetischer Wellen.

2.1.3 Energiedichte des Feldes

Wenn in der Hydrodynamik Masse „vom Himmel" fallen würde, dann würde die Kontinuitätsgleichung die Form haben: $\partial \varrho / \partial t + \operatorname{div} j = $ Zufluß von außen. Wenn wir jetzt in der Elektrodynamik eine Gleichung der Form $\partial u / \partial t + \operatorname{div} S = $ elektrische Leistungsdichte ableiten, so erkennen wir dann, daß u die Energiedichte und S die Energiestromdichte ist. Wir kommen zu einer solchen Form, indem wir zwei Maxwell-Gleichungen skalar mit E und B multiplizieren:

$$B \operatorname{rot} E + \frac{(\partial B^2 / \partial t)}{2c} = 0$$

$$E \operatorname{rot} B - \frac{(\partial E^2 / \partial t)}{2c} = (4\pi/c)jE \quad .$$

Die Differenz beider Gleichungen gibt

$$2c(B \operatorname{rot} E - E \operatorname{rot} B) + \frac{\partial (E^2 + B^2)}{\partial t} = -8\pi jE \quad .$$

Auf der rechten Seite ist $-jE = -\varrho vE$ die Leistungsdichte (Kraft mal Geschwindigkeit pro Volumeneinheit), also die Menge an elektrischer Energie, die pro Zeiteinheit durch Widerstand („Reibung") in Wärme umgesetzt wird und damit der Feldenergie u verloren geht. Links gilt $B \operatorname{rot} E - E \operatorname{rot} B = \operatorname{div}(E \times B)$. Damit haben wir die gewünschte Form abgeleitet:

$$\text{Energiedichte } u = \frac{(E^2 + B^2)}{8\pi} \tag{2.13}$$

$$\text{Energiestromdichte } S = (c/4\pi)\, E \times B \quad \text{(Poynting-Vektor)} \quad .$$

Ähnlich wie die Hamilton-Funktion $p^2/2m + Kx^2/2$ eines harmonischen Oszillators zu einem Energieaustausch zwischen kinetischer und potentieller Energie führt, gibt die Energiedichte $u \sim E^2 + B^2$ die Möglichkeit zu elektromagnetischen Wellen, wo sich elektrische und magnetische Energien abwechseln. Übrigens ist S/c^2 die Dichte des Impulses, der im Wellenfeld steckt. Dieser *Lichtdruck* treibt Deutsche im Sommer ans Mittelmeer; zumindest sollten Sie dieses Experiment Ihrem Praktikumsleiter so aufdrängen.

2.1.4 Elektromagnetische Wellen

Auch ohne Vektorpotential führen die Maxwell-Gleichungen zur Wellengleichung im Vakuum ($\varrho = j = 0$):

$$\frac{1}{c^2} \cdot \frac{\partial^2 E}{\partial t^2} = \frac{1}{c} \frac{\partial(\mathrm{rot}\,B)}{\partial t} = \frac{1}{c}\,\mathrm{rot}\,\frac{\partial B}{\partial t} = -\mathrm{rot}\,\mathrm{rot}\,E$$

$$= -\mathrm{grad}\,\mathrm{div}\,E + \nabla^2 E = \nabla^2 E$$

wegen $\mathrm{div}\,E = 0$. Analog geht die Herleitung für B:

$$\Box\Psi = 0 \quad \text{mit} \quad \Psi = E, \; B, \; A, \quad \text{und} \quad \varphi \; . \tag{2.14a}$$

Eine wichtige Lösungsform sind die ebenen Wellen $\Psi \sim \exp(\mathrm{i}Qr - \mathrm{i}\omega t)$ mit Wellenvektor Q und Frequenz

$$\omega = cQ \quad . \tag{2.14b}$$

Darüber hinaus kann man zeigen, daß die drei Vektoren E, B, und Q aufeinander senkrecht stehen: Licht ist eine Transversalwelle und keine Longitudinalwelle; es gibt daher nur zwei und nicht wie bei Phononen drei Polarisationsrichtungen (Abb. 2.2).

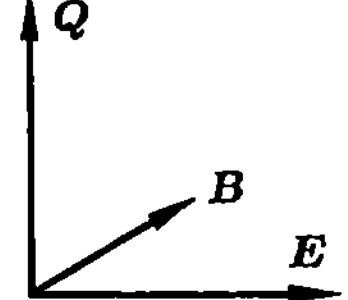

Abb. 2.2. Wellenvektor Q, elektrisches Feld E und Magnetfeld B stehen bei ebenen Lichtwellen senkrecht aufeinander, während bei Schallwellen in der Luft die Auslenkung parallel zu Q ist

2.1.5 Fourier-Transformation

Die allgemeine Lösung der Wellengleichung ist eine Überlagerung ebener Wellen. Physikalisch kann ein Glasprisma bei Licht diese Überlagerung wieder in ihre einzelnen Komponenten (Farben) zerlegen, so wie das Ohr die eintreffenden Luftschwingungen in die einzelnen Frequenzen (Töne) zerlegt. Mathematisch nennt man das *Fourier*-Transformation: Eine Funktion Ψ des Ortes und/oder der Zeit kann zerlegt werden in Exponentialfunktionen (Wellen) der Stärke $\Phi \exp(\mathrm{i}\omega t)$, wobei Φ vom Wellenvektor bzw. der Frequenz abhängt.

Es gilt:

$$\int e^{\mathrm{i}xy}\,dx = 2\pi\delta(y) \tag{2.15}$$

mit von $-\infty$ bis $+\infty$ laufenden Integralen. Anschaulich heißt das, daß außer für $y = 0$ in dem Integral die Oszillationen sich gegenseitig aufheben. Ableiten kann man diese Formel, indem man den Integranden mit einer Gaußfunktion $\exp(-x^2/2\sigma^2)$ multipliziert; das Integral gibt dann $\sigma(2\pi)^{1/2}\exp(-y^2\sigma^2/2)$, und für $\sigma \to \infty$ ist das die Deltafunktion bis auf einen Vorfaktor 2π. Mit dieser Formel sieht man leicht, daß für jede vernünftige Funktion $\Psi(t)$ der Zeit gilt:

$$\Psi(t) = \frac{1}{\sqrt{2\pi}} \int \Phi(\omega)e^{\mathrm{i}\omega t}\,d\omega \quad \text{mit} \quad \Phi(\omega) = \frac{1}{\sqrt{2\pi}} \int \Psi(t)e^{-\mathrm{i}\omega t}\,dt \quad . \tag{2.16}$$

Man kann das Minuszeichen in der Exponentialfunktion auch bei der linken Gleichung einsetzen und in der rechten weglassen; wichtig ist nur, daß die Vorzeichen verschieden sind. Man kann auch statt der zwei Wurzeln aus 2π in einer Gleichung 2π verwenden, wenn man in der anderen diesen Faktor ganz wegläßt. Anschaulich sagt die linke Gleichung, daß die beliebige Funktion $\Psi(t)$ eine Überlagerung von Schwingungen $\exp(i\omega t)$ ist (also von Cosinus- und Sinus-Wellen); diese Wellen tragen jede mit einer Stärke $\Phi(\omega)$ zum Gesamtergebnis bei.

In drei Dimensionen, als Funktion von Ort r und Wellenvektor Q, gilt diese Transformationsformel für jede der drei Komponenten:

$$\Psi(r) = \frac{1}{(\sqrt{2\pi})^3} \int \Phi(Q)e^{iQr} d^3Q \quad \text{mit} \quad \Phi(Q) = \frac{1}{(\sqrt{2\pi})^3} \int \Psi(r)e^{-iQr} d^3r \quad .$$

Ist eine Funktion periodisch in Ort oder Zeit, so treten nur diskrete Wellenvektoren Q bzw. Frequenzen ω auf. Beugung von Licht, Röntgenstrahlen oder Neutronen an einem Kristallgitter der Festkörperphysik oder an einem Strichgitter im Praktikum sind Fourier-Transformationen im Ort: Das Licht etc. wird nur in ganz bestimmte Richtungen Q gebeugt („Bragg-Reflexe"). So wurde durch Max von Laue (1879–1960) zum erstenmal nachgewiesen, daß Festkörper periodische Anordnungen von Teilchen sind.

2.1.6 Inhomogene Wellengleichung

Nachdem wir bisher die „homogene" Wellengleichung $\Box\Psi = 0$ behandelten, beschäftigen wir uns jetzt mit dem „inhomogenen" Fall

$$\Box\Psi = -4\pi\varrho(r, t) \quad ,$$

wobei ϱ im Fall des elektrischen Potentials (2.12) die Ladungsdichte ist, allgemein aber eine beliebige Funktion von Ort und Zeit. Die Lösung erfolgt durch eine Art von Huygens-Prinzip, wonach Ψ die Überlagerung zahlreicher Elementarwellen ist, die von einzelnen Punkten ausgehen.

Dazu betrachten wir eine Badewanne mit tropfendem Wasserhahn; die Wasseroberfläche gestattet Wellen gemäß $\Box\Psi = 0$, und die herunterfallenden Tropfen erzeugen solche Wellen, entsprechen also der Ursache $-4\pi\varrho$. Ein einzelner Tropfen wirkt nur zu einem bestimmten Zeitpunkt t_0 an der Stelle r_0, wo er die Oberfläche berührt; er entspricht daher einer Deltafunktion $\varrho \sim \delta(r - r_0)\delta(t - t_0)$. Der Effekt eines Tropfens ist bekanntlich eine Kreiswelle, die vom Auftreffpunkt ausgeht und sich dann nach außen ausbreitet. Der Effekt aller Tropfen zusammen ist die Überlagerung all dieser einzelnen Kreiswellen. Wenn die Wellen an der Wand der Badewanne reflektiert werden, so wird die Kreiswelle durch etwas Komplizierteres ersetzt, aber das Prinzip der linearen Überlagerung bleibt erhalten.

Analog produziert eine Deltafunktion $\varrho = \delta(r - r_0)\delta(t - t_0)$ in der Differentialgleichung $\Box\Psi = -4\pi\varrho$ eine Kugelwelle um r_0 herum, die sich für $t > t_0$ ausbreitet. Randbedingungen können diese Kugelwelle modifizieren; mathematisch nennt man diese auslaufende Welle dann eine Green-Funktion $G(r, t; r_0, t_0)$. Die Lösung für allgemeine Dichten ϱ ist die Überlagerung all dieser von einzelnen Deltafunktionen produzierten Green-Funktionen G.

Wenn keine „Wände der Badewanne" die Wellenausbreitung stören, so muß im Unendlichen die Welle Ψ verschwinden. Die Kugelwelle oder Green-Funktion als Lösung von $\Box G = -4\pi\delta(r - r_0)\delta(t - t_0)$ ist dann

$$G(r, t; r_0, t_0) = \frac{\delta(t - t_0 - R/c)}{R} \quad , \qquad (2.17a)$$

$R = |r - r_0|$. Diese Formel bedeutet, daß für einen bestimmten Abstand R nur zu einem ganz bestimmten Zeitpunkt $t = t_0 + R/c$ die Kugelwelle hindurchläuft, denn c ist ja ihre Geschwindigkeit. Der Faktor $1/R$ kommt von der Energieerhaltung: da die Oberfläche der Kugel wie R^2 anwächst, muß die Energiedichte wie $1/R^2$ abfallen. Das tut sie, wenn die Amplitude G wie $1/R$ abfällt, denn die Energie ist proportional zum Quadrat der Amplitude, vgl. (2.13). Für allgemeine Dichten ϱ wird $\Box\Psi = -4\pi\varrho$ durch Überlagerung gelöst,

$$\Psi(r, t) = \int d^3r_0 \int dt_0 G(r, t; r_0, t_0)\varrho(r_0, t_0) \quad , \qquad (2.17b)$$

was man auch direkt mathematisch nachprüfen kann ($\nabla^2 1/r = -4\pi\delta(r)$). Für das elektrische Potential φ ist ϱ die Ladungsdichte, für das Vektorpotential A setzen wir für ϱ die entsprechende Komponente von j/c ein, um $\Box A = -4\pi j/c$ zu lösen. Wenn im Unendlichen die Potentiale φ und A verschwinden sollen, so gilt (2.17a); nach Integration über die Deltafunktion G in (2.17b) bekommen wir

$$\varphi(r, t) = \int d^3r_0 \frac{\varrho(r_0, t - R/c)}{R} \qquad (2.18)$$

mit $R = |r - r_0|$, bzw. das analoge Resultat für A mit j/c statt ϱ. Im Folgenden werden wir diese Formeln auf wichtige Spezialfälle anwenden.

2.1.7 Anwendungen

a) Abstrahlung von Wellen

Wie breiten sich Wellen aus, wenn in einem Draht („Antenne" eines Rundfunksenders) ein periodischer Strom $j(r)\exp(-i\omega t)$ fließt? Das Vektorpotential A ist dann gegeben durch

$$cA(r)e^{i\omega t} = \int j(r_0)\frac{e^{iQR}}{R}d^3r_0$$

mit $Q = \omega/c$ und $R = |r - r_0|$, und das Skalarpotential φ durch eine analoge Formel. Alles weitere folgt hieraus durch mathematische Näherungen wie zum Beispiel die Taylor-Entwicklungen

$$R = |r - r_0| = |r| - \frac{rr_0}{|r|} + \dots$$

$$\frac{1}{R} = \frac{1}{|r - r_0|} = \frac{1}{|r|} + \frac{rr_0}{r^3} + \frac{3(rr_0)^2/r^5 - r_0^2/r^3}{2} + \dots \quad .$$

Diese Entwicklungen gelten für Abstände r groß gegenüber der Ausdehnung r_0 der

Antenne. Einsetzen in $\exp(iQR)/R$ ergibt

$$cAe^{i\omega t} = (e^{iQr}/r)\left[\int j(r_0 d^3 r_0 + (r^{-1} - iQ)\int j(r_0)(e_r r_0)d^3 r_0 + \dots\right]$$

$$= ce^{i\omega t}[A_0 + A_1 + \dots]$$

mit dem „Dipolterm"

$$rcA_0 = e^{i(Qr-\omega t)}\int j(r_0)d^3 r_0 \quad .$$

Dieses Integral kann wegen der Kontinuitätsgleichung $0 = \operatorname{div} j + \dot{\varrho} = \operatorname{div} j - i\omega\varrho$ mit partieller Integration umgeschrieben werden zu

$$- \int r_0 \operatorname{div} j(r_0)d^3 r_0 = -icQ \int r_0 \varrho(r_0)d^3 r_0 = -icQP \quad ,$$

wobei P das elektrische *Dipolmoment* genannt wird. (Wenn z.B. die Ladungsverteilung $\varrho(r_0)$ nur aus einer positiven und einer negativen Ladung q im Abstand d besteht, dann ist $|P| = qd$, wie für Dipolmomente wohl bekannt. In einem elektrischen Feld E ist die Energie eines solchen Dipolmoments gleich $-EP$.) Der führende Term obiger Taylor-Entwicklung gibt daher allgemein

$$A = A_0 + \dots = -iQPe^{i(Qr-\omega t)}/r + \dots \quad .$$

Die Antenne strahlt also Kugelwellen aus, aber die Amplitude dieser Wellen ist zum Vektor P proportional. Daher ist die Abstrahlung nicht in alle Richtungen gleich stark.

Durch Differenzieren bekommen wir aus A die Felder B und E:

$$B_0 = \operatorname{rot} A_0 = Q^2(e_r \times P)(1 - 1/iQr)e^{i(Qr-\omega t)}/r \quad \text{und}$$

$$E_0 = (i/Q)\operatorname{rot} B_0$$

$$= \{Q^2(e_r \times P) \times e_r/r + [3e_r(e_r P) - P](r^{-3} - iQr^{-2})\}e^{i(Qr-\omega t)} \quad .$$

Einfacher werden diese Monsterausdrücke in der „Fernzone", wenn die Abstände r von der Antenne sehr viel größer sind als die Wellenlänge $2\pi/Q$. Dann gilt für große Qr

$$B_0 = Q^2 e_r \times Pe^{i(Qr-\omega t)}/r \quad \text{und} \quad E_0 = B_0 \times e_r \quad .$$

Umgekehrt, für den statischen Grenzfall $\omega = 0$ und damit $Qr = 0$ ergibt sich $B_0 = 0$ (unbewegte Ladungen erzeugen keine Magnetfelder) und das dem Leser vielleicht schon bekannte elektrische *Dipolfeld*

$$E_0 = [3e_r(e_r P) - P]/r^3 \quad . \tag{2.19}$$

Abbildung 2.3 zeigt die (2.19) entsprechenden wohlbekannten Feldlinien, wobei an jedem Punkt diese Feldlinie in E-Richtung zeigt. (Im Gegensatz zu den Stromlinien der stationären Hydrodynamik sind die Feldlinien hier nicht die Bahnkurven bewegter elektrischer Teilchen, außer wenn deren Massenträgheit vernachlässigt werden kann.)

Diese Abbildung wurde mit dem einfachen Programm DIPOL ähnlich zur Keplerbewegung produziert: Ein Punkt (x, y) verschiebt sich in Richtung (E_x, E_y). Die

```
 2 hgr: hcolor=7
 4 hplot 130,1 to 130,159
 6 hplot 1,80 to 260,80
10 input "x,y= "; x,y
20 dr=0.1
25 sc=10
30 r2=x*x+y*y
40 r5=r2^2.5
50 ex=(3*x*x-r2)/r5
60 ey=3*y*x/r5
70 x=x+ex*dr*r2
80 y=y+ey*dr*r2
90 print x,y
92 hplot 130+sc*x,80+sc*y
94 hplot 130-sc*x,80+sc*y
96 hplot 130+sc*x,80-sc*y
98 hplot 130-sc*x,80-sc*y
100 if x>0 then goto 30
110 goto 10
120 end
```

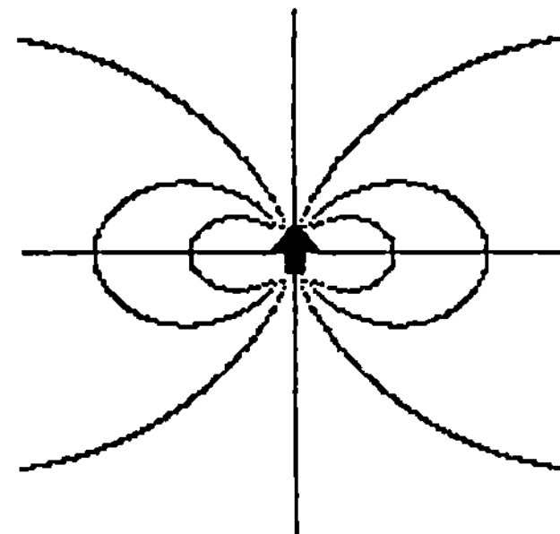

Abb. 2.3. Elektrische Feldlinien eines nach rechts gerichteten Dipols. Gemäß (2.19) fällt bei fester Richtung $|E|$ mit $1/r^3$ ab

Schrittweite dr wird noch mit r^2 multipliziert, um Rechenzeit zu sparen. (Das Dipolmoment ist 1; a^b bedeutet a^b.) An sich braucht man nur die Zeilen, deren Nummern ein ganzzahliges Vielfaches von 10 sind; die anderen dienen nur der hochauflösenden Grafik eines Apple IIe Rechners. Typische Anfangswerte sind $x = 0.3$, $y = 0.1$; es geht hier mehr um das Prinzip als um die Genauigkeit.

Ohne Herleitung sei angegeben, daß ein stationärer Stromkreis ein magnetisches Dipolmoment

$$M = \int r_0 \times j(r_0) d^3 r_0 / 2c$$

erzeugt, recht analog zur Definition des elektrischen Dipolmoments P. Die Energie eines elektrischen oder magnetischen Dipols im entsprechenden Feld ist bekanntlich

= −Dipolmoment · Feld; dieses Skalarprodukt muß nämlich negativ sein (Energieminimum), wenn Dipolmoment und Feld parallel sind. Bei elektrischen Dipolen folgt dies auch trivial aus Energie = φq und grad $\varphi = -$Feld, sowie der Zusammensetzung eines Dipols aus zwei Ladungen q in kleinem Abstand.

b) Multipolentwicklung, ω^4-Gesetz, bewegte Punktladungen

Dies waren nur die führenden Terme der Taylor-Entwicklung; nimmt man noch mehr Terme mit, so spricht man von der *Multipolentwicklung*. Wenn wir in (2.18) für das elektrische Potential $\varphi(r)$ den Faktor $1/R = 1/|r - r_0|$ nach Potenzen von r_0 entwickeln, wie zu Beginn des vorigen Abschnitts angegeben, so finden wir recht komplizierte Ausdrücke. Einfach zu interpretieren sind sie aber im statischen Grenzfall, wenn sich die Ladungen nicht bewegen. Die führenden Terme, aus $1/R \approx 1/r + rr_0/r^3$, sind einfach

$$\varphi = \frac{Q}{r} + \frac{rP}{r^3} \tag{2.20}$$

mit der Gesamtladung Q und dem elektrischen Dipolmoment P als Raumintegrale über $\varrho(r_0)$ bzw $r_0\varrho(r_0)$. Der dritte Term ergibt die sogenannten Quadrupolmomente, dann kommt so etwas ähnliches wie Octopussy, immer in Zweierpotenzen. Die insgesamt beliebig komplizierte Ladungsverteilung liefert also eine physikalisch leicht interpretierbare Entwicklung: In erster Näherung stellen wir uns die ganze Ladung Q im Ladungsschwerpunkt als Ursprung vereinigt („Monopol"), in zweiter Näherung legen wir dort zusätzlich noch einen elektrischen Dipol P hin. Danach können die Quadrupolkorrekturen durch zwei antiparallele Dipole (also vier Ladungen) realisiert werden, usw.

Wenn wir zur Dynamik eines Dipols zurückkehren, so können wir seine elektromagnetische Abstrahlung als Oberflächenintegral über den Poynting-Vektor (2.13) finden, der zu $E \times B$ proportional ist. In der Fernzone der Antennenphysik wurde gezeigt, daß B und E zum Quadrat des Wellenvektors Q proportional sind. Für die pro Sekunde abgestrahlte Energie gilt also das Rayleigh-Gesetz

$$\text{Abstrahlung} \sim (\text{Wellenlänge})^{-4} \sim \omega^4 \tag{2.21}$$

Hierdurch erklärt sich, warum der Himmel blau und die Abendsonne rot ist: Blaues Licht hat eine etwa doppelt so große Frequenz wie rotes Licht und wird daher von den Luftmolekülen, die als kleine Dipole wirken, sehr viel stärker gestreut als rotes Licht. Steht die Sonne also über New York, so wird von den nach Europa entsandten Lichtstrahlen die blaue Komponente viel stärker gestreut als die rote. Europäer bekommen daher vor allem den roten Rest des Abendlichtes, während New Yorker „unser" Blaulicht am Himmel sehen.

Wenn wir zur Überprüfung dieser Behauptungen über blauen Himmel diesen häufig betrachten, so sehen wir dort manchmal Düsenjäger. Der Schall dieser Düsenjäger scheint nicht vom Flugzeug herzukommen, sondern von einer imaginären Schallquelle hinter dem Flugzeug. Das hängt damit zusammen, daß sich der Schall sehr viel langsamer ausbreitet als das Licht. Aber auch die Lichtgeschwindigkeit c ist endlich, und so scheint das elektrische Feld einer bewegten Punktladung q nicht von dieser auszugehen, sondern von einem imaginären Punkt hinter der bewegten La-

dung. Wenn die echte Ladung sich gerade im Ursprung befindet, so ist ihr Potential
also nicht $\varphi = q/r$, sondern $\varphi = q/(r - rv/c)$. Hierbei ist r der Abstand von der
früheren Position, von der das Licht uns gerade erreicht hat. Eine ähnliche *Lienard-
Wiechert*-Formel gilt für das Vektorpotential: $cA = qv/(r - rv/c)$. Schon hieraus
sieht man eine der Grundlagen der Relativitätstheorie: Kein Körper kann sich mit
mehr als der Lichtgeschwindigkeit bewegen, denn nicht einmal Einstein konnte durch
Null dividieren. Abbildung 2.4 zeigt, für Schall wie für Lichtquellen, die von einer
bewegten Quelle ausgehenden Kugelwellen.

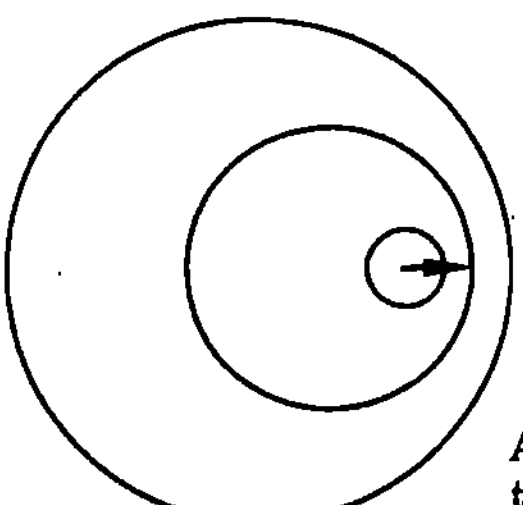

Abb. 2.4. Kugelwellen, die von einem gleichmäßig bewegten Oszillator ausgehen

2.2 Elektrodynamik in Materie

2.2.1 Maxwell-Gleichungen in Materie

An sich gibt es für Materie gar keine neuen Maxwell-Gleichungen. Denn Materie
besteht meist aus punktförmigen Elektronen und Atomkernen, und so ist z.B. die
gesamte Elektrostatik durch das Coulomb-Gesetz für Punktladungen festgelegt. Wir
müssen dann (2.1) nur 10^{25} mal anwenden. Ähnlich könnte man Hydrodynamik be-
treiben, indem man 10^{25} gekoppelte Newtonsche Bewegungsgleichungen löst. Sehr
praktisch ist das nicht. Genau wie in der Hydrodynamik lösen wir das Problem
durch Mittelung: Statt jede Punktladung exakt zu behandeln, mitteln wir über kleine
Bereiche mit vielen Atomen. Zu diesen gemittelten Größen gehören die bereits eingeführten Ladungs- und Stromdichten ϱ und j; jetzt brauchen wir auch noch die
Dichte der elektrischen und der magnetischen Dipolmomente, also die *Polarisation*
P und die Magnetisierung M. Letztlich führen diese Näherungen dazu, daß in einigen Maxwell-Gleichungen das elektrische Feld E durch $D = E + 4\pi P = \varepsilon E$
ersetzt wird, mit einer analogen Formel für das Magnetfeld. Dies führt zu einer
Elektrodynamik der Kontinua im gleichen Sinne wie die Mechanik der Kontinua in
Abschn. 1.5.

Wenn auf einen Festkörper ein elektrisches Feld wirkt, so kann dieses die Atome
oder Moleküle „polarisieren“: Bei jedem Teilchen verschieben sich die positiven Ladungen (Atomkern) etwas in die eine und die negativen Ladungen etwas in die andere
Richtung. So entsteht in jedem Atom oder Molekül ein kleines elektrisches Dipolmoment. In einem Magnetfeld entsteht so ein magnetisches Dipolmoment; beide
Arten von Momenten sind in Abschn. 2.1.7a mathematisch definiert worden. Jetzt
stellen wir uns unter einem Dipol einfach zwei elektrische Ladungen (oder Nord-
und Südpol) in kleinem Abstand voneinander vor. Wir definieren die Polarisation
P und die Magnetisierung M als die Vektorsumme aller Dipolmomente pro Volumeneinheit.

Wenn das äußere elektrische Feld sich im Laufe der Zeit ändert, so ändern sich die elektrischen Dipole; d.h. die Ladungen verschieben sich und erzeugen so Ströme, die in den Maxwell-Gleichungen zu berücksichtigen sind. Diese sogenannten Polarisationsströme j_{pol} haben die Stärke $\partial P/\partial t$. Denn bei einem einzigen Dipolmoment qd aus zwei Ladungen q im Abstand d ist die zeitliche Ableitung $d(qd)/dt = qd(d)/dt = qv$ der elektrische Strom. Wir bezeichnen jetzt als Stromdichte j nur noch den „aus der Steckdose" kommenden Strom der Leitungselektronen und müssen zu diesem j also noch j_{pol} addieren, um durch diesen Polarisationsstrom die Verformung der Atome und Moleküle zu berücksichtigen. Aus der Maxwell-Gleichung $c\,\mathrm{rot}\,B - \partial E/\partial t = 4\pi j$ ohne Dipolmomente wird also $c\,\mathrm{rot}\,B - \partial E/\partial t = 4\pi(j + j_{\mathrm{pol}})$ oder $4\pi j = c\,\mathrm{rot}\,B - \partial(E + 4\pi P)/\partial t = c\,\mathrm{rot}\,B - \partial D/\partial t$ mit der „*dielektrische Verschiebung*" $D = E + 4\pi P$ (in den hier verwendeten elektrischen Maßeinheiten).

Das ist aber noch nicht alles. Elektrische Kreisströme erzeugen magnetische Dipolmomente, und räumliche Änderungen in der Dichte M dieser magnetischen Dipolmomente führen daher zu zusätzlichen atomaren Strömen $j_{\mathrm{mag}} = c\,\mathrm{rot}\,M$. Also gilt $4\pi(j + j_{\mathrm{mag}}) = c\,\mathrm{rot}\,B - \partial D/\partial t$, oder $4\pi j = c\,\mathrm{rot}\,(B - 4\pi M) - \partial D/\partial t = c\,\mathrm{rot}\,H - \partial D/\partial t$ mit dem neuen Feld $H = B - 4\pi M$ analog zur Definition von D.

Als dritten und letzten atomaren Beitrag berücksichtigen wir, daß sich lokal sogenannte Polarisationsladungen ϱ_{pol} bilden können zusätzlich zur Ladungsdichte ϱ der freien Elektronen oder Ionen. Wenn nämlich viele Dipole ihre Köpfe mit den positiven Ladungen zusammenstecken, dann entsteht dort eine positive Überschußladung; die kompensierenden negativen Ladungen der Dipole halten sich an einer anderen Stelle auf. Das „Köpfe-Zusammenstecken" von Vektorpfeilen wird durch die Divergenz des Vektorfeldes beschrieben; also gilt hier $\varrho_{\mathrm{pol}} = -\mathrm{div}\,P$. Eingesetzt in die ursprüngliche Maxwell-Gleichung $\mathrm{div}\,E = 4\pi\varrho$ ergibt sich nun $\mathrm{div}\,E = 4\pi\varrho - 4\pi\,\mathrm{div}\,P$ oder $\mathrm{div}\,D = 4\pi\varrho$. Glücklicherweise gibt es nach wie vor keine magnetischen Monopole, $\mathrm{div}\,B = 0$, und auch $0 = c\,\mathrm{rot}\,E + \partial B/\partial t$ ändert sich nicht, mangels magnetischer Monopol-Ströme.

Damit haben wir jetzt alle Maxwell-Gleichungen in Materie erklärt:

$$D = E + 4\pi P \quad ; \quad \mathrm{div}\,D = 4\pi\varrho \quad , \quad c\,\mathrm{rot}\,H - \frac{\partial D}{\partial t} = 4\pi j$$

$$B = H + 4\pi M \quad ; \quad \mathrm{div}\,B = 0 \quad , \quad c\,\mathrm{rot}\,E + \frac{\partial B}{\partial t} = 0 \quad .$$

$$(2.22)$$

Wer sich nicht merken kann, wo E und wo D stehen, wird sich freuen, daß die Energiedichte ganz symmetrisch ist, nämlich $(ED + HB)/8\pi$.

2.2.2 Materialeigenschaften

Zwar kennen wir jetzt die Maxwell-Gleichungen, aber wir wissen nicht, wie groß die Polarisation P und die Magnetisierung M sind. Beide hängen vom Stoff ab, den wir untersuchen. In der Statistischen Physik werden wir lernen, M (und analog P) zu berechnen; hier geben wir uns damit zufrieden, M und P aus dem Experiment zu entnehmen.

Es gibt Stoffe, in denen M (oder P) auch ohne äußeres Feld von Null verschieden sind. In den Elementen Eisen, Kobalt und Nickel gibt es bei Zimmertemperatur (bei Gadolinium, wenn es kalt ist) eine solche *spontane Magnetisierung* ohne Magnetfeld; man nennt sie *Ferromagneten*. Analog sind *Ferroelektrika* Stoffe wie Kaliumdihydrogenphosphat, die auch ohne äußeres elektrisches Feld eine spontane Polarisation zeigen. Wenn Ferromagneten über ihre *Curie-Temperatur* T_c erhitzt werden, verschwindet die spontane Magnetisierung (*Paramagnet*). Knapp unterhalb dieser Curie-Temperatur variiert die spontane Magnetisierung wie $(T_c - T)^\beta$, mit dem kritischen Exponenten β nahe an 1/3 für Ferromagneten und 1/2 für Ferroelektrika.

Wenn keine spontane Magnetisierung (spontane Polarisation) da ist, so ist bei kleinen äußeren Feldern die Magnetisierung M (bzw. Polarisation P) proportional zum Feld. Im elektrischen Leiter fließt dann auch ein elektrischer Strom j:

$$j = \sigma E \quad , \quad P = \chi_{el} E \quad , \quad M = \chi_{mag} H \tag{2.23}$$

mit der Leitfähigkeit σ und den elektrischen bzw. magnetischen *Suszeptibilitäten* χ_{el} bzw. χ_{mag}. Aus obigen Definitionen für D und H ergibt sich dann

$$D = (1 + 4\pi\chi_{el})E = \varepsilon E \quad , \quad B = (1 + 4\pi\chi_{mag})H = \mu H \tag{2.24}$$

mit der *Dielektrizitätskonstanten* ε und der Permeabilität μ. Es ist üblich, bei elektrischen Eigenschaften mit ε und bei magnetischen mit χ zu rechnen. (An sich sind die hier eingeführten Proportionalitätsfaktoren σ, χ, ε und μ alles Tensoren.) All diese Gesetze der „linearen Antwort" gelten nur bei hinreichend kleinen äußeren Feldern; je näher man am Curiepunkt ist, um so kleiner müssen die Felder sein, bis dann genau bei $T = T_c$ diese lineare Näherung zusammenbricht und χ unendlich groß wird.

Am Computer kann man die spontane Magnetisierung auch ausrechnen (Programm ISING). Wir setzen je einen „Spin" (atomares magnetisches Dipolmoment) IS auf jeden Gitterplatz eines Quadratgitters; IS = 1 oder = −1 je nachdem, ob der Spin nach oben oder nach unten zeigt. Benachbarte Spins wollen sich parallel stellen in diesem „*Ising*"-Ferromagnet von 1925. Die Energie bleibt also beim Umklappen eines Spins erhalten, wenn der Spin ebensoviel nach oben wie nach unten zeigende Nachbarspins hat, wenn also die Summe über die vier Nachbar-IS Null ist. In diesem Sinne klappt das Programm einen Spin um (IS(i) = −IS(i)) dann und nur dann, wenn die Summe über die Nachbarspins verschwindet.

Die Spins eines $L \times L$ Gitters werden im eindimensionalen Feld IS(i) abgespeichert, mit $i = L + 1$ für den ersten und $i = L^2 + L$ für den letzten Spin. Der linke Nachbar hat dann den Index $i - 1$, der rechte den Index $i + 1$, der obere den Index $i - L$ und der untere den Index $i + L$, wenn man durch das Gitter wie bei einer Schreibmaschine durchläuft. Außerdem gibt es zwei Pufferzeilen am oberen ($1 \leq i \leq L$) und unteren ($L^2 + L + 1 \leq i \leq L^2 + 2L$) Rand, damit alle Gitterpunkte auch Nachbarn haben („helical boundary conditions"). Am Anfang werden die Spins zufällig orientiert: IS = 1 mit Wahrscheinlichkeit p, sonst IS = −1. Dies erreicht man, indem man eine Zufallszahl RND, die irgendwo zwischen 0 und 1 liegt, mit der Wahrscheinlichkeit p vergleicht, denn RND $< p$ mit Wahrscheinlichkeit p. Wie der Computer würfelt („*Monte Carlo* Simulation"), um RND zu berechnen, überlassen wir ihm.

```
10 dim is(1680)
20 L=40
30 p=0.2
40 L1=L+1
50 Lp=L*L+L
60 Lm=Lp+L
70 for i=1 to Lm
80 is(i)=-1
90 if rnd(i)<p then is (i)=1
100 next i
110 for it=1 to 100
120 m=0
130 for i=L1 to Lp
140 if is(i-1)+is(i+1)+is(i-L)+is(i+L)=0 then is(i)=-is(i)
150 m=m+is(i)
160 next i
170 print it,m
180 next it
190 end
```

Bei $p = 0$ oder $p = 1$ sind alle Spins stets parallel, was ganz tiefen Temperaturen entspricht. Bei $p = \frac{1}{2}$ stehen die Spins zufällig durcheinander, was sehr hohen Temperaturen entspricht (Magnetisierung $M = 0$ bis auf Fluktuationen). Bei $p = 0.08$ ist der Curiepunkt erreicht: Für $p > 0.08$ geht die Magnetisierung langsam auf Null, für $p < 0.08$ bleibt sie bei einem endlichen Wert, eben der spontanen Magnetisierung[1].

2.2.3 Wellengleichung in Materie

Eines der frühesten wissenschaftlichen Experimente zur Elektrodynamik in Materie war die Behandlung der Lichtberechnung in Glas oder Wasser: Der Lichtweg ist nicht mehr geradlinig, sondern so, daß das Licht so schnell wie möglich vom Anfangspunkt zum Endpunkt gelangt („Fermatsches Prinzip"). Wie groß ist die Lichtgeschwindigkeit c_{medium} in einem durch (2.23) beschriebenen Medium? Wir betrachten einen isotropen Isolator wie z.B. Glas: $j = 0 = \varrho$, also $c\,\mathrm{rot}\,E = -\partial B/\partial t$ und $c\,\mathrm{rot}\,H = \partial D/\partial t$. Wenn wir letztere Gleichung nach der Zeit differenzieren und dabei die erste verwenden (ähnlich wie vor (2.14a)), so erhalten wir

$$\frac{1}{c}\frac{\partial(\mathrm{rot}\,H)}{\partial t} = \frac{1}{c}\mathrm{rot}\frac{\partial H}{\partial t} = \frac{1}{c\mu}\mathrm{rot}\frac{\partial B}{\partial t} = \frac{1}{-\mu}\mathrm{rot}\,\mathrm{rot}\,E$$

$$= \frac{1}{-\mu}(\mathrm{grad}\,\mathrm{div}\,E - \nabla^2 E) = \frac{1}{-\mu}\left(\mathrm{grad}\,\mathrm{div}\frac{D}{\varepsilon} - \nabla^2\frac{D}{\varepsilon}\right) = \frac{1}{\mu\varepsilon}\nabla^2 D$$

---

[1] H.-J. Herrmann (1986): J. Stat. Phys. **45**, 145

und damit

$$c_{\text{medium}} = \frac{c}{\sqrt{\mu\varepsilon}} \quad \cdot \tag{2.25a}$$

Der Berechnungsindex n ist durch das Verhältnis der Lichtgeschwindigkeiten gegeben,

$$n = \sqrt{\mu\varepsilon} \quad , \tag{2.25b}$$

und gibt das Verhältnis der Sinus von Ein- und Ausfallswinkel beim Berechnungsgesetz an. (Im Wasser ist $\mu \approx 1$ und $\varepsilon \approx 81$; trotzdem ist der Berechnungsindex nicht 9, sondern nahe 4/3. Dies hängt damit zusammen, daß ε frequenzabhängig ist: Licht braucht den niedrigen Wert für hohe Frequenzen, während $\varepsilon \approx 81$ zu Frequenz Null gehört. Wegen dieser Frequenzabhängigkeit von ε werden am Glasprisma verschiedene Farben verschieden stark gebrochen und so das Licht „zerlegt".)

2.2.4 Elektrostatik an Oberflächen

In einem elektrischen Leiter ist im Gleichgewicht das elektrische Feld stets Null, da sonst ja Ströme fließen würden. In einem Isolator kann es dagegen Felder auch im Gleichgewicht geben; der elektrische Strom ist ebenfalls Null. Daher gilt: $H = B = j = \text{rot } E = 0$ und $\text{div } D = 4\pi\varrho$. Die Sätze von Gauß und Stokes sagen daher

$$\oint E\, dl = 0 \quad \text{und} \quad \oiint D\, d^2f = 4\pi Q$$

mit der Ladung Q. Als Integrationsbereich nehmen wir das in Abb. 2.5 skizzierte Gebilde: Beim Stokes-Satz nehmen wir eine lange flache rechteckige Schleife und beim Gauß-Satz zwei dicht übereinander liegende und die Oberfläche einschließende Ebenen. Die Abbildung zeigt die Schleife; für die Ebenen stelle man sich die Abbildung in den Raum vor und hinter der Papierebene fortgesetzt, ebenfalls mit Länge L. Die zwei kleinen zur Grenzfläche senkrechten Stücke liefern nur einen vernachlässigbaren Beitrag zu den Integralen. Die Rechnung gilt allgemein, aber man kann sich Luft (Vakuum, $\varepsilon_1=1$) unter dem ersten und Glas unter dem zweiten Medium ($\varepsilon_2 > 1$) vorstellen.

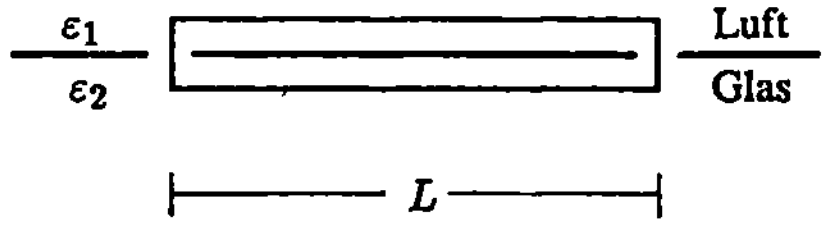

Abb. 2.5. Integrationsweg zur Berechnung von Normal- und Tangential-Komponenten für D und E an einer Oberfläche

Somit folgt aus der Stokes-Schleife der Länge L : $E_2^{\text{tang}} L - E_1^{\text{tang}} L = 0$ für die Tangentialkomponente von E parallel zur Oberfläche. Mit dem Gauß-Integral bekommt man $D_2^{\text{norm}} L^2 - D_1^{\text{norm}} L^2 = 4\pi Q$, wobei Q die elektrische Ladung zwischen den zwei Integrationsebenen der Fläche L^2 ist. Mit der Oberflächen-Ladungsdichte $\sigma = Q/L^2$ (Ladung pro Quadratzentimeter) gilt also:

$$E_1^{\text{tang}} = E_2^{\text{tang}} \quad \text{und} \quad D_1^{\text{norm}} = D_2^{\text{norm}} - 4\pi\sigma \quad ,$$

oder noch einfacher (ohne Oberflächenladungen):·

Die Tangentialkomponente von E und die Normalkomponente
von D sind stetig an der Oberfläche. (2.26)

Solche *Oberflächenladungen* kann es sowohl an Glas- als auch an Metall-
oberflächen geben. An der Glasoberfläche können sich im Lauf der Zeit elektrisch
geladene Teilchen aus der Luft ansammeln, und zur Metalloberfläche können Elektronen aus dem Inneren kommen: *Influenz*. Genau so viel Elektronen sammeln sich
an der Metalloberfläche an, daß im Gleichgewicht dort keine Felder parallel zur
Oberfläche auftreten. Im Metallinnern ist E ohnehin Null. Wenn also der Index 2
das Metall beschreibt, so gilt $E_2 = 0$, $E_1^{\text{tang}} = 0$ und $E_1^{\text{norm}} = -4\pi\sigma/\varepsilon_1$. Das
Feld E_1 kann z.B. von einer positiven Punktladung im Vakuum vor der Metallplatte
herrühren, wie in Abb. 2.6 skizziert·(Programm ähnlich wie für Abb. 2.5).

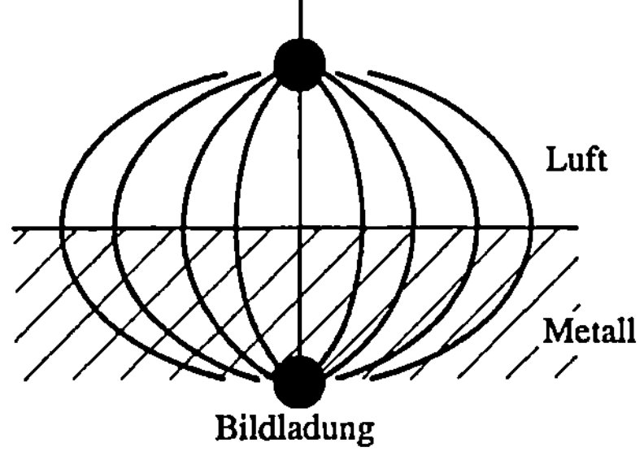

Abb. 2.6. Influenz bei einer Punktladung vor einer
Metallplatte. Die schraffierte untere Hälfte ist
Metall, und in Wirklichkeit gibt es dort keine
Feldlinien und keine negative Bildladung

Mit Hilfe des Gaußschen Satzes kann man zeigen, daß dann die influenzierte negative Gesamtladung genauso groß ist wie die positive Punktladung. Das gilt auch für
gekrümmte Oberflächen. Im Spezialfall der ebenen Oberfläche von Abb. 2.6 ist das
Feld im Vakuum genau so groß, wie wenn das Metall mit seiner Oberflächenladung
gar nicht da wäre und wenn stattdessen eine ebensogroße negative Punktladung auf
der anderen Seite der Oberfläche säße im gleichen Abstand von der Oberfläche.
Diese „Bildladung" zeigt dann, daß eine Punktladung vor einer Metalloberfläche ein
Dipolfeld im Vakuum erzeugt. Der Trick mit der Bildladung ist auch sonst in der
Elektrostatik sehr hilfreich.

In der Magnetostatik gibt es keine magnetischen Monopole und ·daher auch
keine Oberflächenladungen; also ist stets H in tangentialer Richtung stetig und
B in Normalrichtung. Wenn Eisen (große spontane Magnetisierung, $B = H +
4\pi M \approx 4\pi M$) an Luft ($B = H$ da $M = 0$) grenzt, muß also der Vektor der
Magnetisierung fast parallel zur Oberfläche sein, damit B^{norm} stetig und damit
klein ist. Die magnetischen Feldlinien eines Transformators werden also vom Eisen-
kern „eingefangen" und verbinden so die beiden Spulen, auf denen die Spannungs-
Transformation durch $c\operatorname{rot} E = -\partial B/\partial t$ beruht. Mit Eichenholz statt Eisen mag ein
Transformator schöner aussehen, besser ist er nicht.

Was schließlich ist ein *Kondensator*? Legen wir eine Glasplatte mit der Dielek-
trizitätskonstante ε zwischen zwei Kupferplatten, so kann durch eine äußere Span-

nung U eine Oberflächenladung $\sigma = Q/L^2$ sich auf den quadratischen Kupferplatten ansammeln. Kupfer ist metallisch und nicht ferroelektrisch, somit $E = D = 0$. An der Trennfläche von Glas und Kupfer gilt also $D^{\mathrm{norm}} = 4\pi\sigma$ für die Normalkomponente von D im Glas; die Tangentialkomponente ist Null. Wegen $D = \varepsilon E = \varepsilon U/(\mathrm{Abstand})$ ist daher die Ladungsdichte

$$\sigma = \varepsilon U/(4\pi\,\mathrm{Abstand}) :$$

Je größer ε ist und je kleiner der Abstand zwischen den Platten, um so größer ist die *Kapazität* σ/U pro Fläche.

Mit ähnlichen Methoden kann man nun die verschiedenen Geometrien von Abb. 2.7 behandeln, mit jeweils senkrecht nach oben zeigenden Vektoren D, E und $P = (D - E)/4\pi = (\varepsilon - 1)E/4\pi$. Nur beim Kugelloch ist die Rechnung etwas kompliziert. Die Tabelle 2.1 faßt die Ergebnisse zusammen.

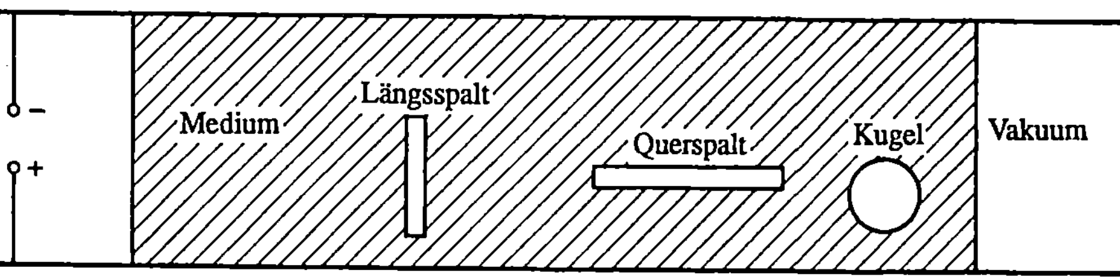

Abb. 2.7. Verschiedene Lochformen in einem Dielektrikum wie Glas

Welches Feld, E oder D, wirkt auf ein Atom in einem Festkörper oder einer Flüssigkeit? Weder D noch E ist richtig.

Sei n die Zahl der Atome pro cm^3 und α die Polarisierbarkeit, also das Verhältnis von Dipolmoment zum elektrischen Feld. Dann haben klügere Leute als der Autor daraus die *Clausius-Mossotti*-Formel abgeleitet:

$$\varepsilon = \frac{1 + n\alpha 8\pi/3}{1 - n\alpha 4\pi/3} \quad . \tag{2.27}$$

Sie ist ein einfaches Modell für Ferroelektrizität: Wenn die Polarisierbarkeit α der Einzelatome so groß ist, daß $n\alpha$ nahe an $3/4\pi$ kommt, dann wird ε sehr groß. Ein

Tabelle 2.1. Elektrostatische Felder im Medium und seinen Löchern

	E	P	D
Medium	$4\pi\sigma/\varepsilon$	$(\varepsilon-1)\sigma/\varepsilon$	$4\pi\sigma$
Längsspalt	$4\pi\sigma/\varepsilon$	0	$4\pi\sigma/\varepsilon$
Querspalt	$4\pi\sigma$	0	$4\pi\sigma$
Vakuum	$4\pi\sigma$	0	$4\pi\sigma$

kleines äußeres Feld polarisiert zunächst die Atome, die dadurch produzierten atomaren Dipolmomente verstärken das Feld und erhöhen so die Polarisierung noch mehr,
usw. Falls $n\alpha = 3/4\pi$ ist, führt diese Rückkopplung zur Polarisations-Katastrophe: ε
wird unendlich, und der Curiepunkt ist erreicht. Allerdings fehlt in diesem Bild der
Einfluß der Temperatur, die erst in der Statistischen Mechanik berücksichtigt wird
(Molekularfeldnäherung).

2.3 Relativitätstheorie

Michelson und Morley stellten 1887 experimentell fest, daß die Lichtgeschwindigkeit
c auf der Erde in allen Richtungen gleich ist und nicht durch die Bewegung der Erde
um die Sonne etc. beeinflußt wird. Während also Schallwellen aus Bewegungen in
einem elastischen Medium bestehen, gegenüber dem sie eine feste Geschwindigkeit
haben, scheint es für elektromagnetische Wellen kein solches Medium („Äther")
zu geben. (Lichtausbreitung im Medium, Abschn. 2.23, betrachten wir jetzt nicht.)
Stattdessen gilt das Relativitätsprinzip:

Die Gesetze der Physik sind in jedem Inertialsystem gleich.

Da vor mehreren Seiten die Maxwell-Gleichungen im Vakuum offiziell als
Gesetze veröffentlicht worden sind, ist somit die aus ihnen hergeleitete Vakuum-
Lichtgeschwindigkeit c in allen Inertialsystemen die gleiche. Dies heißt nicht „Al-
les ist relativ", oder es gebe keine Absolutgeschwindigkeit im Universum. Vom
vermutlichen Urknall des Universums vor über 10^{10} Jahren sind noch elektroma-
gnetische Wellen übrig geblieben, die auch „Lichtdruck" (Abschn. 2.1.3) ausüben.
Experimentell zeigt sich, daß dieser Strahlungsdruck der sogenannten Drei-Kelvin-
Hintergrundstrahlung aus verschiedenen Richtungen des Universums verschieden
stark ist: Die Erde bewegt sich mit einigen hundert Sekundenkilometern relativ zur
Urknall-Strahlung. Die Lorentz-Kraft $F/q = E + v \times B/c$ dagegen ist ein allgemeines
Naturgesetz und damit in allen Inertialsystemen gültig. Was hat dann die Geschwin-
digkeit v hier zu bedeuten: Geschwindigkeit wogegen? Albert Einstein löste diese
Frage 1905 in seiner Arbeit zur Elektrodynamik bewegter Körper, heute meist Spe-
zielle Relativitätstheorie genannt.

2.3.1 Lorentz-Transformation

a) Herleitung

Bevor wir elektromagnetische Felder relativistisch behandeln, diskutieren wir erst
die Grundlage: Die Transformation von Ort und Zeit. Zur Vereinfachung nehmen

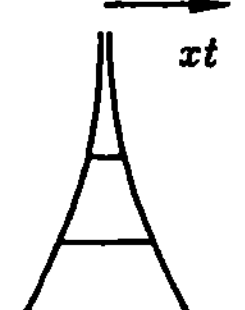

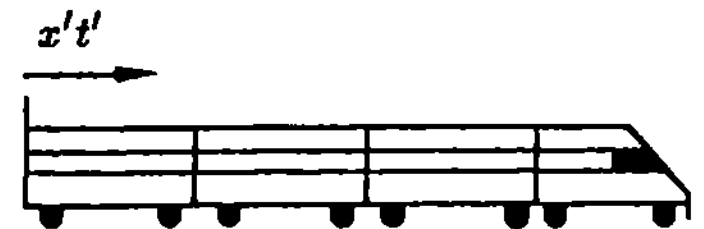

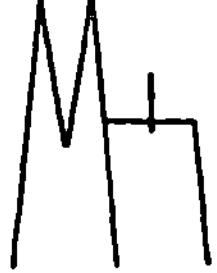

Abb. 2.8. Beispiel eines ruhenden (x, t) und eines bewegten (x', t') Inertialsystems. 1989 waren für die Bahnverbindung Paris–Köln relativistische Korrekturen vernachlässigbar

wir eine eindimensionale Bewegung an. Wenn in einem Inertialsystem ein Ereignis zur Zeit t am Ort x stattfindet, was sind dann die Koordinaten x' und t' in einem anderen Inertialsystem, das sich mit Geschwindigkeit v gegenüber dem ersten System bewegt? (Der Koordinatenursprung sei am Anfang der gleiche.) Die Klassische Mechanik gibt hierauf die einfache Antwort der Galilei-Transformation (Abb. 2.8):

$$x' = x - vt \quad , \quad t' = t \quad .$$

Lichtwellen, die von einem mit Geschwindigkeit v bewegten Körper ausgesendet werden, hätten hiernach die Geschwindigkeit $c \pm v$, da sich bei der Galilei-Transformation die Geschwindigkeiten ganz normal addieren.

Das Michelson-Morley Experiment, und viele andere Resultate der letzten hundert Jahre, zeigen aber, daß die Geschwindigkeiten sich nicht einfach addieren; stattdessen gelten folgende Postulate:

---

1) Die Lichtgeschwindigkeit c im Vakuum ist konstant
2) Kräftefreie Bewegungen sind in allen Inertialsystemen unbeschleunigt (geradlinig-gleichförmig)
3) Kein Bezugssystem ist gegenüber dem anderen ausgezeichnet in der Transformation von Ort und Zeit.

Mathematisch bedeutet Postulat 1: $x' = ct'$ wenn $x = ct$; also kein neues c'! Aus Postulat 2 folgt, daß Ort und Zeit linear transformiert werden:

$$x' = ax - bt \quad ; \quad t' = Ax - Bt \quad .$$

Postulat 3 bedeutet: Wenn wir die Transformationskoeffizienten a, b, A und B als Funktion der Geschwindigkeit v kennen, dann folgt die Rücktransformation $x = x(x', t')$ und $t = t(x', t')$ („inverse Matrix") dadurch, daß v durch $-v$ ersetzt wird. Nun können wir rein mathematisch diese Koeffizienten bestimmen:

Der Ursprung des einen Systems bewegt sich gegenüber dem anderen mit Geschwindigkeit v. Wenn also für den Ursprung gilt $x = vt$, dann gilt $x' = 0 = avt - bt$:

$$b = av \quad .$$

Generell gilt also $x' = a(x - vt)$ und wegen Postulat 3: $x = a(x' + vt')$. Postulat 1 (wenn $x = ct$ dann $x' = ct'$) hat jetzt die Form: Wenn $ct = at'(c + v)$ dann $ct' = at(c - v)$ und somit

$$ct' = a[at'(c + v)/c](c - v) \quad \text{oder} \quad a = 1/\sqrt{1 - v^2/c^2} = \gamma \quad .$$

Dieser Wurzelausdruck wird uns in der Relativitätstheorie immer wieder begegnen; üblicherweise wird er mit γ statt a bezeichnet. Also gilt $b = v\gamma$ und $x' = \gamma(x - vt)$. Nach Postulat 3 folgt daraus

$$x = \gamma(x' + vt') = \gamma(\gamma x - \gamma vt + vt') \quad \text{oder}$$

$$t' = \gamma t + \frac{x(1 - \gamma^2)}{\gamma v} = \gamma\left(t - \frac{vx}{c^2}\right) \quad .$$

Somit sind auch die beiden anderen Koeffizienten A und B bestimmt und wir können diese „Lorentz-Transformation" zusammenfassen:

$$x' = \gamma(x - vt) \quad , \quad t' = \gamma\left(t - \frac{vx}{c^2}\right) \quad \text{mit} \quad \gamma = \frac{1}{[1 - v^2/c^2]^{1/2}} \quad . \tag{2.28}$$

In drei Dimensionen kommt noch $y' = y$ und $z' = z$ hinzu.

b) Folgerungen

Klasseneinteilung. Wegen der Konstanz der Lichtgeschwindigkeit gilt $x^2 - c^2 t^2 = x'^2 - c^2 t'^2$ (auch direkt nachprüfbar). Analog ist in drei Dimensionen die Größe $r^2 - c^2 t^2$ lorentzinvariant, d.h. sie ändert sich nicht bei einer Lorentz-Transformation, genauso, wie sich das Skalarprodukt r^2 bei einer Drehung der Achsen nicht ändert. Wir können also bei zwei Ereignissen mit räumlichem Abstand r und zeitlichem Abstand t eine lorentzinvariante Dreiklasseneinteilung vornehmen:

lichtartig	raumartig	zeitartig
$r^2 - c^2 t^2 = 0$	$r^2 - c^2 t^2 > 0$	$r^2 - c^2 t^2 < 0$

Wenn sich eine Ursache langsamer als mit Lichtgeschwindigkeit ausbreitet (und das tun alle bekannten Methoden der Energie- oder Informationsübertragung), so ist das Verhältnis von Ursache zur Wirkung zeitartig, von jedem beliebigen Inertialsystem aus gesehen: Kausalität ist lorentzinvariant. Würde es Teilchen geben, die schneller als das Licht fliegen (z.B. „Tachyonen" mit imaginärer Masse), so wäre die Kausalität problematisch, und manche Ursache käme erst nach der Wirkung.

Wer rennt lebt länger. Eine genau gehende Uhr liege im Ursprung des x'-Systems, das sich mit Geschwindigkeit v gegenüber dem x-System des Beobachters bewege. Wie schnell tickt sie? Wegen $x' = 0$ und $x = vt$ gilt $t' = \gamma(t - v^2 t/c^2) = t(1 - v^2/c^2)^{1/2}$; also ist $t' < t$. [Alternative: $t = \gamma(t' + vx'/c^2)$ allgemein und $x' = 0$ hier, also $t = \gamma t'$.] Bis also die Uhr eine Zeit t' von einer Stunde anzeigt, muß der Beobachter $t = 10$ Stunden warten, falls $v = 0.995c$. Nachgewiesen wurde das an den Myonen (früher fälschlicherweise μ-Mesonen genannt) in der Höhenstrahlung. Bei einer Lebensdauer von etwa 10^{-6} Sekunden sollten sie gar nicht auf die Erdoberfläche kommen, wenn sie in einigen Kilometern Höhe durch Stöße energiereicher Teilchen mit Luftmolekülen erzeugt werden. Trotzdem kommen viele dieser Myonen zu uns, denn die Verlängerung ihrer Lebensdauer um den Faktor γ gestattet ihnen, einen viel längeren Weg zurückzulegen. In modernen Teilchenbeschleunigern hat man diese Verlängerung der Lebensdauer viel genauer bestätigt. Ursprünglich konnte man kaum glauben, daß von zwei Zwillingen derjenige, der eine Reise durch den Weltraum gemacht hat, am Ende viel jünger sein soll als der auf der Erde gebliebene, und sprach daher vom Zwillingsparadoxon.

Jogging macht schlank. Ein Meterstab ruhe im x'-System, welches mit einer Geschwindigkeit v sich gegenüber dem x-System des Beobachters bewegt. Wie lang ist der Stab für den Beobachter? Wir messen die Länge, wenn das linke Ende (Index 1) zur Zeit $t_2 = t_1 = t'_1 = 0$ im gemeinsamen Ursprung der beiden Inertialsysteme liegt. Also ist 1 Meter $= x'_2 = \gamma(x_2 - vt_2) = \gamma x_2$ oder $x_2 < 1$ Meter. Der Beobachter, der linkes und rechtes Ende zu den *für ihn* gleichen Zeiten t_1 und t_2 mißt, stellt also eine Verkürzung der Länge des bewegten Stabes fest. So können Sie Ihren Cadillac in einer zu kleinen Garage abstellen!??

Zeitdilatation und Längenkontraktion können zusammengefaßt werden: Längen und Zeiten ändern sich um den Faktor

$$\gamma = \frac{1}{\sqrt{1 - v^2/c^2}} \cdot \tag{2.29}$$

Geschwindigkeitsaddition. Wenn ein Eisenbahnzug mit Geschwindigkeit v von Köln nach Paris fährt, und ein Reisender geht mit Geschwindigkeit u nach Westen zum Speisewagen, welche Geschwindigkeit x/t hat der Reisende gegenüber der Erde? Das x-System sei die Erde, und das x'-System der Zug. Also gilt $x' = ut'$ für den Reisenden. Die Lorentz-Transformation $x = \gamma(x' + vt')$ liefert für ihn: $x = \gamma(u + v)t'$. Analog gilt

$$t = \gamma\left(t' + \frac{vx'}{c^2}\right) = \gamma\left(1 + \frac{uv}{c^2}\right)t' \quad .$$

Die „addierte" Geschwindigkeit ist also

$$\frac{x}{t} = \frac{u + v}{1 + uv/c^2} \tag{2.30}$$

mit der klassischen Addition $x/t = u + v$ nur für Geschwindigkeiten weit unterhalb der Lichtgeschwindigkeit. Insbesondere zeigt (2.30), daß die Gesamtgeschwindigkeit wieder $x/t = c$ ist, wenn eine der beiden Geschwindigkeiten u oder v die Lichtgeschwindigkeit ist. Das Licht eines sich auf uns zu bewegenden Sterns trifft uns also genauso schnell, nämlich mit c, wie wenn er sich von uns wegbewegen würde. An Doppelsternen haben Astronomen das auch mit großer Genauigkeit nachgewiesen.

Anfänglich umstritten, ist diese Spezielle Relativitätstheorie heute weithin anerkannt und tägliches Brot der Hochenergiephysik. Die ein Jahrzehnt später entstandene Allgemeine Relativitätstheorie (Raumkrümmung durch Massen, bis hin zum Schwarzen Loch) ist viel komplizierter, weniger genau bestätigt, und noch gibt es Alternativen dazu. Aber vermutlich hatte Einstein auch hier recht.

2.3.2 Relativistische Elektrodynamik

Wird ein Stabmagnet in eine Spule hineingeführt, so ändert sich dadurch das Flächenintegral über das Magnetfeld B, und wegen $\partial B/\partial t = -c\,\mathrm{rot}\,E$ induziert das ein elektrisches Feld in den Schleifen. Hält man stattdessen den Stabmagnet fest und bewegt die Spule auf ihn hin mit Geschwindigkeit v, so entsteht kein E-Feld, sondern die Lorentz-Kraft $qv \times B/c$ bewegt stattdessen die Elektronen in der Spule. Relativistisch gesehen sind aber beide Vorgänge äquivalent; die Felder E und B sind also nur verschiedene Erscheinungsformen des gleichen zugrundeliegenden Feldes. Wir werden sie als die 6 Komponenten eines vierdimensionalen antisymmetrischen Feldtensors kennenlernen.

Diese 4. Dimension ist natürlich die Zeit, und bei der Einteilung in die Klassen licht-, raum- und zeitartig haben wir schon das vierdimensionale Skalarprodukt $r^2 - c^2 t^2$ verwendet. Wir definieren also eine imaginäre Länge $x_4 = ict$ als vierte Komponente und verwenden die übliche Definition des Skalarprodukts

$$xy = \sum_\mu x_\mu y_\mu \quad \text{mit} \quad \mu = 1,2,3,4 \quad .$$

(Es gibt auch andere Notationen, die zu den gleichen Ergebnissen führen.) Der Wellenoperator $\Box = \nabla^2 - c^{-2}\partial^2/\partial t^2$ ist jetzt einfach $\sum_\mu \partial^2/\partial x_\mu^2$. Skalarprodukte heißen deshalb so, weil sie skalar sind, also bei einer Drehung der Koordinatenachsen (hier: Lorentz-Transformation) sich nicht ändern. Der Vektor der x_μ wird bei einer Lorentz-Transformation multipliziert mit der Matrix

$$L = \begin{pmatrix} \gamma & 0 & 0 & i\gamma v/c \\ 0 & 1 & 0 & 0 \\ 0 & 0 & 1 & 0 \\ -i\gamma v/c & 0 & 0 & \gamma \end{pmatrix} \quad .$$

Neben dem Vierervektor $(r, ict) = (x_1, x_2, x_3, x_4)$ für Ort und Zeit gibt es noch andere 4-Vektoren, die sich wie der Orts-Zeit-Vektor transformieren. Hierzu gehört die Viererstromdichte $(j, ic\varrho)$ und das Viererpotential $(A, i\varphi)$. Die Wellengleichung $-c\Box A_\mu = 4\pi j_\mu$ gilt jetzt für alle vier Komponenten, und die Kontinuitätsgleichung $\text{div}\, j + \partial\varrho/\partial t = 0$ hat die Form einer Viererdivergenz: $\sum_\mu \partial j_\mu/\partial x_\mu = 0$. Die Lorentz-Gleichung lautet $\sum_\mu \partial A_\mu/\partial x_\mu = 0$. Diese Vereinfachungen in der Notation deuten an, daß wir auf dem richtigen Weg sind.

Wir definieren einen 4×4 antisymmetrischen Feldtensor $f_{\mu\nu}$ durch

$$f_{\mu\nu} = \frac{\partial A_\mu}{\partial x_\nu} - \frac{\partial A_\nu}{\partial x_\mu} \tag{2.31}$$

mit $\mu, \nu = 1, 2, 3, 4$. Wegen $f_{\mu\nu} = -f_{\nu\mu}$ hat dieser Tensor nur sechs unabhängige Matrixelemente:

$$f_{\mu\nu} = \begin{pmatrix} 0 & B_z & -B_y & -iE_x \\ -B_z & 0 & B_x & -iE_y \\ B_y & -B_x & 0 & -iE_z \\ iE_x & iE_y & iE_z & 0 \end{pmatrix} \quad . \tag{2.32}$$

Als vernünftig definierter Tensor muß der Feldtensor f sich bei einer Lorentz-Transformation entsprechend den Regeln für Matrix-Transformation verhalten und vorher und nachher Vierervektoren mit einander verknüpfen. Dabei transformieren sich offensichtlich E-Felder in B-Felder und umgekehrt: E und B sind verschiedene Formen des gleichen Feldes. Deshalb ist es vom Standpunkt der Relativitätstheorie nicht zweckmäßig, E und B mit verschiedenen Einheiten zu messen; viele Relativisten setzen sogar $c = 1$ und messen Ort und Zeit in der gleichen Einheit.

Es gibt also keinen Widerspruch zwischen dem Magneten, der sich in eine Spule hineinbewegt, und der Spule, die sich auf den Magneten hinbewegt ohne E-Feld: Die Aufteilung der elektromagnetischen Effekte auf E und B hängt vom Bezugssystem ab. Ohne Bewegung gibt es nur das E-Feld, und so ist das B-Feld die relativistische Korrektur zum elektrischen Feld. Bei einer dreidimensionalen Koordinaten-Transformation dreht sich E wie ein dreidimensionaler Vektor, da E eine Zeile oder Spalte des Feldtensors f darstellt. B dagegen ist kein anständiger (polarer) Vektor, sondern eine antisymmetrische 3×3 Matrix, wie in (2.32) zu sehen.

Um zu zeigen, daß die in (2.32) definierten Größen E und B wirklich elektrisches und magnetisches Feld darstellen, müssen wir noch die Maxwell-Gleichungen daraus ableiten. Dies gelingt mit den Rechenregeln

$$\sum_\nu \frac{\partial f_{\mu\nu}}{\partial x_\nu} = (4\pi/c)j_\mu \quad \text{und} \quad \frac{\partial f_{\mu\nu}}{\partial x_\lambda} + \frac{\partial f_{\nu\lambda}}{\partial x_\mu} + \frac{\partial f_{\lambda\mu}}{\partial x_\nu} = 0 \quad .$$

Die Viererkraftdichte, deren erste drei Komponenten ϱE ist bei ruhenden Ladungen, ist allgemein in ihrer μ-ten Komponente durch $\sum_\nu f_{\mu\nu} j_\nu / c$ gegeben, was zur Lorentz-Kraft proportional zu $E + v \times B/c$ führt und die Bezeichnung Feldtensor für $f_{\mu\nu}$ rechtfertigt. In diesem Sinne sind also die Maxwell-Gleichungen die relativistischen Verallgemeinerungen des Coulomb-Gesetzes. Relativitätstheorie führt nicht zu Korrekturen an den Maxwell-Gleichungen, sondern erklärt sie nur besser. Transformatoren arbeiten relativistisch!

2.3.3 Energie, Masse und Impuls

Nachdem wir den Vorteil der Viererschreibweise bei E und B kennengelernt haben, wenden wir sie jetzt nochmals auf die Mechanik an, wo wir $(x_\mu) = (r, ict)$ schon kennen. (Die runden Klammern bei (x_μ) und anderen Vierervektoren sollen den Vierervektor als Ganzes von seinen vier Komponenten x_μ unterscheiden.) Andere Vierervektoren müssen sich bei einer Lorentz-Transformation genau wie dieser Ort-Zeit-Vektor transformieren. Ein Viererskalar wie $\sum x_\mu^2 = r^2 - c^2 t^2$ dagegen ändert sich bei einer Lorentz-Transformation gar nicht. Das Produkt eines Vektors mit einem Skalar ist wieder ein Vektor.

Da die Zeit t kein Skalar ist, wäre (dx_μ/dt) kein Vierervektor. Aber $r^2 = t^2 - r^2/c^2$ ist ein Skalar, und das Gleiche gilt vom Differential

$$d\tau = \sqrt{dt^2 - dr^2/c^2} = \frac{\sqrt{-\sum dx_\mu^2}}{c} = \frac{dt}{\gamma} \quad ,$$

der „Eigenzeit". Für Vierergeschwindigkeit und Viererbeschleunigung differenzieren wir daher nach τ und nicht nach t:

Vierergeschwindigkeit $(v_\mu) = (dx_\mu/d\tau) = \gamma(v, ic)$

Viererbeschleunigung $(a_\mu) = (dv_\mu/d\tau) = \gamma d(\gamma(v, ic))/dt \quad .$

Hierbei ist die dreidimensionale Geschwindigkeit v wie üblich die Ableitung des Ortes nach t, nicht nach τ. Die Viererkraft ist nun

$$(F_\mu) = (a_\mu)m_0 = m_0\gamma\frac{d(\gamma(v,ic))}{dt} = \left(F, i\,c\,m_0\frac{d\gamma}{dt}\right)\gamma$$

mit der Ruhemasse m_0. Definiert man eine geschwindigkeitsabhängige Masse[2]

$$m = \gamma m_0 = m_0/\sqrt{1 - v^2/c^2} \quad ,$$

so ist die vierte Komponente der Viererkraft dann $ic\gamma dm(v)/dt$, und die dreidimensionale Kraft F

$$F = \frac{d(mv)}{dt} \quad \text{mit} \quad m = m(v) = \gamma m_0 \quad . \tag{2.33}$$

Den Viererimpuls definiert man als

$$(p_\mu) = (v_\mu)m_0 = m_0\gamma(v,ic) = (mv, i\,c\,m) = (p, i\,c\,m)$$

mit dem dreidimensionalen Impuls $p = mv = \gamma m_0 v$. Die Masse wird also um so größer, je größer die Geschwindigkeit v ist, und divergiert bei $v = c$. Deshalb kostet es mehr und mehr Anstrengung ein Teilchen auf Geschwindigkeiten nahe c zu beschleunigen, was sich in den Steuergeldern für DESY (Hamburg) und andere Beschleuniger bemerkbar macht. Newtons Bewegungsgesetz gilt jetzt nur noch in der Form $F = dp/dt$ und nicht mehr in der Form $F = m\,dv/dt$.

Das Skalarprodukt $\sum_\mu p_\mu^2 = m_0^2\gamma^2(v^2 - c^2) = -m_0^2c^2$ ist konstant. Das Gleiche gilt von $\sum_\mu v_\mu^2 = -c^2$. Damit gilt auch

$$0 = \frac{d(\sum v_\mu^2)}{d\tau} = \sum 2v_\mu\frac{dv_\mu}{d\tau} = \sum 2v_\mu a_\mu$$

$$= \frac{2}{m_0}\sum v_\mu F_\mu = \frac{2\gamma^2}{m_0}\left(vF - c^2\frac{dm}{dt}\right) \quad ,$$

oder

$$\text{Leistung} \quad vF = \frac{d(mc^2)}{dt} \quad .$$

Wegen Leistung = Energieänderung pro Zeiteinheit gilt daher für die Energie E die wohl berühmteste Formel der Relativitätstheorie:

$$E = mc^2 \quad , \tag{2.34}$$

hier abgeleitet mit sanfteren Methoden als der Wasserstoffbombe. Damit ist der Viererimpuls erkannt als Kombination von Impuls und Energie: $(p_\mu) = (p, iE/c)$ und das Skalarprodukt $\sum p_\mu^2 = -m_0^2c^2$ ist $p^2 - E^2/c^2$:

$$E = \sqrt{(m_0c^2)^2 + p^2c^2} \quad . \tag{2.35}$$

---

[2] Auf die Kritik dieser Darstellung durch L.B. Okun, Physics Today, Juni 1989, S. 31, und Mai 1990, S. 13, machte mich E. Mielke aufmerksam.

Für hohe Geschwindigkeiten überwiegt hier der Impulsterm: $E = pc$ wie für Photonen (Lichtquanten), Neutrinos, und Elektronen im GeV-Bereich. Bei niedrigen Geschwindigkeiten entwickeln wir die Wurzel gemäß $(a^2 + \varepsilon)^{1/2} = a + \varepsilon/2a$:

$$E = m_0 c^2 + p^2/2m_0 + \ldots = E_0 + E_{\text{kin}} \quad .$$

Die Formel der Klassischen Mechanik, kinetische Energie $= p^2/2m$, ist also nicht falsch, sondern nur der Grenzfall der Relativitätstheorie für kleine Geschwindigkeiten.

3. Quantenmechanik

Schon die Relativitätstheorie erschütterte die Grundlagen des Naturverständnisses: Zwei Ereignisse, die für einen Beobachter zur gleichen Zeit stattfinden, sind für einen anderen Beobachter nicht gleichzeitig. Die Quantenmechanik geht noch weiter: Ein Teilchen ist gar nicht mehr zu einem bestimmten Zeitpunkt an einem bestimmten Ort; stattdessen gilt Heisenbergs Unschärferelation. In der Relativitätstheorie kommen die Schwierigkeiten daher, daß die Lichtgeschwindigkeit endlich ist und daß man deswegen zwei weit voneinander entfernte Ereignisse je nach Beobachter als gleichzeitig oder als nacheinander sieht. In der Quantenmechanik kommt die Unschärfe daher, daß man nur noch genau definierte Wahrscheinlichkeiten hat für das Eintreffen eines Teilchens oder anderen Ereignisses. Sowohl in der Relativitätstheorie als auch in der Quantenmechanik ist es daher sinnvoll, nur solche Größen und Begriffe zu verwenden, die man im Prinzip auch messen kann.

3.1 Grundbegriffe

3.1.1 Einführung

Brauchen wir eigentlich Quantenmechanik, einmal abgesehen vom Zwang eines Übungsscheins? Eine Reihe wichtiger Fragen konnten wir bisher nicht lösen:

Atomstruktur. Warum kreisen die Elektronen um den Atomkern, ohne in ihn hineinzufallen? Nach der Antennenphysik in der Elektrodynamik muß die schnelle Kreisbewegung der Elektronen zur Abstrahlung elektromagnetischer Wellen führen, und die kinetische Energie des Elektrons würde dadurch extrem schnell aufgebraucht. Ganz offensichtlich gibt es aber Atome, die eine Lebensdauer von mehr als einer Pikosekunde haben. Warum?

Photoeffekt. Warum verwendet man in der photographischen Dunkelkammer rotes Licht? Nach der klassischen Elektrodynamik variiert die Energiedichte $(E^2 + B^2)/8\pi$ kontinuierlich mit der Feldstärke, und durch hinreichend große Lichtintensität sollte man auch mit rotem Licht Elektronen aus Metallen herausschlagen können, oder physikalisch-chemische Prozesse in der photographischen Schicht initiieren. Im Experiment aber scheint Licht der Frequenz ν nur in Energiequanten der Stärke $h\nu$ anzukommen, mit dem sehr kleinen Planckschen Wirkungsquantum h. Dieses Energiepaket $h\nu$ reicht bei rotem Licht (niedrige Frequenz ν) noch nicht aus, während man mit violettem Licht (doppelt so hohe Frequenz) die Energieschranke überspringen kann. Warum ist die Energie so gequantelt?

Elektronenmikroskop. In einem Lichtmikroskop kann man bekanntlich keine Strukturen sehen, die kleiner sind als die Wellenlänge des Lichtes. Elektronen andererseits sind punktförmig, also sollte man mit ihnen beliebig kleine Strukturen beobachten können. So aber funktioniert das Elektronenmikroskop nicht: Die Elektronen scheinen sich dort wie Wellen zu verhalten mit einer Wellenlänge, die um so kleiner ist, je höher die elektrische Spannung am Elektronenmikroskop ist. Sind die Elektronen nun Teilchen oder sind sie Wellen?

Unschärfe. Was hat es mit Heisenbergs Unschärferelation auf sich? Hatte Einstein recht, als er meinte: Gott würfelt nicht? Oder ist alles im Leben nur durch Wahrscheinlichkeiten vorbestimmt? Warum zerfällt von einer großen Zahl identischer radioaktiver Atome das eine bald, das andere erst nach langer Zeit, wie man durch das Knacken eines Geigerzählers leicht hören kann?

Nach unserem derzeitigen Verständnis wird die Wirklichkeit durch eine komplexe Wellenfunktion $\Psi = \Psi(r, t)$ beschrieben, die mit der Wahrscheinlichkeit zusammenhängt, ein Teilchen zur Zeit t am Ort r zu finden. Die physikalischen Meßgrößen wie z.B. der Impuls des Teilchens sind aus Ψ ausrechenbare Meßwerte. Ein Elektron kann, je nach Versuchsaufbau, durch eine ebene Welle $\Psi \sim \exp(iQr)$, eine Deltafunktion $\Psi \sim \delta(r)$, oder eine zwischen diesen beiden Extremen liegende Funktion Ψ beschrieben werden. Im ersten Fall verhält sich das Elektron wie eine Welle, im zweiten wie ein Teilchen, und allgemein liegt sein Verhalten zwischen beiden Extremen.

3.1.2 Mathematische Grundlagen

Für diejenigen Leser, die sich nicht mehr sehr gut an lineare Algebra erinnern, werden hier einige Grundlagen wiederholt; die anderen lernen nur eine neue Notation für bekannte Dinge kennen. Allgemein ist der Quantenmechanik-Teil der mathematisch anspruchsvollste dieser Vorlesung, während man für die nachfolgende Statistische Physik besonders wenig Mathematik braucht.

Im d-dimensionalen Raum komplexer Zahlen $z = a + ib$ ist $z^* = a - ib$ das konjugierte Komplexe zu z, a der Realteil Re z und b der Imaginärteil Im z von z. Wie im Reellen wird eine Matrix f mit einem Vektor Ψ multipliziert gemäß $\sum_k f_{ik}\Psi_k$ für Komponente i. Das Skalarprodukt zweier Vektoren Φ und Ψ schreiben wir jetzt als $\langle\Phi|\Psi\rangle = \sum_k \Phi_k^*\Psi_k$; man beachte $\langle\Psi|\Phi\rangle = \langle\Phi|\Psi\rangle^*$ wegen der komplexen Zahlen. Die Norm $\langle\Psi|\Psi\rangle$ ist stets reell und nie negativ; meist setzen wir $\langle\Psi|\Psi\rangle = 1$. Die zur Matrix f hermitesch konjugierte Matrix $f^\dagger$ hat die Matrixelemente $f_{ik}^\dagger = f_{ki}^*$. Ist eine Matrix zu sich selbst hermitesch konjugiert, $f_{ik} = f_{ki}^*$, so heißt sie hermitesch. Ähnlich wie die meisten reellen Matrizen der Physik symmetrisch sind, sind die meisten Matrizen der Quantenmechanik hermitesch. Für hermitesche f gilt $\langle\Phi|f\Psi\rangle = \langle f\Phi|\Psi\rangle$, und wir bezeichnen beides mit der symmetrischen Notation $\langle\Phi|f|\Psi\rangle$ für $\sum_{ik} \Phi_i^* f_{ik}\Psi_k$.

Wenn $f|\Psi\rangle = \text{const}\,|\Psi\rangle$ ist, so nennen wir diese Konstante einen Eigenwert und das zugehörige $|\Psi\rangle$ einen Eigenvektor; die Multiplikation mit der Matrix f bedeutet dann eine Änderung der Länge, nicht aber der Richtung dieses Eigenvektors. Die Eigenwerte hermitescher Matrizen sind stets reell, und ihre Eigenvektoren können als orthonormiert gewählt werden: $\langle \Psi_i | \Psi_k \rangle = \delta_{ik}$ mit dem Kronecker-Symbol: $\delta_{ik} = 1$ wenn $i = k$ und 0 sonst. Statt Ψ_k schreiben wir auch einfach $|k\rangle$, so daß $f|k\rangle = f_k|k\rangle$ die Eigenwertgleichung ist. Wenn $\Psi = |\Psi\rangle$ beliebig sein soll, schreiben wir auch $|\ \rangle$. Klausurlösungen, die in diesem Sinne nur aus leeren Seiten bestehen, werden aber nicht stets als richtige Lösungen jeder beliebigen Prüfungsaufgabe gewertet. Experten verstehen unter dieser von Dirac stammenden Schreibweise ein allgemeineres Konzept der Quantenmechanik, um das wir uns hier drücken.

Matrizen werden multipliziert gemäß

$$(fg)_{ik} = \sum_j f_{ij} g_{jk} \quad ;$$

$fg|\Psi\rangle$ bedeutet also, daß erst g auf den Vektor Ψ angewendet wird, dann f auf das Resultat. Es gilt $(fg)^\dagger = g^\dagger f^\dagger$; fg ist meist verschieden von gf. Der Kommutator

$$[f, g] = fg - gf$$

zweier Matrizen wird entscheidend wichtig für die Quantenmechanik sein; wären alle Kommutatoren Null, gäbe es keine Quanteneffekte.

Im *Hilbertraum* setzen wir: Dimensionalität $d = \infty$, und, statt über den Index k der Komponenten zu summieren bei Skalarprodukt oder Multiplikation mit Matrizen, integrieren wir über ein kontinuierliches k von $-\infty$ bis $+\infty$. Zu diesem Zweck nennen wir k in x um, also z.B.

$$\langle \Phi | \Psi \rangle = \int_{-\infty}^{\infty} \Phi^*(x)\Psi(x)dx \quad .$$

Die vorherigen Matrizen sind jetzt lineare Operatoren, die auf die Funktionen $|\Phi\rangle = \Phi(x)$ wirken; der bekannteste Operator ist der Gradient (Nabla-Operator ∇). Das Produkt zweier Operatoren entspricht wieder dem Hintereinander-Ausführen der beiden Operationen. Die Exponentialfunktion eines Operators f stellt man sich in diesem Sinne als Potenzreihe des Operators vor. Mathematiker können natürlich den Hilbertraum viel sorgfältiger definieren; ich finde es am bequemsten, bei Zweifeln wieder an endliche Matrizen in d Dimensionen zu denken.

3.1.3 Grundaxiome der Quantentheorie

Streng axiomatisch bauen wir die Quantenmechanik hier nicht auf, nur etwas axiomatischer als die klassische Mechanik. Wir gehen also jetzt von einigen Postulaten aus, mit denen wir recht weit kommen; erst sehr viel später brauchen wir noch weitere Postulate. Unsere drei Grundaxiome sind hier:

a) Der Zustand eines Objektes wird beschrieben durch seine Wellenfunktion $\Psi = \Psi(x, t)$.

b) $|\Psi|^2$ ist die Wahrscheinlichkeit dafür, daß das Objekt zur Zeit t die Koordinate x hat.

c) Den physikalisch beobachtbaren Größen f entsprechen lineare hermitesche Operatoren f, so daß

$$\overline{f} = \langle \Psi | f | \Psi \rangle$$

der experimentelle Mittelwert („Erwartungswert") dieser Größe ist; die einzelnen Meßwerte f_n für diese Größe sind Eigenwerte des Operators f.

In diesen Axiomen bedeutet x die Gesamtheit aller Ortskoordinaten, also (x, y, z) bei einem Teilchen. In diesem Sinne ist die Integration beim Skalarprodukt $\langle \Phi | \Psi \rangle$ eine Integration über alle Ortsvariablen x. Andere als lineare hermitesche Operatoren brauchen wir nicht zur Charakterisierung physikalischer Größen; manchmal wird der Operator f durch ein Dach $\hat{\ }$ von der Meßgröße f unterschieden:

$$\overline{f} = \langle \Psi | \hat{f} | \Psi \rangle \quad .$$

Wegen der Interpretation von $|\Psi|^2$ als Wahrscheinlichkeit (genauer: Wahrscheinlichkeitsdichte) muß Ψ normiert sein: $\langle \Psi | \Psi \rangle = 1$. Wenn die Wellenfunktion Ψ eine Eigenfunktion zum Operator f ist, also $f\Psi = f_n\Psi$, dann tritt als Meßwert nur dieser eine Eigenwert f_n auf, da $\langle \Psi | f | \Psi \rangle = \langle \Psi | f_n\Psi \rangle = f_n \langle \Psi | \Psi \rangle = f_n$. Ist dagegen Ψ keine Eigenfunktion, so treten bei der Messung i.a. alle möglichen Eigenwerte des Operators f auf; letzteres zeigt die berühmte Unschärfe der Quantenmechanik. Ist die Wellenfunktion eine Eigenfunktion zum Operator f, so tritt dagegen im Meßwert von f keine Unschärfe auf: f ist scharf definiert, alle auftretenden Meßwerte sind gleich.

Betrachten wir beispielsweise ein freies Teilchen im Volumen V. Mit dem Ansatz einer ebenen Welle,

$$\Psi = \mathrm{const}\, e^{\mathrm{i}(Qr - \omega t)} \quad ,$$

wird das Teilchen beschrieben (dieser Ansatz löst die spätere Schrödingergleichung). Daher kommt übrigens auch der Name „Wellenfunktion", obwohl (leider) Ψ bei Teilchen mit Wechselwirkung gar keine ebene Welle mehr ist. Der Absolutbetrag dieser Exponentialfunktion ist 1, und so gibt die Normierung

$$1 = \langle \Psi | \Psi \rangle = \int |\mathrm{const}|^2 1\, d^3 r = |\mathrm{const}|^2 V \quad ,$$

also const $= 1/\sqrt{V}$. Das Teilchen ist also überall mit der gleichen Wahrscheinlichkeit anzutreffen.

Einstein und viele andere akzeptierten nie oder nur zögernd diese Interpretation als Wahrscheinlichkeit. Das Schrödingersche Katzenparadoxon sollte die Interpretation widerlegen: Wenn man eine Katze Ψ in einen Käfig V sperrt, den Käfig mit einer Decke zudeckt, und dann in der Käfigmitte eine Trennwand einschiebt, so muß die Katze in einer der beiden Hälften sein. Ψ aber ist in beiden Hälften gleich groß, weil wir ja nicht wissen, wo die Katze ist. Wird nun eine Hälfte nach Australien verschickt, wo stellt man dann das Katzenfutter hin? Früher diskutierte man das heftig; heute verhindern dieses Experiment die Tierschutzbeauftragten der Universitäten.

Mit welcher Wahrscheinlichkeit w_n tritt der Eigenwert f_n bei einer Messung der Größe f auf? Zu diesem Zweck entwickeln wir Ψ nach dem orthonormierten System der Eigenfunktionen Ψ_n des Operators f: $\Psi = \sum_n a_n \Psi_n$.

Der Erwartungswert $\sum_n w_n f_n$ für f ist dann

$$\overline{f} = \langle \Psi | f | \Psi \rangle = \langle \sum_n a_n \Psi_n | f | \sum_m a_m \Psi_m \rangle = \sum_{nm} a_n^* a_m f_m \langle \Psi_n | \Psi_m \rangle$$

$$= \sum_n |a_n|^2 f_n \quad ,$$

so daß offensichtlich $w_n = |a_n|^2$ die gesuchte Wahrscheinlichkeit ist. Die Koeffizienten a_n wiederum lassen sich berechnen, indem wir die Definitionsgleichung $\Psi = \sum_n a_n \Psi_n$ skalar mit $\langle \Psi_m |$ multiplizieren:

$$\langle \Psi_m | \Psi \rangle = \sum_n \langle \Psi_m | a_n | \Psi_n \rangle = \sum_n a_n \delta_{mn} = a_m \quad .$$

Genau wie bei den Komponenten eines dreidimensionalen Vektors gilt also

$$\Psi = \sum_n \Psi_n \langle \Psi_n | \Psi \rangle \quad \text{oder} \quad | \ \rangle = \sum_n |n\rangle \langle n| \ \rangle$$

für beliebiges $\Psi = | \ \rangle$, oder kurz: Die Summe $\sum |n\rangle \langle n|$ ist der Einheitsoperator. Übrigens ist Fourier-Transformation nichts anderes als genau dieser Trick mit $\Psi_n \sim \exp(inx)$, wobei n dann der Wellenvektor ist.

Wann können zwei verschiedene Meßgrößen f und g beide scharf definiert sein, und zwar nicht nur für ein bestimmtes Ψ, sondern für alle Ψ? Nach dem oben Gesagten müssen dazu alle Eigenfunktionen zum Operator f auch Eigenfunktionen zum Operator g sein: $f|n\rangle = f_n|n\rangle$ und $g|n\rangle = g_n|n\rangle$ mit den gleichen Eigenfunktionen $\Psi_n = |n\rangle$). Also gilt mit $\Psi = \sum |n\rangle \langle n|\Psi \rangle$ für den Kommutator:

$$[g, f]\Psi = \sum_n (gf - fg)|n\rangle \langle n|\Psi \rangle = \sum_n (g_n f_n - f_n g_n)|n\rangle \langle n|\Psi \rangle = 0$$

für jedes Ψ, also $[g, f] = 0$: Die beiden Operatoren f und g müssen vertauschbar sein; dann und nur dann sind die zugehörigen Meßgrößen gleichzeitig scharf definiert, und man hat ein gemeinsames System von Eigenfunktionen. Heisenbergs Unschärferelation wird uns mitteilen, wie groß die beiden Unschärfen sind, wenn $[f, g]$ nicht Null, sondern $\pm i\hbar$ ist.

Zusammenfassung. Mathematischer Formalismus der Quantenmechanik:

Skalarprodukt	$\langle \Phi | \Psi \rangle = \int \Phi^*(x)\Psi(x)dx$	
Normierung	$1 = \langle \Psi | \Psi \rangle = \int \Psi^*(x)\Psi(x)dx$	
Erwartungswert	$\overline{f} = \langle \Psi | \hat{f} | \Psi \rangle = \int \Psi^*(x)\hat{f}\Psi(x)dx$	
Entwicklung	$\Psi = \sum_n \Psi_n \langle \Psi_n | \Psi \rangle$ oder $| \ \rangle = \sum_n |n\rangle \langle n| \ \rangle$	
Orthonormiertheit	$\langle n|m \rangle = \int \Psi_n^*(x)\Psi_m(x)dx = \delta_{nm}$	(3.1)
Eigenwert	$\hat{f}\Psi_n = f_n\Psi_n$	
Hermitezität	$\hat{f}^\dagger = \hat{f}$ oder $\langle \Psi | \hat{f}\Phi \rangle = \langle \Psi | \hat{f} | \Phi \rangle = \langle \hat{f}\Psi | \Phi \rangle$	
Wahrscheinlichkeit	$w_n = |\langle \Psi_n | \Psi \rangle|^2 = |\int \Psi_n^*(x)\Psi(x)dx|^2$.	

Wie versprochen werden wir das Symbol ^ für Operatoren meist weglassen, und auch nur selten die $|n\rangle$-Notation verwenden.

3.1.4 Operatoren

Wir brauchen hier nur zwei Operatoren; davon ist einer trivial:

Ortsoperator $\qquad \hat{r}\Psi = r\Psi$

Impulsoperator $\quad \hat{p}\Psi = -i\hbar\dfrac{\partial\Psi}{\partial r} = -i\hbar\nabla\Psi \quad .$ $\qquad\qquad\qquad\qquad$ (3.2)

Der Ortsoperator ist also die Multiplikation mit den Ortskoordinaten, der Impulsoperator ist, bis auf Faktoren, der Gradient. Die anderen Operatoren wie Drehimpuls $r \times p$ lassen sich hieraus ableiten. Besonders wichtig ist der Hamiltonoperator $\mathcal{H}$, der die Energie darstellt, ausgedrückt als Funktion von Orts- und Impuls-Operator. Für ein einzelnes freies Teilchen gilt $\mathcal{H} = p^2/2m$, oder

$$\hat{\mathcal{H}} = (-i\hbar\nabla)^2/2m = -(\hbar^2/2m)\nabla^2 \quad .$$

Diese Form als Laplace-Operator brauchen wir in der Quantenmechanik viel häufiger als die ursprüngliche Definition des Impulsoperators.

Die Größe $\hbar = h/2\pi$ wird öfter gebraucht als das alte Plancksche Wirkungsquantum h:

$$\hbar = 1.054 \times 10^{-27}\,\text{erg}\cdot\text{s} \quad . \qquad\qquad\qquad\qquad (3.3)$$

Die Eigenfunktionen des Ortsoperators sollen einen scharf definierten Ort geben und sind daher Deltafunktionen:

$$\hat{r}\Psi_n = r_n\Psi_n \quad , \quad \text{also} \quad \Psi \sim \delta(r - r_n)$$

mit beliebigem Eigenwert r_n. Eigenfunktionen zum Impulsoperator $\hat{p}$ müssen

$$-i\hbar\nabla\Psi = p\Psi \quad , \quad \text{also} \quad \Psi \sim \exp{(i pr/\hbar)}$$

erfüllen: Die Eigenfunktionen des Impulses sind ebene Wellen. Der Wellenvektor Q ist zum Impuls-Eigenwert p seit 1923 durch die Beziehung von Louis de Broglie (1892–1987) gekoppelt:

$$p = \hbar Q \quad , \qquad\qquad\qquad\qquad (3.4a)$$

ganz analog zu

$$E = \hbar\omega \quad , \qquad\qquad\qquad\qquad (3.4b)$$

Einsteins Beziehung von 1905 zwischen Energie E und Frequenz ω (s.u.); man kann beides auch als $p = h/\lambda$ und $E = h\nu$ schreiben.

Teilchen mit einem scharfen Impuls werden also durch ebene Wellen in Ψ beschrieben. Haben sie dagegen einen festen Ort, so ist Ψ ein Deltafunktion. Der Teilchen-Welle-Dualismus kommt also daher, daß die Wellenfunktion Ψ eines Teilchens je nach Aufbau des Experiments manchmal mehr eine Deltafunktion (mit scharfem Ort) und manchmal mehr eine ebene Welle (mit scharfem Impuls) ist;

meistens ist sie keiner dieser zwei Extremfälle. Ort und Impuls können nach dieser Überlegung kaum gleichzeitig scharf definiert sein, und das sieht man auch aus dem Kommutator für eine Dimension

$$[x,p]\Psi = -\mathrm{i}\hbar\left[x,\frac{\partial}{\partial x}\right]\Psi = -\mathrm{i}\hbar\left(x\frac{\partial\Psi}{\partial x} - \frac{\partial(x\Psi)}{\partial x}\right) = \mathrm{i}\hbar\Psi \quad ,$$

oder

$$[x_i, p_k] = \mathrm{i}\hbar\delta_{ik} \tag{3.5}$$

in drei Dimensionen.

3.1.5 Heisenbergsche Unschärferelation

Falls die Operatoren f und g zueinander konjugiert sind, d.h. wenn ihr Kommutator $[f,g] = \pm\mathrm{i}\hbar$ ist, dann gilt für die zugehörigen Unschärfen Δf und Δg:

$$\Delta f\,\Delta g \geq \hbar/2 \quad . \tag{3.6}$$

Dabei ist $(\Delta f)^2 = \langle\Psi|(\hat{f} - \overline{f})^2|\Psi\rangle$ der Erwartungswert, im Sinne von (3.1), der mittleren quadratischen Abweichung, wie von der Fehlerrechnung bekannt. Diese Unschärferelation (Heisenberg, 1927) ist vielleicht die fundamentalste Abweichung der Quantenmechanik von der Klassischen Mechanik.

Ihr Beweis benutzt die Schwarzsche Ungleichung der linearen Algebra,

$$\langle\Psi|\Psi\rangle\langle\Phi|\Phi\rangle \geq |\langle\Psi|\Phi\rangle|^2 \quad ,$$

die bei dreidimensionalen Vektoren trivial ist: $\Psi\Phi \geq |\Psi\Phi\cos\alpha|$ mit Winkel α zwischen Ψ und Φ. Wir verwenden

$$F = \hat{f} - \overline{f} \quad , \quad G = \hat{g} - \overline{g} \quad , \quad \Psi_1 = F\Psi \quad , \quad \Psi_2 = G\Psi \quad .$$

Also

$$(\Delta f)^2(\Delta g)^2 = \langle\Psi|FF|\Psi\rangle\langle G\Psi|G\Psi\rangle$$
$$= \langle\Psi_1|\Psi_1\rangle\langle\Psi_2|\Psi_2\rangle \geq |\langle\Psi_1|\Psi_2\rangle|$$

und

$$\langle\Psi_1|\Psi_2\rangle = \langle\Psi|FG|\Psi\rangle = \langle\Psi|[F,G] + GF|\Psi\rangle$$
$$= \pm\mathrm{i}\hbar + \langle\Psi|GF|\Psi\rangle = \pm\mathrm{i}\hbar + \langle\Psi_1|\Psi_2\rangle^* \quad ,$$

entsprechend der Voraussetzung $[f,g] = \pm\mathrm{i}\hbar$. Somit ist $\pm\mathrm{i}\hbar/2$ der Imaginärteil von $\langle\Psi_1|\Psi_2\rangle$. Der Betrag einer komplexen Zahl ist nie kleiner als der Betrag ihres Imaginärteils: $|\langle\Psi_1|\Psi_2\rangle| \geq \hbar/2$, oder $\Delta f\,\Delta g \geq \hbar/2$, wie behauptet. Ein auf 1 Angstrom lokalisiertes Elektron hat daher mindestens eine Impulsunschärfe $\Delta p = \hbar/2\Delta x$, die einer Geschwindigkeit von einem Promille der Lichtgeschwindigkeit entspricht. Also können wir bei der Atomstruktur relativistische Effekte zunächst vernachlässigen. Je schwerer ein Teilchen ist, umso weniger merkt man seine Unschärfe; wer seinen Mercedes im Parkverbot abstellt, kann sich nicht auf Werner Heisenberg (1901–1976) berufen.

Wem obige Ableitung zu formal ist, möge stattdessen $\Psi(x)$ in einer Dimension als Gaußkurve $\exp(-x^2/2\sigma^2)$ annehmen und dann Fourier-Transformieren. Die Fourierkomponenten bilden als Funktion des Wellenvektors Q wieder eine Gaußkurve mit einer Breite proportional zu $1/\sigma$. Der Breite σ im Ortsraum entspricht also die Breite $1/\sigma$ im Wellenvektorraum oder die Breite $\hbar/\sigma$ im Impulsraum ($p = \hbar Q$). Für $\sigma \to 0$ bekommen wir eine Deltafunktion am Ort („Teilchen", Konstante im Impulsraum), für $\sigma \to \infty$ bekommen wir eine Konstante im Ortsraum („Welle", Deltafunktion im Impulsraum). Allgemein liegt die Gaußfunktion zwischen den beiden Extremen von Teilchen und Welle.

3.2 Schrödingergleichung

3.2.1 Die Grundgleichung

Quantenmechanik beruht auf der zeitabhängigen Schrödingergleichung

$$\hat{\mathcal{H}}\Psi = i\hbar\frac{\partial\Psi}{\partial t} \qquad (3.7)$$

mit dem Hamiltonoperator $\hat{\mathcal{H}}$; dies ist die Energie, geschrieben als Funktion von Impuls (-Operator) und Ort. Wir postulieren sie hier als ein weiteres Grundaxiom, aber man kann sie sich verständlich machen, wenn man mit Einstein an „Energie/h = Frequenz" glaubt. Da der Hamiltonoperator die Dimension einer Energie hat, muß auf der rechten Seite in (3.7) die zeitliche Ableitung der Wellenfunktion mit h oder $\hbar$ multipliziert werden, denn jede zeitliche Ableitung gibt die Dimension einer Frequenz hinzu.

Unerklärt sind nach diesem Dimensionsargument dann nur noch dimensionslose Faktoren wie i hier. Zum Beispiel gilt für ein einzelnes Teilchen mit potentieller Energie $U(r)$ in drei Dimensionen:

$$\mathcal{H} = \frac{p^2}{2m} + U = -\hbar^2\frac{\nabla^2}{2m} + U \to -\hbar^2\frac{\nabla^2\Psi}{2m} + U(r)\Psi = i\hbar\frac{\partial\Psi}{\partial t} \quad .$$

In dieser Allgemeinheit handelt es sich um eine lineare Differentialgleichung mit einem variablen Koeffizienten $U(r)$; sie kann am Computer gelöst werden. Einfacher wird es, wenn keine Kräfte da sind: $U = 0$ und $-\hbar^2\nabla^2\Psi/2m = i\hbar\ \partial\Psi/\partial t$. Hier sind ebene Wellen die Lösung:

$$\Psi \sim \exp(iQr - i\omega t) \quad \text{mit} \quad \hbar\omega = \frac{\hbar^2 Q^2}{2m} \quad ; \qquad (3.8)$$

der erst so harmlos scheinende Faktor i vor $\partial\Psi/\partial t$ macht (3.7) drastisch verschieden von einer Diffusions- oder Wärmeleitungsgleichung und erzeugt Wellen ähnlich der Wellengleichung. Anders als bei der Wellengleichung ist aber $\omega \sim Q^2$, und nicht $\omega = cQ$. In diesem Beispiel ist $\hbar\omega (= p^2/2m)$ die Energie, und das gilt ganz allgemein.

In fast allen Anwendungen wird nämlich nicht (3.7) gelöst, sondern die Eigenwertgleichung (siehe Abschn. 3.1.2) für den Hamiltonoperator

$$\hat{\mathcal{H}}\Psi = E\Psi \qquad (3.9)$$

mit dem Eigenwert E, der Energie des Hamiltonoperators. Hat man eine solche Eigenfunktion Ψ gefunden, dann ist ihre Zeitabhängigkeit nach (3.7) ganz einfach:

$\Psi \sim \exp(-i\omega t)$ mit $\hbar\omega = E$, wie in (3.4b) schon behauptet. Die Zeitabhängigkeit von Ψ ist also nach Einstein gegeben, die Ortsabhängigkeit muß aus (3.9) mühsam herausgefunden werden. Wir nennen (3.9) die zeitunabhängige Schrödingergleichung.

Ein wichtiger Spezialfall betrifft das obige Einzelteilchen im Potential $U(r)$:

$$-\hbar^2 \frac{\nabla^2 \Psi}{2m} + U(r)\Psi = E\Psi \quad ; \tag{3.10}$$

dies ist die Form der Schrödingergleichung, die wir hier meist verwenden werden. Denn Probleme mit zwei oder mehr Teilchen, die aufeinander Kräfte ausüben, sind schwer oder gar nicht exakt zu lösen, und so beschäftigen sich typische Vorlesungen über Quantenmechanik vor allem mit der oft noch lösbaren (3.10). Die Quantenchemie beschäftigt sich mit der Berechnung komplizierter Moleküle durch die Schrödingergleichung, wobei die Kräfte zwischen den beteiligten Atomen entscheidend wichtig sind. Aber trotz des Einsatzes großer Computer löst man dabei (3.9) nicht direkt, sondern macht erst einmal geeignete Näherungen, die über den Stoff dieser Vorlesung hinausführen.

Wenn N Teilchen vorhanden sind, die *keine* Kräfte aufeinander ausüben, so kann man die Schrödingergleichung (3.9) durch einen Produktansatz lösen (da der Hamiltonoperator nun die Summe über Hamiltonoperatoren einzelner Teilchen ist): $\Psi(r_1, \ldots, r_N, t)$ ist das Produkt der für jedes Einzelteilchen geltenden Lösung von (3.10). Mathematikern sind solche Separationsansätze wohl bekannt.

Im Folgenden behandeln wir (3.10) für ein Teilchen in lösbaren Fällen, wobei wir besonders nach neuen Effekten suchen, die es in der klassischen Mechanik nicht gibt. Hierbei ist zu beachten, daß Ψ eine stetige Funktion ist; der Gradient von Ψ ist auch stetig, falls die potentielle Energie U endlich ist.

3.2.2 Eindringen

Eine Potentialstufe (Abb. 3.1) sei in einer Dimension gegeben durch $U(x < 0) = 0$; $U(x > 0) = U_0$. Von den zwei Fällen $E < U_0$ und $E > U_0$ betrachten wir nur den interessanteren: $E < U_0$. „Klassisch", also ohne Quanteneffekte, kann dann kein Teilchen in die Potentialstufe eindringen, quantenmechanisch geht das.

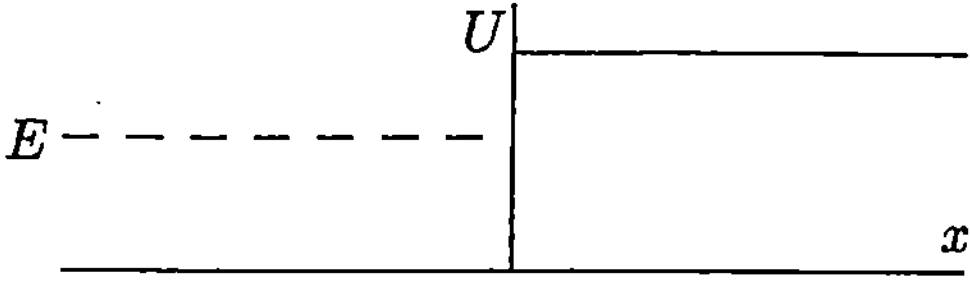

Abb. 3.1. Potentialverlauf bei einer Stufe. Klassisch werden alle Teilchen an der Kante reflektiert; quantenmechanisch dringen sie erst ein kleines Stück ein

Wir haben jetzt sowohl links als auch rechts die Schrödingergleichung

$$\frac{-\hbar^2 \Psi''}{2m} + U\Psi = E\Psi$$

zu lösen, und die beiden Lösungen dann bei $x = 0$ stetig aneinander anzufügen.

$$\begin{array}{c|c|c}
\textbf{Links} & & \textbf{Rechts} \\[4pt]
-\hbar^2\dfrac{\Psi''}{2m} = E\Psi & & -\hbar^2\dfrac{\Psi''}{2m} = (E - U_0)\Psi \\[4pt]
\Psi = A\mathrm{e}^{\mathrm{i}Qx} + B\mathrm{e}^{-\mathrm{i}Qx} & \text{Lösungsansatz} & \Psi = a\mathrm{e}^{\kappa x} + b\mathrm{e}^{-\kappa x} \\[4pt]
\hbar^2\dfrac{Q^2}{2m} = E & & \hbar^2\dfrac{\kappa^2}{2m} = U_0 - E
\end{array}$$

Jetzt müssen Ψ und die Ableitung Ψ' stetig sein bei $x = 0$:

$$A + B = a + b \quad , \quad \mathrm{i}Q(A - B) = \kappa(a - b) \quad .$$

Diese zwei Gleichungen können noch nicht die vier Unbekannten (A, B, a, b) bestimmen. Wir wissen aber darüber hinaus $\langle\Psi|\Psi\rangle = 1$. Zum einen also darf Ψ nicht exponentiell divergieren für $x \to \infty$; also muß $a = 0$ sein. Zum anderen interessieren uns mehr die Verhältnisse B/A und b/A als die Absolutwerte wie A (letztere können bestimmt werden, wenn wir festlegen, wie groß das „Volumen" links von der Stufe ist). Die Lösung von $1 + B/A = b/A$ und $\mathrm{i}Q(1 - B/A) = -\kappa b/A$ ist

$$\frac{B}{A} = \frac{1 - \mathrm{i}\kappa/Q}{1 + \mathrm{i}\kappa/Q} \quad , \quad \frac{b}{A} = \frac{2}{1 + \mathrm{i}\kappa/Q} \quad .$$

Klassisch bekommt man $b = 0$ (kein Eindringen), quantenmechanisch ist aber b von Null verschieden. Die Wellenfunktion kann also wie $\mathrm{e}^{-\kappa x}$ in den klassisch verbotenen Bereich eindringen. Die Eindringtiefe, also der Bereich, über den Ψ noch merklich positiv ist, ist

$$\frac{1}{\kappa} = \frac{\hbar}{\sqrt{2m(U_0 - E)}}$$

und um so größer, je kleiner die Masse ist. Wäre $\hbar = 0$, so wäre auch die Eindringtiefe Null. Dies ist ein Spezialfall des allgemeinen *Korrespondenzprinzips:* Im Grenzfall $\hbar \to 0$ muß sich wieder die klassische Mechanik ergeben. Bei einem Energieunterschied $U_0 - E$ von 1 Elektronenvolt liegt für ein Elektron die Eindringtiefe $1/\kappa$ im Angstrombereich.

Es sei noch $|B/A| = 1$ bemerkt: alle Teilchen, die von links kommen (A), werden in der Nähe der Stufe reflektiert und fliegen wieder nach links zurück (B). Kein Teilchen bleibt im verbotenen Bereich dauernd liegen. In diesem Sinne ist der oft mit R bezeichnete Reflexionskoeffizient Eins und der Transmissionskoeffizient $T = 1 - R$ ist Null. Für $E > U_0$ wäre klassisch $R = 0$ und $T = 1$: Alle Teilchen fliegen über die jetzt zu niedrige Potentialschwelle hinweg. Quantenmechanisch ergibt sich aber trotzdem eine endliche Reflexionswahrscheinlichkeit R.

3.2.3 Tunneleffekt

Jetzt setzen wir zwei gleichhohe Potentialschwellen zu einem Berg zusammen, wie er in Abb. 3.2 gezeigt ist. Von links kommen Teilchen an mit einer Energie E unterhalb der Energie des Potentialberges. Klassisch kommen dann keine Teilchen durch den

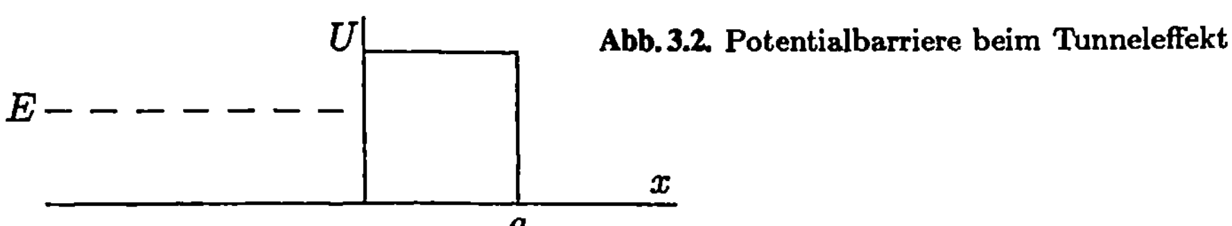

Abb. 3.2. Potentialbarriere beim Tunneleffekt

Berg hindurch, die Schrödingergleichung dagegen gibt eine endliche Wellenfunktion Ψ auch rechts, als ob die Teilchen durch den Berg hindurchtunneln würden. (Ähnlich schaffen ja auch manche Studenten ihre Prüfung, auch wenn am Anfang des Studiums die Barriere ihnen unüberwindlich erschien. Dieser Durchbruch beruht allerdings auf Arbeit, nicht auf $\hbar$.)

Die eindimensionale Schrödingergleichung $-\hbar^2\Psi''/2m = (E - U)\Psi$ ist nun in allen drei Abschnitten zu lösen:

Links	Mitte	Rechts
$-\hbar^2\dfrac{\Psi''}{2m} = E\Psi$	$-\hbar^2\dfrac{\Psi''}{2m} = (E - U_0)\Psi$	$-\hbar^2\dfrac{\Psi''}{2m} = E\Psi$
$\Psi = Ae^{iQx} + Be^{-iQx}$	$\Psi = \tilde{a}e^{\kappa x} + be^{-\kappa x}$	$\Psi = \alpha e^{iQx} + \beta e^{-iQx}$

wobei wieder gilt: $\hbar^2Q^2/2m = E$ und $\hbar^2\kappa^2/2m = U_0 - E$. Da nur von links Teilchen kommen sollen, gibt es rechts keine mit negativem Wellenvektor: $\beta = 0$. Wieder sind nur Amplitudenverhältnisse wie B/A interessant; diese vier Unbekannten bestimmen wir aus den vier Stetigkeitsbedingungen (für Ψ und Ψ' bei $x = 0$ und bei $x = a$):

$$\Psi : A + B = \tilde{a} + b \quad \text{und} \quad \tilde{a}e^{\kappa a} + be^{-\kappa a} = \alpha e^{iQa}$$

$$\Psi' : \quad iQ(A - B) = \kappa(\tilde{a} - b) \quad \text{und} \quad \kappa(\tilde{a}e^{\kappa a} - be^{-\kappa a}) = iQ\alpha e^{iQa} \quad .$$

Die Lösung ergibt nach einiger Rechnung (die man auch einem Computer mit algebraischer Formelmanipulation überlassen könnte):

$$\left|\frac{\alpha}{A}\right|^2 = \frac{4\lambda}{4\lambda + (e^{\kappa a} - e^{-\kappa a})^2(1 + \lambda)^2/4} \quad \text{mit} \quad \lambda = \frac{\kappa^2}{Q^2} \quad .$$

Für $\kappa a \to 0$ wird dies 1, für $\kappa a \to \infty$ ergibt sich $16\lambda\exp(-2\kappa a)/(1 + \lambda)^2$. Da die Wahrscheinlichkeiten stets proportional zum Quadrat von Ψ sind, ist die Transmissionswahrscheinlichkeit $T = 1 - R$ genau dieses Quadrat $|\alpha/A|^2$ des Amplitudenverhältnisses von auslaufender zu einlaufender Welle. Für große κa gilt also

$$T \sim e^{-2\kappa a}. \tag{3.11a}$$

Das hätte man sich natürlich auch schon vorher denken können. Wenn die Wellenfunktion Ψ mit $\exp(-\kappa x)$ in eine Barriere eindringt, dann ist dieser Faktor $\exp(-\kappa a)$ am Ende der Barriere mit Dicke a. Und da die Transmissionswahrscheinlichkeit T zu $|\Psi|^2$ proportional ist, gilt zwangsläufig (3.11a).

Eine praktische Anwendung ist das Tunnelelektronenmikroskop, für das Binnig und Rohrer 1986 den Nobelpreis erhielten. Elektronen tunneln von einer Oberfläche ins Freie, wenn ein elektrisches Feld sie aus einem Metall herauszieht. Rauhigkeiten der Oberfläche, wie sie einzelne Atome darstellen, ändern nach (3.11a) exponentiell stark den Tunnelstrom und sind so sichtbar zu machen.

3.2.4 Quasiklassische WKB-Näherung

Das einfache Resultat (3.11a) ist von den Physikern Wentzel, Kramers und Brillouin (den Beitrag der Mathematiker verschweigen wir natürlich) verallgemeinert worden für einen beliebig geformten Potentialberg. Wie bei der Approximation von Integralen üblich, können wir uns den Berg als eine Summe vieler Potentialstufen vorstellen (Abb. 3.3), die wir nachher infinitesimal klein annehmen. An jeder Stufe der Dicke $a_i = dx$ wird die Transmissionswahrscheinlichkeit um den Faktor $\exp(-2\kappa_i a_i)$ erniedrigt, wobei wieder $\hbar^2 \kappa_i^2 / 2m = U_i - E$ gilt. Die Summe all dieser Stufen gibt das Produkt

$$T = \prod_i T_i \sim \prod_i \exp(-2a_i \kappa_i) = \exp\left(-\sum_i 2a_i \kappa_i\right)$$

$$= \exp\left(-\int 2\kappa(x)dx\right) \quad ;$$

mit der Wirkung

$$S = \int \hbar\kappa(x)dx = \int \sqrt{2m(U(x) - E)}\,dx$$

gilt also

$$T \sim e^{-2S/\hbar} \quad (S \gg \hbar) \tag{3.11b}$$

für die Transmissionswahrscheinlichkeit. Die Integration geht dabei nur über den klassisch verbotenen Bereich $E < U(x)$. Man nennt diese Näherung quasiklassisch, weil sie nur für $\hbar \ll S$ gilt.

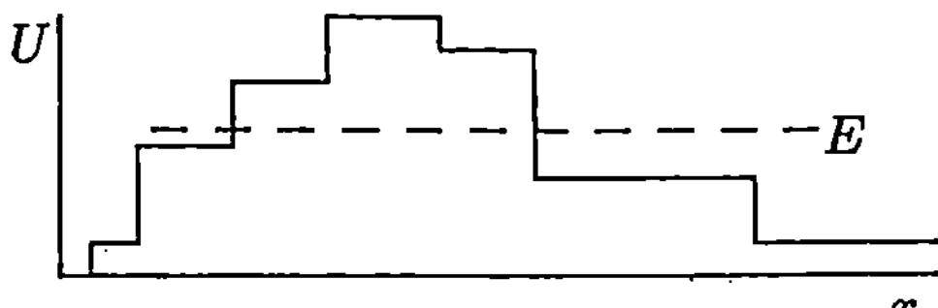

Abb. 3.3. Diskrete Approximation eines Potentialberges zur Ableitung der WKB-Näherung

3.2.5 Freie und gebundene Zustände im Potentialtopf

In Abschn. 3.3 werden wir lernen, daß die Quantentheorie des Atoms mathematisch recht kompliziert ist. Als einfache eindimensionale Approximation für ein Atom, die schon viele richtige Eigenschaften hat, behandeln wir hier die umgedrehte Potentialbarriere, den Potentialtopf von Abb. 3.4: $U(x) = 0$ für $x < 0$ und $x > a$, $U(x) = -U_0$ für $0 < x < a$. Falls E positiv ist, kann das Teilchen aus dem Unendlichen kommen und ins Unendliche weiterfliegen. Dies entspricht einem Elektron, daß zwar am

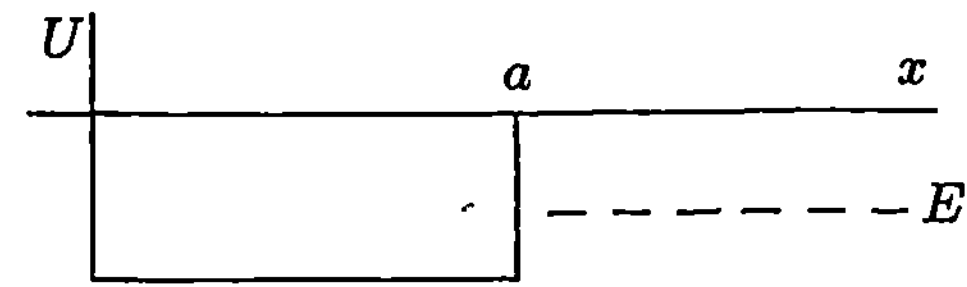

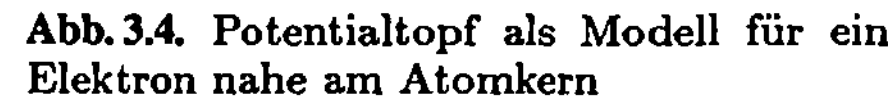

Abb. 3.4. Potentialtopf als Modell für ein Elektron nahe am Atomkern

Atomkern gestreut wird, aber nicht von ihm eingefangen wird. Interessanter sind negative Energien E, wo gebundene Zustände auftreten, wie wir sehen werden.

Wie bei der Potentialbarriere (Tunneleffekt) lösen wir die Schrödingergleichung links ($\Psi = A\exp(+\kappa x)$), in der Mitte ($\Psi = a\exp(iQx) + b\exp(-iQx)$) und rechts ($\Psi = \beta\exp(-\kappa x)$); exponentiell divergierende Anteile darf es nicht geben. Wir haben also vier Unbekannte; diesen stehen gegenüber vier Gleichungen durch die Stetigkeit von Ψ und Ψ' bei $x = 0$ und bei $x = a$. Dieses homogene lineare Gleichungssystem hat eine von Null verschiedene Lösung genau dann, wenn die Determinante dieser 4×4 Matrix Null ist. Die explizite Rechnung[1] ergibt, daß diese Determinante verschwindet, wenn

$$\tan\frac{Qa}{2} = \frac{-Q}{\kappa} \quad \text{oder} \quad = \frac{+\kappa}{Q}$$

ist. Diese Gleichung lösen wir graphisch, indem wir nach den Schnittpunkten der Kurvenschar $y(Q) = \tan(Qa/2)$ mit der Kurve $y(Q) = -Q/\kappa$ bzw. $y(Q) = +\kappa/Q$ suchen. (Dabei ist auch $\hbar\kappa = (-2mE)^{1/2} = (2mU_0 - \hbar^2 Q^2)^{1/2}$ eine Funktion von Q.) Es gibt i.a. eine endliche Zahl solcher Schnittpunkte, und dies ist das Entscheidende; Details stören nur. (Wer keine Lust hat, alles nachzurechnen, möge sich mit der bekannten Tatsache zufrieden geben, daß die Determinante einer 4×4 Matrix ein Polynom vierten Grades der Matrixelemente ist und maximal vier Nullstellen hat. Es gibt also kaum unendlich viele Lösungen.)

Dieses Beispiel hat uns zum ersten Mal gezeigt, daß die Schrödingergleichung auch diskrete Lösungen haben kann: Nur für bestimmte Werte von Q und damit für bestimmte Werte der Energie E gibt es eine von Null verschiedene Wellenfunktion Ψ als Lösung. Das Elektron in diesem Modell kann also entweder an den Potentialtopf gebunden sein mit diskreten Energiewerten, oder es kann frei bleiben mit kontinuierlich variabler Energie. Ganz ähnlich verhält sich das Elektron im wirklichen Atom. Entweder es kann sich vom Atom lösen („Ionisierung"), dann ist die Energie positiv, aber sonst beliebig. Oder es wird vom Atomkern eingefangen (gebundener Zustand); dann kann die Energie nur diskrete negative Werte annehmen. Bei Übergang von einem Energieniveau zu einem anderen wird Energie $\Delta E = \hbar\omega$ frei oder verbraucht, was zu ganz bestimmten Frequenzen ω im Lichtspektrum dieses Atoms führt.

Kochsalz zum Beispiel leuchtet immer mit der gleichen gelben Farbe, wenn man es in eine Flamme hält. Diese Farbe ist durch den Energieunterschied ΔE zwischen zwei diskreten Energieniveaus gegeben. Mit solcher Spektralanalyse kann man Stoffe auf fernen Sternen oder im interstellaren Gas auffinden, ohne daß man dort sein Chemie-Praktikum machen muß.

Will man obiges Modell nicht auf die Elektronen eines Atoms anwenden, so kann man es auch mit Kernphysik versuchen: der Potentialtopf gehört dann zur

---

[1] Siehe etwa S. Flügge: *Rechenmethoden der Quantentheorie* 3. Aufl. (Springer-Verlag, Berlin, Heidelberg 1976)

durchschnittlichen Kraft, mit der sich Protonen und Neutronen im Atomkern zusammenschließen.

3.2.6 Harmonischer Oszillator

Der harmonische Oszillator, der in Mechanik und Elektrodynamik eine große Rolle spielt, tut das auch in der Quantenmechanik. Wir betrachten also ein einzelnes Teilchen der Masse m in einem eindimensionalen Potential $U(x) = Kx^2/2 = m\omega^2 x^2/2$, wobei ω die klassische Frequenz des Oszillators ist; seine Dämpfung wird vernachlässigt. Also haben wir die Schrödingergleichung

$$-\hbar^2 \Psi''/2m + m\omega^2 x^2 \Psi/2 = E\Psi$$

zu lösen. Wir nehmen dieses Problem zum Anlaß, eine Computersimulation zu versuchen mit dem Programm OSZILLATOR.

In geeigneten Einheiten hat die eindimensionale Schrödingergleichung die Form $\Psi'' = (U - E)\Psi$, ähnlich zu Newtons Bewegungsgleichung: Beschleunigung = Kraft/ Masse. Und so lösen wir sie auch ähnlich zu dem in Abschn. 1.1.3b der Mechanik gegebenem Programm. Wir verwenden ps für Ψ, $p1$ für $d\Psi/dx$ und $p2$ für $\Psi'' = d^2\Psi/dx^2$. dx sei die Schrittweite und $U = x$.

PROGRAMM OSZILLATOR

```
10  e =1.1
20  ps=1.0
30  p1=0.0
40  dx=0.01
50  x=0.0
60  x=x+dx
70  p2=(x*x-e)*ps
80  p1=p1+p2*dx
90  ps=ps+p1*dx
100 print ps,p1
110 goto 60
120 end
```

In der ersten Zeile gibt man einen Versuchswert für die Energie E ein, und zwar so, daß $\Psi(x \to \infty)$ weder gegen $+\infty$ noch gegen $-\infty$ divergiert. (Sobald man sicher ist, eine Divergenz gefunden zu haben, muß man den Lauf abbrechen, da das Programm dafür zu dumm ist.) Nach einigem Herumprobieren findet man, daß für $E = 1,005$ die Wellenfunktion gegen $+\infty$ läuft, und für $E = 1,006$ gegen $-\infty$. Ähnlich wie beim vorherigen Modell des Atomaufbaus gibt es also einen diskreten Energie-Eigenwert nahe 1, für den eine nicht divergierende Lösung existiert; für etwas davon verschiedene Werte divergiert Ψ im Unendlichen, so daß die Normierung $\langle \Psi | \Psi \rangle = 1$ nicht erfüllt werden kann. (Daß dieser Wert hier zwischen 1,005 und 1,006 zu liegen scheint, hängt an der endlichen Genauigkeit dx. Mit besserer Randbedingung rechnet der Computer viel genauer.) Bevor Ψ divergiert, hat es die Form einer Gaußkurve. Mit hochauflösender Grafik kann man das in einem Seminarraum noch besser vorführen.

Doch schon lange bevor es Computer gab, wurde diese Schrödingergleichung analytisch gelöst. Mit den dimensionslosen Abkürzungen

$$\varepsilon = \frac{2E}{\hbar\omega} \quad \text{und} \quad \xi = x\sqrt{\frac{m\omega}{\hbar}}$$

ergibt sich obige Form

$$-\frac{d^2\Psi}{d\xi^2} + \xi^2\Psi = \varepsilon\Psi \quad ,$$

die nur für $\varepsilon_n = 2n + 1$, $n = 0, 1, 2, \ldots$ eine für $\xi \to \infty$ verschwindende Lösung $\Psi_n \sim h_n(\xi)\exp(-\xi^2/2)$ hat. Hierbei sind die h_n die Hermiteschen Polynome n-ten Grades:

$$h_n(\xi) = \pm\exp(\xi^2)d^n[\exp(-\xi^2)]/d\xi^n \quad .$$

Unser Computerprogramm gab offensichtlich die Lösung zu $n = 0$, wo h_n eine Konstante und Ψ_n daher zu $\exp(-\xi^2/2)$ proportional ist. (Die Lösung $\varepsilon = 3$ zu $n = 1$ finden wir mit obigem Programm nicht, da wir dann $ps = 0.0$ und $pl = 1.0$ als Anfangsbedingung bei $x = 0$ brauchen.) Wer mehr über Hermitesche Polynome und die später auftretenden Laguerre- und Legendre-Polynome lesen möchte, möge in mathematischen Sammelwerken nachschauen[2].

Von all diesen Formeln wirklich wichtig ist nur $\varepsilon = 2n + 1$ oder

$$E_n = \hbar\omega\left(n + \tfrac{1}{2}\right) \quad . \tag{3.12}$$

Die Energie des harmonischen Oszillators ist also gequantelt in Paketen von $\hbar\omega = h\nu$, wie von Einstein 1905 aufgrund von Plancks Formel für die Energie des Strahlungsgleichgewichts erkannt. Auch bei $n = 0$ ist die Energie nicht Null, sondern $\hbar\omega/2$. Das muß so sein wegen der Unschärferelation: Wäre $E = 0$, so wären sowohl der Ort $x = 0$ als auch der Impuls $p = 0$ und beide gleichzeitig scharf definiert; das aber hat uns Heisenberg verboten. Deshalb wird $\hbar\omega/2$ auch die Nullpunktsenergie genannt.

Alle Schwingungen der Physik haben die Eigenschaft des berechneten harmonischen Oszillators, daß $E_n = \hbar\omega(n + 1/2)$ gequantelt ist. Dies gilt für Schallwellen wie für Lichtwellen. Man bezeichnet n auch als die Zahl der Quasiteilchen für diese Schwingung; wenn die Energie sich von E_n auf E_{n+1}, also um $\hbar\omega$, erhöht, so ist in dieser Sprechweise ein Quasiteilchen hinzugekommen. Diese Teilchen sind aber nicht „echt", weil sie keine Masse haben und weil die Zahl n der Quasiteilchen nicht konstant ist: Ein Schwingungsquant der Frequenz 2ω kann in zwei Quasiteilchen der Frequenz ω zerfallen. Diese Quasiteilchen haben Namen, die mit „-on" enden: Phononen sind die Schwingungsquanten der Schallwellen, Photonen die der Lichtwellen, Magnonen die von Magnetisierungswellen, Plasmonen die von Plasmawellen; außerdem gibt es noch Ripplonen, Exzitonen, Polaronen, Immatrikulationen

---

[2] M. Abramowitz, J.A. Stegun: *Handbook of Mathematical Functions* (National Bureau of Standards, Washington DC); I.S. Gradshteyn, I.M. Ryzhik: *Tables of Integrals, Series, and Products* (Academic Press, New York)

und andere Quasiteilchen. Wenn also ein Atom von einem Zustand höherer Energie $\hbar\omega_1$ in einen niedriger Energie $\hbar\omega_2$ übergeht, kann es die überschüssige Energie durch Aussenden einer Lichtwelle der Frequenz $\omega = \omega_1 - \omega_2$ loswerden: Ein Photon der Energie $\hbar\omega$ wird geboren.

Wenn weniger als eine Million Exemplare dieses Buches verkauft werden und sein Autor sich deshalb aufhängt, so pendelt er zuerst hin und her mit Frequenz ω und Energie $\hbar\omega(n + 1/2)$. Durch Reibung, also Stöße mit Luftmolekülen, gibt dieser Oszillator allmählich Energie ab, ohne seine Frequenz zu verringern: n wird kleiner, und es werden Phononen vernichtet. Allerdings ist die Masse des Autors so groß, daß Quanteneffekte kaum meßbar sind: Ob n nun $1 + 10^{36}$ oder nur 10^{36} ist, ist schwerlich relevant; bei diesen großen Zahlen können wir n als kontinuierliche Variable approximieren. Wir sehen hier wieder das Korrespondenzprinzip am Werk: Die klassische Mechanik ergibt sich als Grenzfall $n \to \infty$ oder $E \gg \hbar\omega$. Emotional weniger interessant sind die aus Edelgasen gebildeten Festkörper: Je schwerer das Atom ist, um so besser kann man dort die Gitterschwingungen (Phononen) mit der klassischen Mechanik berechnen.

3.3 Drehimpuls und Atomstruktur

Um von den bisher behandelten eindimensionalen Beispielen auf drei Dimensionen zu kommen, müssen wir uns zunächst mit dem Operator des Drehimpulses beschäftigen, den es eindimensional nicht gibt.

3.3.1 Drehimpuls-Operator

Da in der klassischen Mechanik gilt: Drehimpuls = Ort×Impuls, und wir quantenmechanisch Ort und Impuls bereits als Operatoren kennen gelernt haben, brauchen wir jetzt keine neue Definition des Drehimpuls-Operators, sondern nehmen einfach $r \times (-i\hbar\nabla)$ als Drehimpulsoperator. Er hat die gleiche Dimension wie $\hbar$, und daher verwenden wir den dimensionslosen Operator $\hat{L} = $ (Drehimpuls)/$\hbar$:

$$\hat{L} = -i r \times \nabla \quad , \quad \hbar\hat{L} = r \times \hat{p} \quad . \tag{3.13}$$

Dieser Drehimpuls-Operator hängt mit dem Laplace-Operator ∇^2 zusammen, denn in Kugelkoordinaten haben Mathematiker gezeigt:

$$\nabla^2 \Psi(r, \vartheta, \varphi) = \frac{1}{r^2} \frac{\partial(r^2 \partial\Psi/\partial r)}{\partial r} - \frac{1}{r^2} \hat{L}^2 \Psi \quad . \tag{3.14a}$$

Damit ist die quantenmechanische kinetische Energie die Summe von Rotationsenergie und zweiter Ableitung nach r:

$$-\hbar^2 \frac{\nabla^2 \Psi}{2m} = \left(\frac{\hbar^2}{2m}\right) \left(\frac{L^2}{r^2}\Psi - \frac{1}{r^2} \frac{\partial}{\partial r} \left(r^2 \frac{\partial\Psi}{\partial r}\right)\right) \quad .$$

Die z-Komponente des Drehimpulses, wieder abgeschrieben aus der Mathematik der Kugelkoordinaten, ist besonders einfach:

$$L_z = -i\frac{\partial}{\partial\varphi} \quad . \tag{3.14b}$$

So, wie also die Ortsabhängigkeit den Impuls liefert, so liefert die Winkelabhängigkeit den Drehimpuls.

Nicht nur Mathematiker können mit wenig Rechnung die Kommutatoren für den Drehimpuls berechnen. Zum Beispiel gilt $L_x L_y - L_y L_x = iL_z$, und allgemeiner

$$\boldsymbol{L} \times \boldsymbol{L} = i\boldsymbol{L} \quad ; \quad [L^2, \boldsymbol{L}] = 0 \quad . \tag{3.15}$$

Hierbei ist das Kreuzprodukt eines Vektors mit sich selbst, $\boldsymbol{L} \times \boldsymbol{L}$, natürlich ein Kommutator, da es klassisch stets Null ist. Wir hatten früher gelernt, daß zwei Operatoren dann gleichzeitig scharf meßbare Größen beschreiben, wenn der Kommutator Null ist; also lassen sich das Quadrat des Drehimpulses und eine seiner drei Komponenten scharf bestimmen, nicht aber zwei oder gar drei Komponenten. Auch Drehimpulse gehorchen also einer Unschärfe-Relation. Traditionell nimmt man die z-Komponente als diese eine Komponente, aber das ist nur eine Frage der Notation. Dann können also das Betragsquadrat und die z-Komponente des Drehimpulses scharf bestimmt werden, während x- und y-Komponente unscharf sind.

3.3.2 Eigenfunktionen von L^2 und L_z

Da Betragsquadrat und z-Komponente des Drehimpuls-Operators miteinander kommutieren, muß es ein gemeinsames System von Eigenfunktionen geben,

$$\hat{L}^2\Psi = \text{const}\,\Psi \quad \text{und} \quad \hat{L}_z\Psi = l_z\Psi$$

mit den beiden Eigenwerten const und l_z. Die z-Komponente ist leichter zu behandeln: $-i\partial\Psi/\partial\varphi = l_z\Psi$ wird gelöst durch $\Psi \sim \exp(il_z\varphi)$ nach (3.14b). Die Wellenfunktion muß eindeutig definiert sein, also $\Psi(\varphi) = \Psi(\varphi + 2\pi)$; deshalb ist der Eigenwert l_z ganzzahlig: $l_z = m$ mit $m = 0, \pm1, \pm2, \dots$. Wiederum haben wir einen Quanteneffekt, daß die z-Komponente des Drehimpulses nur in Sprüngen von $\pm\hbar$ sich ändern kann, aus einer mathematischen Randbedingung abgeleitet.

Die Abhängigkeit der Eigenfunktion vom anderen Winkel ϑ durch (3.14a) ist komplizierter, aber aus der Mathematik bekannt:

$$\Psi = Y_{lm}(\vartheta, \varphi) \sim e^{im\varphi} P_{lm}(\cos\vartheta)$$

$$L^2\Psi = l(l+1)\Psi \quad ; \quad L_z\Psi = m\Psi \quad ; \quad l = 0, 1, 2, \dots, |m| \le l \quad . \tag{3.16}$$

Es ist einleuchtend, daß die Quantenzahl m der z-Komponente des Drehimpulses nicht größer sein kann als die Quantenzahl l des gesamten Drehimpulses. Zu beachten ist, daß das Quadrat nicht einfach l^2, sondern $l(l+1)$ als Quantenzahl hat; auch wenn $m = l$ ist, ist also noch etwas Drehimpuls für y- und x-Komponente vorhanden, da sonst alle drei Komponenten scharf bestimmt wären im Widerspruch zur Unschärfe. Nur für $l \to \infty$ ist der Unterschied zwischen $l(l+1)$ und l^2 vernachlässigbar: Korrespondenzprinzip bei großen Quantenzahlen.

Die so definierten Y_{lm} heißen *Kugelflächenfunktionen* („spherical harmonics"), und die P_{lm} sind die zugeordneten Legendre-Polynome

$$P_{lm}(y) \sim (1 - y^2)^{m/2} \left(\frac{d}{dy}\right)^{l+m} (y^2 - 1)^l \quad .$$

(Oft wird m bei den P_{lm} als oberer Index geschrieben.) Die Proportionalitätsfaktoren wählt man so, daß bei Integration über den gesamten Raumwinkel Ω (also über die Kugeloberfläche) die Y_{lm} normiert sind:

$$\int Y_{lm}(\vartheta, \varphi) Y_{l'm'}(\vartheta, \varphi)\, d\Omega = \delta_{ll'}\delta_{mm'} \quad .$$

Somit sind die Y_{lm} sehr geeignet als quantenmechanische Wellenfunktionen, wenn der Drehimpuls scharf definiert sein soll. In der Atomphysik spielen sie daher eine große Rolle, wie wir gleich sehen werden: Das Elektron „umkreist" den Atomkern mit konstantem Drehimpuls und hat daher eine zu Y_{lm} proportionale Wellenfunktion.

3.3.3 Wasserstoffatom

Zusammen mit dem harmonischen Oszillator stellte das Wasserstoffatom einen großen Erfolg der Quantenmechanik dar: Mit großer Genauigkeit stimmen die berechneten Formeln mit den gemessenen Werten überein. Je komplizierter das Atom ist, um so schwieriger wird die Rechnung. Wir machen hier einen Kompromiß, indem wir ein einzelnes Elektron in der Nähe eines Atomkerns mit Ladungszahl Z (also Ladung Ze) betrachten und die anderen $Z-1$ Elektronen ignorieren. Ziel der Rechnung ist es, die Spektrallinien („Farben der Atome") auszurechnen. Für ein beliebiges isotropes Zentralpotential $U = U(|r|)$, also nicht nur für das Coulomb-Potential $U = -Ze^2/r$, läßt sich die Schrödingergleichung $-\hbar^2\nabla^2\Psi/2m + U\Psi = E\Psi$ durch in Produkt lösen:

$$\Psi(r, \vartheta, \varphi) = R(r)Y_{lm}(\vartheta, \varphi) \quad .$$

In diesem Separationsansatz muß die Radialwellenfunktion R wegen (3.14a) die Bedingung

$$(\hbar^2/2m)[-r^{-2}d(r^2\, dR/dr)/dr + r^{-2}l(l+1)R] = ER - UR$$

erfüllen. Der Ansatz $\chi(r) = r\,R(r)$ macht daraus:

$$-\hbar^2\chi''/2m + [U + \hbar^2 l(l+1)/2mr^2]\chi = E\chi \quad , \tag{3.17}$$

also eine eindimensionale Schrödingergleichung. In der Tat, der Ausdruck in eckigen Klammern ist genau das effektive Potential der Klassischen Mechanik, das wir dort vor (1.15) kennen gelernt haben. Somit führen die Y_{lm} das dreidimensionale Problem auf eine eindimensionale Schrödingergleichung zurück, mit $\chi(0) = \chi(\infty) = 0$ als Randbedingungen.

Wenn diese eindimensionale Schrödingergleichung (3.17) die Eigenwerte E_n hat, $n = 1, 2, \ldots$, dann haben wir bis jetzt drei Quantenzahlen verwendet: n, l, m sind stets ganzzahlig. Die Energie hängt von n ab, nicht von m. Für jedes l gibt es $2l + 1$ verschiedene m-Werte, und für jedes n wieder mehrere l-Werte. Traditionell verwendet man auch Buchstaben statt Zahlen für l. Ein f-Elektron hat z.B. die Drehimpuls-Quantenzahl $l = 3$:

$$\begin{array}{c} l \\ \text{Buchstabe} \end{array} = \begin{array}{ccccc} 0 & 1 & 2 & 3 & 4 \\ s & p & d & f & g \end{array}$$

(Daß hier SPD vorne steht, ist keine politische Wahlvorhersage.) Sobald der Drehimpuls von Null verschieden ist, gibt es den Zeeman-Effekt: Die Energien der $2l+1$ verschiedenen Wellenfunktionen zum gleichen l unterscheiden sich etwas, wenn man ein kleines Magnetfeld anlegt. Das „kreisende" Elektron erzeugt nämlich ein magnetisches Dipolmoment $\mu_B l$, mit dem Bohrschen Magneton $\mu_B = e\hbar/2mc = 10^{-20}$ erg/Gauß (m = Elektronenmasse). Da die Energie eines Dipols in einem Feld durch $-$Dipolmoment $\cdot$ Feld gegeben ist, hebt also ein Magnetfeld B (in z-Richtung) die Entartung auf, d.h. die $2l+1$ verschiedenen Wellenfunktionen bekommen jetzt $2l+1$ verschiedene Energien $E_n - m\mu_B B$ mit $-l \leq m \leq +l$ (Abb. 3.5).

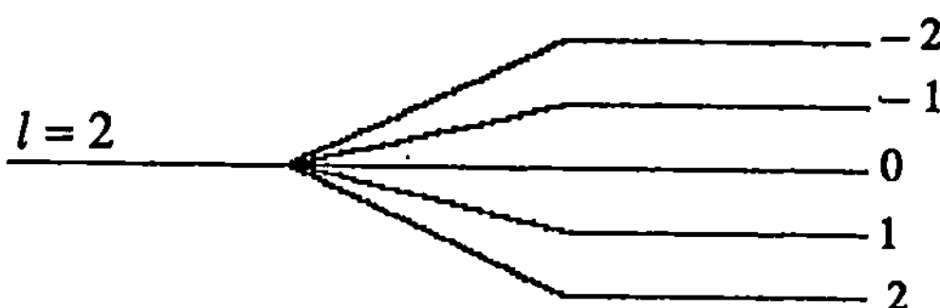

Abb. 3.5. Aufspaltung der Energieniveaus zu einer Drehimpuls-Quantenzahl $l = 2$ in einem kleinen Magnetfeld

Wenn wir jetzt speziell das Coulomb-Potential $U(r) = -Ze^2/r$ nehmen für ein Atom, so machen wir erst einmal die Gleichung

$$-\frac{\hbar^2}{2mr^2}\frac{d(r^2 dR/dr)}{dr} + \frac{\hbar^2}{2mr^2}l(l+1)R - \frac{Ze^2}{r}R = ER$$

dimensionslos, ähnlich wie beim harmonischen Oszillator. Mit $\xi = r/r_0$, $r_0 = \hbar^2/Zme^2 = 0,53\,\text{Å}/Z$ und $\varepsilon = 2E\hbar^2/Z^2 me^4$ ergibt sich

$$-\xi^{-2}\frac{d(\xi^2 dR/d\xi)}{d\xi} + \xi^{-2}l(l+1)R - \frac{2R}{\xi} = \varepsilon R \quad . \tag{3.18}$$

Für $Z = 1$ ist hierbei $r_0 = 0,53\,\text{Å}$ der Bohrsche Atomradius und $me^4/2\hbar^2 = 1\,\text{Rydberg} = 13,5\,\text{Elektronenvolt}$.

Ein Computer kann nun, wie beim Programm OSZILLATOR in Abschn. 3.2.6, die Radialwellenfunktion R ausrechnen. In diesem Programm ATOM ersetzen wir in Zeile 70 einfach $x \cdot x$ durch das Potential $-1/x$ und in den Anfangsbedingungen (Zeile 20 und 30) $ps = 0.0$ und $pl = 1.0$ (das Programm bestimmt nämlich jetzt die Funktion $\chi(r) = r R(r)$, siehe (3.17). So bekommen wir die Lösungen ohne Drehimpuls. Mit Energie E in Zeile 10 nahe $-0,245$ erhält man eine Funktion, die erst ansteigt und dann sanft auf Null abfällt, bevor sie schließlich divergiert. Allerdings ist das Verfahren jetzt weniger präzise in der Bestimmung des Energie-Eigenwertes, als es beim harmonischen Oszillator der Fall war. Berücksichtigt man die verschiedenen Faktoren 2 bei der dimensionslosen Energie, so findet man, daß obiges ε das Vierfache des Energiewertes im Programm ist, so daß für die exakte Lösung der Verdacht $\varepsilon = -1$ naheliegt. Etwas praktischer wird das Programm mit einer Schleife, die nur jeden zehnten Wert ausdruckt (Drehimpuls$=0$).

```
10  e=-0.25
20  ps=0.0
30  p1=1.0
40  dx=0.01
50  x=0.0
60  for i=1 to 10
65  x=x+dx
70  p2=(-1/x-e)*ps
80  p1=p1+p2*dx
90  ps=ps+p1*dx
95  next i
100 print ps,p1
110 goto 60
120 end
```

Der Verdacht $\varepsilon = -1$ ist mathematisch exakt bestätigt: Für eine im Unendlichen nicht divergierende Lösung muß $\varepsilon = -1/n^2$ sein, mit der Hauptquantenzahl $n = 1, 2, 3 \ldots$. Dann gilt

$$R \sim e^{-\xi/n} \xi^l L^{(2l+1)}_{n-l-1}(2\xi/n)$$

mit einer natürlichen Zahl n und einer Drehimpulsquantenzahl $l = 0, 1, 2, \ldots, n-1$. Es ist physikalisch verständlich, daß der Drehimpuls nicht beliebig hoch sein kann, wenn die Energie-Quantenzahl n fest vorgegeben ist, denn die Rotationsenergie trägt zur Gesamtenergie mit bei: $n > l \geq m$. Daß die Energie $\varepsilon = -1/n^2$ nur von n und nicht vom Drehimpuls (l, m) abhängt, darf also nicht so mißverstanden werden, daß die Rotationsenergie Null sei.

Die zugeordneten Laguerre-Polynome sind über die Laguerre-Polynome definiert:

$$L^{(2l+1)}_{n-l-1}(x) = (-d/dx)^{2l+1} L_{n+l}(x)$$

mit

$$L_k(x) = \sum_{i=0}^{k} (-1)^k \binom{k}{i} x^k/k! \quad ,$$

was hier weit weniger interessant ist als die Gesamtwellenfunktion

$$\Psi \sim \exp(-r/nr_0) r^l Y_{lm}(\vartheta, \varphi) \cdot (\text{Polynom in } r/nr_0) \tag{3.19a}$$

und die Energie

$$E = -\frac{Z^2 \, me^4/2\hbar^2}{n^2} = -\frac{Z^2}{n^2} \cdot 13,5 \, \text{eV} \tag{3.19b}$$

des Elektrons. Zu einer bestimmten Hauptquantenzahl n gehören n verschiedene Drehimpuls-Quantenzahlen $l = 0, 1, \ldots, n-1$, und zu jedem l gehören $2l+1$ verschiedene Richtungsquantenzahlen m: $-l \leq m \leq l$. Insgesamt sind das $\sum_l (2l+1) = n^2$ verschiedene Wellenfunktionen mit der gleichen Energie $\varepsilon = -1/n^2$: Der Entartungsgrad ist n^2. Zu diesen an den Atomkern gebundenen Elektronen-Zuständen mit Energie < 0 kommen noch „Streuzustände" (Rutherford-Formel, Streuwahrscheinlichkeit $\sim \sin^{-4}(\vartheta/2)$, siehe Abschn. 3.4), wo Ψ im Unendlichen nicht verschwindet, sondern eine ebene Welle wird.

Die Differenzen $\hbar\omega_{1\,2}$ zwischen zwei Energieniveaus variieren daher wie ($1/n_1^2 - 1/n_2^2$). Setzen wir beim Wasserstoff-Atom $n_1 = 1$, so erhalten wir für $n_2 = 2, 3, \ldots$ die Lyman-Serie; mit $n_1 = 2$ ergibt $n_2 = 3, 4, \ldots$ die Balmer-Serie; $n_1 = 3$ gibt die Paschen-Serie etc. Man „sieht" diese Serien als Spektrallinien der Atome: Wenn ein Elektron von der Energie $E_2 \sim 1/n_2^2$ auf die Energie $E_1 \sim 1/n_1^2$ zurückfällt, sendet es ein Photon der Frequenz $\omega_{1\,2}$ aus, mit $\hbar\omega_{1\,2} = E_2 - E_1$. Die in den Serien beobachteten mathematischen Gesetzmäßigkeiten (die Balmer-Serie liegt im sichtbaren Bereich) waren eine der Motivationen, die Quantenmechanik zu entwickeln.

3.3.4 Atomaufbau und Periodisches System

Wir benutzen jetzt und begründen später das Pauliprinzip: Zwei Elektronen können nicht in allen Quantenzahlen übereinstimmen. Bisher haben wir drei Quantenzahlen n, l und m kennengelernt, und da zu jedem n genau n^2 verschiedene Wellenfunktionen (verschiedene l und m) gehören, so bedeutet das Pauliprinzip bisher, daß nur n^2 Elektronen in einer Energieschale E_n sitzen können. Danach sollte also das Element Helium (zwei Elektronen in der innersten Schale $n = 1$) nicht existieren, und die zweitinnerste Schale ($n = 2$) könnte nur vier der tatsächlichen acht Elemente (Lithium, Beryllium, Bor, Kohlenstoff, Stickstoff, Sauerstoff, Fluor, Neon) haben. Ohne Sauerstoff, Kohlenstoff und Stickstoff wäre das Leben etwas schwierig. Spinnen wir?

Nein, nicht wir, sondern die Elementarteilchen spinnen. Neben dem Bahndrehimpuls L, den wir bisher berücksichtigt haben, können sie sich ja auch noch um die eigene Achse drehen; im Englischen heißt dieser Eigendrehimpuls S der „Spin". Auch er ist gequantelt; die z-Komponente des Spins kann nur die Werte $-S$, $-S+1$, $\ldots$, S annehmen analog zur Quantenzahl m beim Bahndrehimpuls. Anders aber als beim Bahndrehimpuls kann S auch halbzahlige Werte annehmen, und Elektronen, Protonen und Neutronen haben in der Tat alle $S = \frac{1}{2}$. Die z-Komponente des Spins dieser Elementarteilchen ist daher entweder $+\frac{1}{2}$ (der Spin steht nach oben) oder $-\frac{1}{2}$ (der Spin zeigt nach unten). Damit gilt also:

$$\text{Entartungsgrad} = 2n^2 \quad . \tag{3.20}$$

Die mechanistische Vorstellung des Spins als Drehung um die eigene Achse ist nicht richtig, denn Elektronen haben nach heutigem Verständnis keine räumliche Ausdehnung. Eine analoge begriffliche Schwierigkeit haben wir schon beim Tunneleffekt (Abschn. 3.2.3) überwunden: Elektronen haben keine Schaufel bei sich, um Löcher zu graben. Trotzdem sind beide Bilder, Tunneln und Eigendrehung, nützliche Hilfsmittel zum Verstehen. Wir verzichten hier auf die Herleitung des Spin aus Dirac's relativistischer Verallgemeinerung der Schrödingergleichung und betrachten den Spin als experimentell gesichert. Sein magnetisches Moment ist etwa doppelt so groß wie das des Bahndrehimpulses:

$$\text{Magnetisches Moment} = 2\mu_\mathrm{B}S \quad . \tag{3.21}$$

Nunmehr erlaubt uns das Pauliprinzip zwei Elektronen in der innersten Schale (Wasserstoff und Helium), 8 in der zweiten und 18 in der dritten Schale. Aufgrund der hier vernachlässigbaren Kräfte zwischen den Elektronen spielt die Zahl 8 aber auch bei der dritten Schale und bei noch größeren n-Werten eine wichtige Rolle: Zunächst folgen dem Neon die 8 Elemente Na, Mg, Al, Si, P, S, Cl und Ar, wenn ein Elektron nach dem anderen hinzugefügt wird. Aber dann wird bereits die vierte Schale mit K und Ca aufgemacht, bevor die zehn fehlenden Elektronen der dritten Schale aufgefüllt werden z.B. mit Eisen.

So zieht sich die Periode 8 durch das ganze periodische System der Elemente. Da für die chemische Wirkung nach außen vor allem die äußerste Elektronenschale wichtig ist, haben alle Elemente an der gleichen Stelle der 8-Periode ähnliche chemische Eigenschaften. Das gilt zum Beispiel für alle Elemente mit genau einem Atom in der äußersten Schale (H, Li, Na, K, Rb, Cs, Fr); diese verbinden sich gerne, so im Kochsalz NaCl, mit einem Element, das 7 Elektronen in seiner äußersten Schale hat: Durch Verschiebung eines Elektrons kommen beide Atome zu einer abgeschlossenen und energetisch günstigen äußersten Schale. He, Ne, Ar, Kr, Xe und Rn haben von vornherein abgeschlossene Außenschalen und gehen daher nur sehr ungern eine Verbindung ein; wegen dieses edlen Verhaltens werden diese Junggesellen Edelgase (engl.: inert gases) genannt. All diese chemischen Tatsachen folgen aus unserer Quantenmechanik und dem Pauliprinzip. Jetzt klären wir, woher letzteres kommt.

3.3.5 Ununterscheidbarkeit

Wenn ein Elektron einen Atomkern 1 mit einer Wellenfunktion $\Psi_a(r_1)$ umkreist, und ein anderes Elektron einen anderen Atomkern 2 mit $\Psi_b(r_2)$, so kann man das Gesamtsystem $\Psi(r_1, r_2)$ durch einen Produktansatz beschreiben, $\Psi = \Psi_a(r_1)\Psi_b(r_2)$, falls keine Kräfte zwischen den beiden Atomen herrschen. Dieser Produktansatz ist dann eine Lösung der Schrödingergleichung $(\mathcal{H}_1 + \mathcal{H}_2)\Psi = (E_1 + E_2)\Psi$, da der Hamiltonoperator $\mathcal{H}_1$ nur auf das Elektron bei r_1, und $\mathcal{H}_2$ nur auf das bei r_2 wirkt. Aber diese Lösung ist nicht die einzige Lösung. Denn alle Elektronen sind gleich und nicht mit einem Namen gekennzeichnet. Wegen dieser Ununterscheidbarkeit der Elektronen ist auch $\Psi_a(r_2)\Psi_b(r_1)$ eine ebenso gute Lösung: Elektron 1 hat den Platz mit Elektron 2 vertauscht und, da es keinen Personalausweis vorlegt, merkt die Quantenmechanik das gar nicht. Wenn es zwei spezielle Lösungen für lineare Gleichungen gibt, dann ist die allgemeine Lösung eine Überlagerung

$$\Psi(r_1, r_2) = A\Psi_a(r_1)\Psi_b(r_2) + B\Psi_a(r_2)\Psi_b(r_1) \quad .$$

Wegen der Ununterscheidbarkeit beider Elektronen darf sich die Wahrscheinlichkeit beim Vertauschen nicht ändern:

$$|\Psi(r_1, r_2)|^2 = |\Psi(r_2, r_1)|^2 \quad , \quad \text{also} \quad \Psi(r_2, r_1) = u\Psi(r_1, r_2)$$

mit einer komplexen Zahl u vom Betrage 1. Wegen der gleichen Ununterscheidbarkeit muß sich beim nochmaligen Vertauschen die Wellenfunktion wieder um einen Faktor u ändern: $\Psi(r_1, r_2) = u\Psi(r_2, r_1)$. Somit gilt $u^2 = 1$, und es gibt nur zwei

Möglichkeiten: Beim Vertauschen ändert sich die Wellenfunktion gar nicht ($u = 1$, *symmetrisch*), oder sie ändert nur ihr Vorzeichen ($u = -1$, *antisymmetrisch*):

$$u = 1: \quad \Psi \sim \Psi_a(r_1)\Psi_b(r_2) + \Psi_a(r_2)\Psi_b(r_1)$$
$$u = -1: \quad \Psi \sim \Psi_a(r_1)\Psi_b(r_2) - \Psi_a(r_2)\Psi_b(r_1) \quad .$$

$$(3.22a)$$

Experimentell wird beobachtet, daß Teilchen mit ganzzahligem Spin (z.B. Spin$=0$), auch *Bose*-Teilchen genannt, sich in der einen Weise verhalten, und Teilchen mit halbzahligem Spin (z.B. Spin$=\frac{1}{2}$), die *Fermi*-Teilchen, in der entgegengesetzten. Und zwar gilt:

Bei 2 Fermionen mit parallelem   Spin ist Ψ antisymmetrisch.

Bei 2 Fermionen mit antiparallelem   Spin ist Ψ symmetrisch.   (3.22b)

Bei 2 Bosonen   mit parallelem   Spin ist Ψ symmetrisch.

Bei 2 Bosonen   mit antiparallelem   Spin ist Ψ antisymmetrisch.

Wem das zu kompliziert ist, der möge sich eine Gesamtwellenfunktion vorstellen als Produkt von Spinfunktion und Ortswellenfunktion. Dann ist diese Gesamtwellenfunktion symmetrisch bei Bosonen und antisymmetrisch bei Fermionen. Ich finde (3.22) praktischer (Enrico Fermi aus Italien, 1901–1954; Satendra Nath Bose aus Bengalen, 1894–1974).

Das Pauliprinzip ist nun ganz trivial: Wenn zwei Fermionen die gleiche Ortswellenfunktion haben, $\Psi_a = \Psi_b$, und ihre Spins parallel sind, dann muß $\Psi(r_1, r_2)$ antisymmetrisch sein, also proportional zu $\Psi_a(r_1)\Psi_a(r_2) - \Psi_a(r_2)\Psi_a(r_1)$ und damit Null:

Zwei Fermionen können nicht in allen Quantenzahlen übereinstimmen und parallele Spins haben.   (3.23)

Dieses Prinzip von Wolfgang Pauli (1900–1958) gilt nicht für Bosonen. Und natürlich können zwei zu *verschiedenen* Atomen gehörende Elektronen gleiches n, l, m und parallelen Spin haben, weil dann ja die Wellenfunktionen Ψ_a und Ψ_b verschieden sind.

Wer gehorcht nun Pauli und wer nicht? Elektronen, Protonen und Neutronen haben alle Spin$=\frac{1}{2}$, sind Fermionen und gehorchen dem Pauliprinzip. Anders könnte man die Leitfähigkeit von Metallen bei Zimmertemperatur kaum erklären. Pionen dagegen sind Bosonen, und auch die Photonen und Phononen gehören dazu. Aus einer geraden Zahl von Fermionen zusammengesetzte Atomkerne haben ganzzahligen Spin, bei einer ungeraden Zahl ist er halbzahlig. Also gehört ^{3}He zu den Fermionen und das viel häufigere ^{4}He zu den Bosonen. In der Statistischen Physik (Kap. 4) werden wir die drastischen Unterschiede im Verhalten der beiden Helium-Isotope bei tiefen Temperaturen kennen lernen: ^{3}He gehorcht (so etwa) dem Pauliprinzip, während ^{4}He es mißachtet und stattdessen Bose-Einstein-Kondensation betreibt.

3.3.6 Austausch-Wechselwirkung und homöopolare Bindung

Ein Stück Kochsalz NaCl hält deshalb zusammen, weil das Natrium ein Elektron
an das Chloratom abgibt, und die beiden Atome somit durch elektrostatische Kräfte
zusammengehalten werden. Diese Art von chemischer Bindung nennen wir *hetero-
polar*. Die Luftmoleküle N_2 und O_2 wie auch die organischen Verbindungen zwischen Kohlenstoffatomen können so nicht erklärt werden. Stattdessen wirken hier
Elektronen, die zu beiden Atomen gehören, als bindender Kitt, der das Molekül
zusammenhält (nicht unähnlich zu manchen Familien). Diese *homöopolar* genannte
Bindungsart studieren wir am Beispiel des Wasserstoff-Moleküls H_2.

Der Hamiltonoperator des H_2-Moleküls (2 Protonen und 2 Elektronen) ist

$$\hat{\mathcal{H}} = \frac{p_1^2}{2m} + U(\boldsymbol{r}_1) + \frac{p_2^2}{2m} + U(\boldsymbol{r}_2) + V(|\boldsymbol{r}_1 - \boldsymbol{r}_2|) \quad ,$$

wobei wir die beiden Protonen als raumfest betrachten wegen ihrer sehr viel größeren
Masse. (Daher müssen wir zum Operator $\mathcal{H}$ noch die Abstoßung der beiden Atomkerne addieren.) Das Potential V rührt von der Abstoßung der beiden Elektronen
her, $V(r) = e^2/r$, und wird jetzt als so klein angenommen, daß die Wellenfunktionen der beiden Elektronen (3.19a), durch V nicht wesentlich geändert werden. Die
übrigen vier Terme des obigen Hamiltonoperators werden als $\mathcal{H}_0$, also als ungestörter
Operator, bezeichnet. Dann ist die Energie

$$E = E_0 + \Delta E = \langle \Psi | \mathcal{H} | \Psi \rangle = \langle \Psi | \mathcal{H}_0 | \Psi \rangle + \langle \Psi | V | \Psi \rangle$$

mit der ungestörten Energie E_0 als Summe der Energien nach (3.19) und der Energiekorrektur

$$\Delta E = \langle \Psi | V | \Psi \rangle \quad . \tag{3.24}$$

Setzt man nun die Wellenfunktionen $\Psi_a(\boldsymbol{r}_1)\Psi_b(\boldsymbol{r}_2) \pm \Psi_a(\boldsymbol{r}_2)\Psi_b(\boldsymbol{r}_1)$ aus (3.22) hier
ein mit den Wellenfunktionen für $n = 1$, und berücksichtigt man noch die triviale
Energie durch die Abstoßung der Atomkerne, dann bekommt man nach viel Rechnung die Kurven aus Abb. 3.6: Für zwei parallele Spins ist die Bindungsenergie
stets positiv und fällt monoton mit wachsendem Abstand ab; für zwei antiparallele

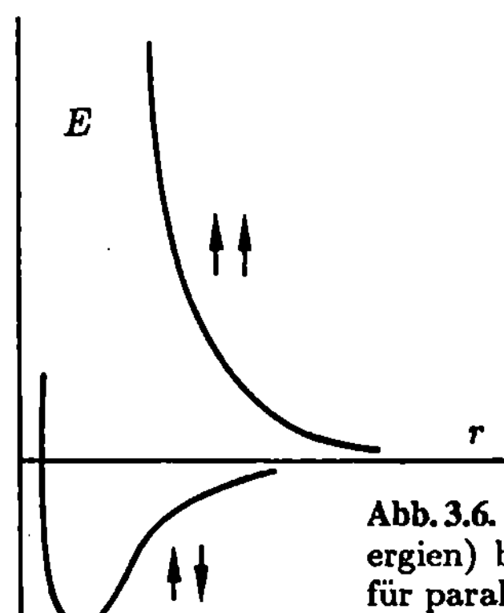

Abb. 3.6. Bindungsenergie (Gesamtenergie minus Summe der Einzelen-
ergien) beim Wasserstoffmolekül (schematisch). Die obere Kurve gilt
für parallele Elektronenspins, die untere für antiparallele. Nur im letz-
teren Fall gibt es eine stabile homöopolare Bindung durch das Energieminimum bei Abstand $r = 0,8\,\text{Å}$ (im Experiment: $0,75\,\text{Å}$)

Spins hat die Bindungsenergie ein Minimum bei etwa 0,8 Å. Qualitativ ist dieser Unterschied recht plausibel: Nach dem Pauliprinzip dürfen die beiden Elektronen nicht die gleichen sonstigen Quantenzahlen haben, wenn sie den gleichen Spin haben („parallel"), wohl aber, wenn die Spins antiparallel sind. Je näher die beiden Atomkerne rücken, um so stärker macht sich dieses Pauliprinzip bemerkbar.

Quantitativ läßt sich die Energiekorrektur ΔE aufspalten in einen Term A unabhängig von der Spinorientierung und einen Term $\pm J$, dessen Vorzeichen von den Spins abhängt:

$$\Delta E = \langle \Psi_a(r_1)\Psi_b(r_2) \pm \Psi_a(r_2)\Psi_b(r_1) | V | \Psi_a(r_1)\Psi_b(r_2) \pm \Psi_a(r_2)\Psi_b(r_1) \rangle$$
$$= (A \pm J) \cdot 2$$

mit „+" für antiparallele und „−" für parallele Spins. Die „Austausch-Wechselwirkung" J entsteht mathematisch aus dem Produkt eines Terms mit wechselndem Vorzeichen und eines Terms mit konstantem Vorzeichen; diese beiden Produkte sind gleich groß, was man durch Vertauschen der beiden Integrationsvariablen sieht. Es gilt also:

$$A = \int \Psi_a^*(r_1)\Psi_b^*(r_2)V\Psi_a(r_1)\Psi_b(r_2)d^3r_1\,d^3r_2$$

$$J = \int \Psi_a^*(r_1)\Psi_b^*(r_2)V\Psi_a(r_2)\Psi_b(r_1)d^3r_1\,d^3r_2 \quad .$$

$$\text{(3.25)}$$

Den normalen Term A können wir leicht verstehen als Integration über die beiden Wahrscheinlichkeiten $|\Psi_a(r_1)|^2$ und $|\Psi_b(r_2)|^2$, multipliziert mit der entsprechenden Energie $V(r_1 - r_2)$. Der Austauschterm J dagegen rührt her von der Vertauschung der beiden Koordinaten r_1 und r_2 in der Wellenfunktion. Er ist also eine Kombination des quantenmechanischen Prinzips der Ununterscheidbarkeit mit der klassischen Coulombabstoßung zwischen den Elektronen.

Ob J mit einem Pluszeichen oder mit einem Minuszeichen in $\Delta E = A \pm J$ eingeht, bestimmt sich durch die Spinorientierung. Ob J selbst positiv oder negativ ist, ist aufgrund des komplizierten Integrals (3.25) nicht leicht vorherzusagen. Wenn in einem Festkörper J positiv ist, dann bemühen sich die benachbarten Elektronenspins, zu einander parallel zu sein (Minimierung der Energie); ist $J < 0$, so stehen Nachbarspins bevorzugt antiparallel. Im Fall $J > 0$ haben wir daher Ferromagnetismus, während $J < 0$ dem Antiferromagnetismus entspricht. Die Elemente Eisen, Kobalt und Nickel sind bei Zimmertemperatur ferromagnetisch. Im Antiferromagnetismus spaltet sich dagegen das Gitter auf in zwei sich gegenseitig durchdringende Untergitter, so daß innerhalb eines Untergitters die Spins parallel sind, während Spins auf verschiedenen Untergittern antiparallel sind. Am einfachsten versteht man das in einer Dimension: Im Ferromagnetismus ($J > 0$) stehen alle Spins nach oben; antiferromagnetische Spins ($J < 0$) stehen an geraden Plätzen nach oben, an ungeraden nach unten (vorausgesetzt man dreht den Magneten in die passende Richtung). Ein antiferromagnetisches Dreiecksgitter ist dagegen sehr „frustriert", d.h. der Spin weiß nicht, wie er es seinen Nachbarn recht machen soll.

3.4 Störungstheorie und Streuung

Schon im letzten Abschnitt über Austausch-Wechselwirkung haben wir eine Methode kennengelernt, das quantenmechanische Problem *näherungsweise* zu lösen, wenn man es exakt nicht schafft. Wir berechneten eine Energiekorrektur $\Delta E = \langle \Psi | V | \Psi \rangle$ unter der Voraussetzung, daß die Wellenfunktion Ψ nicht wesentlich von der bereits bekannten Lösung bei $V = 0$ verschieden ist, daß also V hinreichend klein ist. Diese Methode leiten wir jetzt systematischer ab, d.h. wir betrachten das Potential V als kleine Störung und berechnen eine Taylorreihe in V. Dabei kann das Stör-Potential V zeitlich konstant sein (zeitunabhängige Störungstheorie) oder mit einer bestimmten Frequenz oszillieren (zeitabhängige Störungstheorie).

3.4.1 Zeitunabhängige Störungstheorie

Wir gehen also davon aus, daß die Lösung $\mathcal{H}_0 \Psi_{0m} = E_{0m} \Psi_{0m}$ zum ungestörten Hamiltonoperator $\mathcal{H}_0$ bereits bekannt ist mit den verschiedenen Eigenfunktionen Ψ_{0m} und den entsprechenden Energie-Eigenwerten E_{0m}. Zur Vereinfachung nehmen wir an, daß diese Eigenwerte nicht entartet sind, daß also zu verschiedenen Indices m auch verschiedene Eigenwerte E_{0m} gehören. Nun soll eine weitere Wechselwirkung V berücksichtigt werden, $\mathcal{H} = \mathcal{H}_0 + V$, die so klein ist, daß man eine Taylorreihe nach V benutzen und nach ein oder zwei Gliedern abbrechen kann. Wir suchen also eine Näherungslösung zu $\mathcal{H} \Psi_m = E_m \Psi_m$. ($V$ darf ein Operator sein.)

Die neuen, noch unbekannten Wellenfunktionen Ψ_n lassen sich, wie jeder Vektor im Hilbertraum, als Linearkombinationen der alten Ψ_{0m} darstellen, da letztere eine orthonormierte Basis bilden:

$$\Psi_n = \sum_m c_m \Psi_{0m} \quad ,$$

also

$$E_n \sum_m c_m \Psi_{0m} = E_n \Psi_n = (\mathcal{H}_0 + V)\Psi_n = \sum_m c_m \mathcal{H}_0 \Psi_{0m} + \sum_m c_m V \Psi_{0m}$$

$$= \sum_m c_m E_{0m} \Psi_{0m} + \sum_m c_m V \Psi_{0m} \quad .$$

Von dieser Gleichung bilden wir jetzt das Skalarprodukt mit $\langle \Psi_{0k} |$:

$$E_n \sum_m c_m \langle \Psi_{0k} | \Psi_{0m} \rangle = \sum_m c_m E_{0m} \langle \Psi_{0k} | \Psi_{0m} \rangle + \sum_m c_m \langle \Psi_{0k} | V | \Psi_{0m} \rangle$$

oder

$$E_n c_k = c_k E_{0k} + \sum_m c_m V_{km}$$

mit dem *Matrixelement*

$$V_{km} = \langle \Psi_{0k} | V | \Psi_{0m} \rangle = \int \Psi_{0k}^*(r) V(r) \Psi_{0m}(r) d^3 r \quad .$$

Das bisher Gesagte galt noch exakt, jetzt nähern wir: In der Summe mit den Matrixelementen V_{km} ersetzen wir c_m durch seinen Wert δ_{nm} für $V = 0$, solange uns nur Terme erster Ordnung in V interessieren (man beachte, daß für $V = 0$ gilt: $\Psi_n = \Psi_{0n}$):

$$(E_n - E_{0k})c_k = V_{kn} \quad . \tag{3.26}$$

Wenn wir $k = n$ setzen, erhalten wir wegen $c_n \approx c_{0n} = 1$: $E_n - E_{0n} = V_{nn}$ in Übereinstimmung mit (3.24). Mit $k \neq n$ erhalten wir $c_k = V_{kn}/(E_n - E_{0k}) \approx V_{kn}/(E_{0n} - E_{0k})$; mit $\Psi_n = \Psi_{0n} + \sum' c_k \Psi_{0k}$ ergeben sich also in dieser *ersten Ordnung der Störungstheorie*:

$$E_n = E_{0n} + V_{nn}$$
$$\Psi_n = \Psi_{0n} + \sum{}' \frac{V_{kn}\Psi_{0k}}{E_{0n} - E_{0k}} \quad \text{mit} \tag{3.27}$$
$$V_{kn} = \langle \Psi_{0k}|V|\Psi_{0n}\rangle \quad .$$

Das Summenzeichen mit dem Strich bedeutet, daß man einen Term der Summe (hier: $k = n$) wegläßt. Im Grunde genommen haben wir diese Formel $\Delta E = V_{nn}$ nicht nur bei der homöopolaren Bindung, sondern schon vorher beim Zeeman-Effekt benutzt, denn damals hatten wir ja gar nicht geklärt, wie das Magnetfeld die Wellenfunktionen verändert, sondern nahmen einfach $\Delta E = -(\text{magnetisches Moment}) \cdot B$ an mit dem magnetischen Moment aus der Theorie ohne Magnetfeld B.

3.4.2 Zeitabhängige Störungstheorie

Nicht die Theorie wird jetzt zeitabhängig (in den letzten 50 Jahren hat sie sich wenig verändert), sondern die Störung V. Das wichtigste Beispiel dafür ist der Photoeffekt, wenn ein oszillierendes elektrisches Feld E (Potential $V = -eEx$) auf ein Elektron wirkt. Wie verändert sich jetzt die Wellenfunktion Ψ_n, die wir wieder gemäß $\Psi_n = \sum_m c_m(t)\Psi_{0m}$ entwickeln?

Ganz analog zur Ableitung von (3.26) erhalten wir aus der hier jetzt endlich einmal verwendeten zeitabhängigen Schrödingergleichung $i\hbar\partial\Psi_n/\partial t = (\mathcal{H}_0 + V)\Psi_n$

$$i\hbar\frac{dc_k(t)}{dt} = \sum_m c_m(t)V_{km}(t)$$

als exaktes Resultat, aus dem wegen $c_m \approx \delta_{nm}$ in erster Näherung

$$i\hbar\frac{dc_k(t)}{dt} = V_{kn}(t) \quad \text{oder}$$
$$c_k = (-i/\hbar) \int V_{kn}dt \tag{3.28a}$$

folgt. Falls die Störung sich nur über einen endlichen Zeitraum erstreckte, konvergiert die Integration von $t = -\infty$ bis $t = +\infty$, und die Wahrscheinlichkeit, vom Zustand $|n\rangle$ zum Zustand $|k\rangle$ zu kommen, ist

$$|c_k|^2 = \hbar^{-2}|\int V_{kn}(t)dt|^2 \quad . \tag{3.28b}$$

Generell ist

$$V_{kn} = \exp\left[i(E_{0k} - E_{0n})t/\hbar\right]\langle\Psi_{0k}(t = 0)|V(t)|\Psi_{0m}(t = 0)\rangle \quad ;$$

wenn das Störpotential V also unabhängig von der Zeit ist, dann oszilliert V_{kn} mit der Kreisfrequenz $(E_{0k} - E_{0n})/\hbar$. Das Integral über eine solche Oszillation ist Null, wenn E_{0k} von E_{0n} verschieden ist. Also kann eine zeitunabhängige Störung niemals die Energie des gestörten Objektes ändern.

Interessanter wird es, wenn das Störpotential mit $\exp(-i\omega t)$ oszilliert wie beim Photoeffekt: $V(r,t) = v(r)\exp(-i\omega t)$. Damit ursprünglich das System ungestört ist, soll diese Formel nur für positive Zeiten gelten, während $V(r,t) = 0$ für $t < 0$. Jetzt gilt nach (3.28a)

$$c_k = (-i/\hbar) \int v_{kn} \exp\left[i(\omega_{0k} - \omega_{0n})t - i\omega t\right]dt$$

mit dem zeitunabhängigen Matrixelement

$$v_{kn} = \langle \Psi_{0k}(r, t = 0)|v(r)|\Psi_{0n}(r, t = 0)\rangle \quad , \quad \omega_{0k} = E_{0k}/\hbar \quad .$$

Diese Integration läßt sich elementar ausführen, und die sich ergebende Übergangswahrscheinlichkeit ist

$$|c_k|^2 = |v_{kn}|^2 \sin^2(\alpha t)/\hbar^2\alpha^2$$

mit $2\alpha = \omega_{0k} - \omega_{0n} - \omega$ und $\sin(\varphi) = (e^{i\varphi} - e^{-i\varphi})/2i$. Für große t ist die Funktion $\sin^2(\alpha t)/\alpha^2$ approximiert durch $\pi t\delta(\alpha)$, so daß mit der Rechenregel $\delta(ax) = \delta(x)/|a|$ sich

$$|c_k|^2 = (2\pi t/\hbar)|v_{kn}|^2\delta(E_{0k} - E_{0n} - \hbar\omega)$$

ergibt: Die Übergangswahrscheinlichkeit steigt linear mit der Zeit an (solange sie nicht zu groß ist, also im Geltungsbereich unserer linearen Näherung). Die Übergangsrate $R(n \to k)$ von Zustand $|n\rangle$ zum Zustand $|k\rangle$ ist also $|c_k|^2/t$:

$$R(n \to k) = (2\pi/\hbar)|v_{kn}|^2\delta(E_{0k} - E_{0n} - \hbar\omega) \quad , \tag{3.29}$$

eine als *Goldene Regel* der Quantenmechanik bekannte Formel.

Wir erkennen in der Deltafunktion die quantenmechanische Version der Energieerhaltung: Der Unterschied zwischen Anfangs- und Endenergie muß genau übereinstimmen mit der Energie $\hbar\omega$ der Störung. Beim Photoeffekt ist also $\hbar\omega$ die Photonenenergie, und die Goldene Regel beschreibt die Wahrscheinlichkeit, mit der ein Photon das Elektron aus seiner bisherigen Energie E_{0n} in die höhere Energie E_{0k} hinaufhebt. Wir sehen also, eine richtige Theorie dieses Photoeffekts ist recht kompliziert, auch wenn das Ergebnis sehr einfach erscheint.

Aber nicht nur die Energieerhaltung muß stimmen, auch das Matrix-Element v_{kn} darf nicht Null sein, wenn ein Übergang möglich sein soll. In der Atomphysik bestimmen „Auswahlregeln", wann das Matrixelement exakt Null ist. Viel einfacher macht man sich klar, daß man ein Elektron durch Bestrahlung mit Licht nicht aus einem Metallstück in Europa in eines in Australien verschieben kann: v_{kn} enthält das Produkt $\Psi_{0k}^*\Psi_{0n}$ der Wellenfunktionen des Anfangszustands und des Endzustands und ist daher Null, wenn die beiden Wellenfunktionen sich nicht überlappen. Die Goldene Regel macht also das Telefon nicht überflüssig.

3.4.3 Streuung und 1. Bornsche Näherung

In Grenoble kann man nicht nur Bergsteigen und Skilaufen, sondern auch Neutronen streuen. Zu diesem Zweck benutzt man einen Höchstflußkernreaktor, der nicht zur Energieerzeugung, sondern zur Untersuchung von Festkörpern und Flüssigkeiten dient. Zahlreiche Neutronen kommen aus dem Reaktor heraus, treffen auf die zu untersuchende Probe und werden daran gestreut. Wie kann man aus der Streuintensität Rückschlüsse auf die Probenstruktur ziehen?

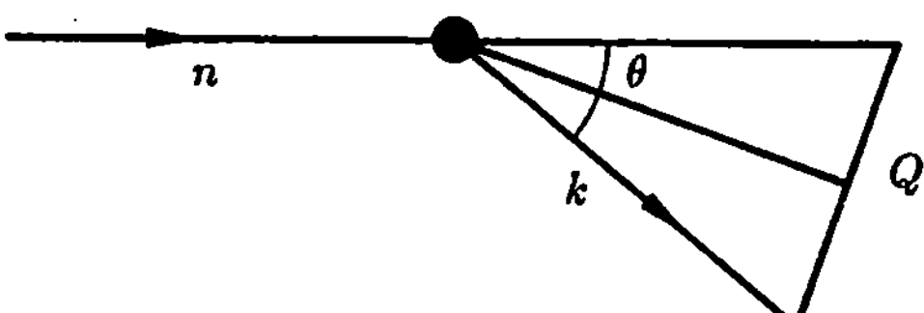

Abb. 3.7. Vektoren n und k der ein- bzw. auslaufenden Welle, Streuwinkel ϑ und Impulsübertrag Q bei elastischer Streuung

Dafür wenden wir (3.29) an mit $\omega = 0$ (elastische Streuung) oder $\omega > 0$ (inelastische Streuung). Weit von der Probe weg werden die Neutronen o.ä. durch ebene Wellen beschrieben, also $\Psi_{0k}(r, t = 0) \sim \exp(ikr)$. Mit $Q = k - n$ als Differenz zwischen dem Wellenvektor der auslaufenden Wellen $|k\rangle$ und der einlaufenden Welle $|n\rangle$, vgl. Abb. 3.7, ist daher bei einem zeitlich konstanten Störfeld v das Matrixelement

$$v_{kn} \sim \int e^{-iQr} v(r) d^3r \tag{3.30}$$

zur Fourier-Transformation des Störpotentials v proportional. Die Streuwahrscheinlichkeit („Streuquerschnitt") variiert daher mit dem Quadrat der Fourierkomponenten von $v(r)$ (Max Born 1926). Den Betrag des *Impulsübertrags* Q kann man bequem aus dem Streuwinkel ϑ ausrechnen: $Q = 2k \sin(\vartheta/2)$, denn die Wellenvektoren k und n haben die gleiche Länge (v zeitlich konstant, Energieerhaltung, elastische Streuung, also $|k| = |n|$). Wenn das Streupotential vom Winkel unabhängig ist, $v = v(|r|)$, ergibt die Integration über Kugelkoordinaten

$$v_{kn} \sim \int r \sin(Qr) v(r) dr/Q \quad ,$$

was bei einem Coulomb-Potential $v(r) \sim 1/r$ zu $v_{kn} \sim 1/Q^2$ führt. Die Streuwahrscheinlichkeit variiert also wie $\sin^{-4}(\vartheta/2)$, und so gibt die 1. Bornsche Näherung in der Quantenmechanik genau das gleiche Gesetz wie Rutherfords Streuformel in der klassischen Elektrodynamik (weswegen wir letztere dort gar nicht abgeleitet haben). Rutherford wandte sie an, um die Streuung von Alpha-Teilchen an Atomkernen zu beschreiben; heutige Elementarteilchen-Physiker verfügen über höhere Energien und Quarks.

Wenn nun das Streupotential sich zeitlich ändert, dann ist wie in der zeitabhängigen Störungstheorie die Streuwahrscheinlichkeit proportional zur Fourier-Transformierten nach Ort und Zeit:

$$\text{Streuquerschnitt} \sim \left| \int V(r, t) e^{-i(Qr - \omega t)} d^3r \, dt \right|^2 \quad ,$$

wobei $\hbar\omega$ die Energiedifferenz zwischen herauskommenden und hereinkommenden Neutronen ist bei der nunmehr inelastischen Streuung. Wie in der Relativitätstheorie haben wir also eine völlige Gleichberechtigung von Ort und Zeit: Das eine gibt den Impulsübertrag $\hbar Q$, das andere den Energieübertrag $\hbar\omega$; die vierdimensionale Fourier-Transformation gibt die Streuwahrscheinlichkeit.

Statt Neutronen kann man auch Elektronen oder Photonen streuen; die Formeln bleiben gleich. So bewies z.B. Max von Laue durch Streuung von Röntgen-Photonen an Kristallen, daß diese periodisch sind: Die Fourier-Transformierte war eine Summe diskreter Bragg-Reflexe. Elektronen sind vor allem zur Untersuchung von Oberflächen geeignet (LEED = low energy electron diffraction), da sie im Innern schnell absorbiert werden. Eine mit $\exp(-t/\tau)$ gedämpfte Bewegung sieht man an einer Lorentz-Kurve $1/(1+\omega^2\tau^2)$ in der inelastischen Streuung. Inelastische Neutronenstreuung an den gedämpften Phononen der Festkörper gibt also, als Funktion der Frequenz ω, einen Resonanzpeak bei der Phononenfrequenz, und als Breite dieses Peaks die reziproke Lebensdauer τ der Schwingung, wie in Abb. 3.8 skizziert.

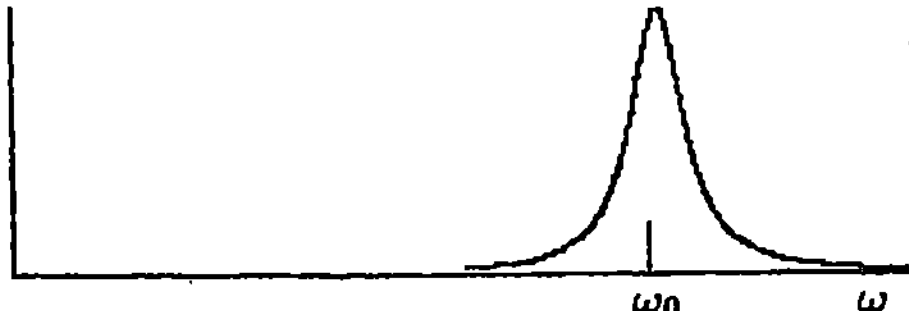

Abb. 3.8. Streuintensität als Funktion von $\omega =$ Energieübertrag/$\hbar$, bei inelastischer Neutronenstreuung an Festkörpern

4. Statistische Physik

Dieser letzte Teil handelt von Wärme und ihrer atomaren Begründung und Beschreibung. Wir werden uns also mit mehr angewandten Fragen beschäftigen:

— Was ist „Temperatur", und welche der zahlreichen Quantenzustände Ψ_n werden tatsächlich verwirklicht?

— Wie berechnen wir, zumindest annähernd, die Eigenschaften realer Materialien wie z.B. die spezifische Wärme C_V?

— Wo treten Quanteneffekte makroskopisch auf, also nicht nur im atomaren Bereich?

4.1 Wahrscheinlichkeit und Entropie

4.1.1 Kanonische Verteilung

Fast die ganze Statistische Physik folgt aus dem Grundaxiom:

Die quantenmechanischen Eigenzustände Ψ_n des Hamiltonoperators werden im thermischen Gleichgewicht verwirklicht mit der Wahrscheinlichkeit ϱ_n:

$$\varrho_n \sim \exp\left(-\beta E_n\right) \qquad (4.1)$$

mit $\beta = 1/kT$ und $k = k_\mathrm{B} = 1{,}38 \times 10^{-16}\,\mathrm{erg/K}$.

Hierbei ist T die absolute Temperatur, gemessen in Kelvin-Graden [K]; manche Autoren setzen k_B, die Boltzmann-Konstante, gleich Eins und messen dann die Temperatur in erg, Elektronenvolt, oder anderen Energieeinheiten.

Entscheidend wichtig an diesem Grundaxiom ist das Proportionalzeichen $\sim$: Die Wahrscheinlichkeit ϱ_n ist nicht gleich der Exponentialfunktion, sondern $\varrho_n = \exp\left(-\beta E_n\right)/Z$, so daß die Summe über alle Wahrscheinlichkeiten, wie es sich gehört, Eins wird:

$$Z = \sum_n \exp\left(-\beta E_n\right) \quad , \qquad (4.2)$$

wobei wir über alle Eigenzustände des Hamiltonoperators summieren; Z heißt daher *Zustandssumme*. Thermische Mittelwerte werden durch $\langle \ldots \rangle$ bezeichnet und definiert als

$$\langle f \rangle = \sum_n \varrho_n f_n \tag{4.3}$$

mit den quantenmechanischen Meßwerten f_n, also den Eigenwerten des zugehörigen Operators. Manchmal brauchen wir auch die thermischen Schwankungen

$$\Delta f = \sqrt{[\langle f^2 \rangle - \langle f \rangle^2]} = \sqrt{\langle (f - \langle f \rangle)^2 \rangle} \quad . \tag{4.4}$$

Von der Quantenmechanik brauchen wir gar nicht mehr alle Details zu wissen; meist genügt es uns, daß $\hbar Q$ der Impuls und $\hbar \omega$ die Energie sind und es wohldefinierte Quantenzustände gibt.

Unsere Quantenzustände sind stets die Eigenzustände Ψ_n des Hamiltonoperators $\mathcal{H}$. Notwendig ist das nicht: Man kann auch mit einer beliebigen anderen Basis des Hilbertraums arbeiten, und dann ϱ als quantenmechanischen Operator $\exp(-\beta \mathcal{H})/Z$ definieren. Die Zustandssumme Z ist dann die Spur des Operators $\exp(-\beta \mathcal{H})$, so daß $\mathrm{Sp}(\varrho) = 1$. Ich drücke mich hier um die Probleme, wo man so eine Darstellung braucht, und arbeite mit Energieeigenzuständen, in denen der Operator ϱ diagonal ist mit den Diagonalelementen ϱ_n.

Welche Motivation können wir für das Grundaxiom (4.1) finden? Einmal gibt es da die barometrische Höhenformel. Nehmen wir an, die Temperatur T der Atmosphäre sei unabhängig von der Höhe h (diese Annahme ist zweckmäßig für unser Argument hier, aber gefährlich beim Bergsteigen in den Alpen); außerdem seien Druck P, Volumen V und Zahl N der Luftmoleküle verknüpft durch $PV = NkT$ (*klassisches ideales Gas*). Wenn h um dh erhöht wird, verringert sich der Luftdruck um das Gewicht (pro cm^2) der Luft in einer Schicht der Dicke dh:

$$dP = -dh\, mg \frac{N}{V} \quad \text{oder} \quad \frac{dN}{dh} = -\frac{mgN}{kT} \quad .$$

Also verringern sich N/V und P proportional zu $\exp(-mgh/kT)$. Da mgh die potentielle Energie ist, stimmt dieses Resultat mit der Exponentialfunktion von (4.1) überein.

Ein zweites Argument ist mehr formal: Wasser in einem Zweilitergefäß verhält sich so wie in zwei getrennten Einlitergefäßen, was seine inneren Eigenschaften angeht, denn der Beitrag der Oberflächen zur Gesamtenergie ist vernachlässigbar. Das Produkt der Wahrscheinlichkeit $\varrho(L)$ für den linken Liter und der Wahrscheinlichkeit $\varrho(R)$ für den rechten Liter gleicht daher der Wahrscheinlichkeit $\varrho(L + R)$ für das Zweilitergefäß. Die Energie E_{L+R} des Zweilitergefäßes gleicht der Summe $E_L + E_R$ der Einliterenergien. Wenn also die Wahrscheinlichkeit ϱ nur von der Energie E abhängt, dann muß sie der Gleichung $\varrho(E_L + E_R) = \varrho(E_L) \times \varrho(E_R)$ genügen. Das aber charakterisiert die Exponentialfunktion. Aus diesem Argument lernt man auch, daß (4.1) nur für große Teilchenzahlen gilt; bei nur wenigen Molekülen sind die hier vernachlässigten Oberflächeneffekte wichtig.

Bei diesem Argument verwendeten wir ein fundamentales Resultat der Wahrscheinlichkeitsrechnung, daß sich statistisch unabhängige Wahrscheinlichkeiten miteinander multiplizieren. Wenn also die Hälfte der Studenten blaue Augen und die andere Hälfte braune Augen hat und wenn zehn Prozent der Studenten am Ende des Semesters den Übungsschein in Theoretischer Physik nicht bekommen, dann ist das Produkt $0,5 \cdot 0,1 = 5$ Prozent die Wahrscheinlichkeit dafür, daß ein Student blaue Augen hat und den Schein nicht bekommt. Denn nach heutigem Wissen hat Theoretische Physik nichts mit der Augenfarbe zu tun. Wenn die Hälfte der Studenten überdurchschnittlich viel arbeitet und die andere Hälfte unterdurchschnittlich viel, dann ist die Wahrscheinlichkeit, daß ein Student überdurchschnittlich fleißig ist und trotzdem den Schein nicht bekommt, wesentlich kleiner als $0,5 \cdot 0,1$. Die beiden Wahrscheinlichkeiten sind jetzt nicht unabhängig, sondern korreliert: Probieren Sie es mal aus!

Neben diesen zwei traditionellen Argumenten nun ein modernes (und daher kein normaler Prüfungsstoff). Lassen wir den Computer selbst die Wahrscheinlichkeit berechnen. Wir nehmen dafür das Ising-Modell aus Abschn. 2.2.2 der Elektrodynamik (in Materie). Atomare magnetische Dipole („Spins") waren dort entweder nach oben oder nach unten orientiert, was im dortigen Programm durch $\mathtt{is(i)=1}$ bzw. $\mathtt{is(i)=-1}$ simuliert wurde. Wenn alle Spins zueinander parallel sind, dann ist die Energie Null; jedes Paar antiparalleler Spins gibt einen konstanten Beitrag zur Energie. Wenn also im Quadratgitter ein Spin von k antiparallelen Nachbarn umgeben ist, so ist die damit verbundene Energie proportional zu k, und die Wahrscheinlichkeit proportional zu $\exp(-k\,\mathrm{const})$. Rein geometrisch gibt es genauso viele Möglichkeiten mit $k = 4$ wie mit $k = 0$ (wir brauchen ja nur den Spin in der Mitte umzudrehen), und auch genau so viele mit $k = 3$ wie mit $k = 1$. Wenn wir also die Zahlen N_k bestimmen, wie oft bei der Simulation k antiparallele Spins aufgetreten sind, dann muß im Gleichgewicht das Verhältnis N_4/N_0 mit $\exp(-4\,\mathrm{const})$ und das Verhältnis N_3/N_1 mit $\exp(-2\,\mathrm{const})$ übereinstimmen, wenn das Axiom (4.1) und das Programm richtig sind: $N_4/N_0 = (N_3/N_1)^2$. In der Tat findet man das bestätigt, vorausgesetzt man läßt den Computer so lange laufen, daß die anfänglichen Abweichungen vom Gleichgewicht unwichtig geworden sind. (Noch eindrucksvoller ist die Rechnung im kubischen Gitter, da dann $N_6/N_0 = a^3$, $N_5/N_1 = a^2$ und $N_4/N_2 = a$ gilt.)

Dem bei Elektrodynamik angegebenen Programm fügen wir also bei:

```
142 kk = is(i)*(is(i − 1) + is(i + 1) + is(i − L) + is(i + L)) + 4
144 n(kk) = n(kk) + 1
```

und lassen zum Schluß $n(0)$, $n(2)$, $n(6)$, $n(8)$ ausdrucken. (Der Einfachheit halber ist hier $kk = 2k$. Wenn Ihr Computer $n(0)$ nicht liebt, addieren Sie 5 statt 4 in Zeile 142.) Anfänglich wähle man z.B. $p = 20\,\%$ der Spins nachoben, die anderen nach unten, denn für $p < 8\,\%$ gibt es eine spontane Magnetisierung, und der Algorithmus funktioniert nicht richtig.

Von jetzt an glauben wir also, daß Axiom (4.1) stimmt. Eine einfache Anwendung ist der Zusammenhang zwischen Fluktuationen ΔE der Energie und der spezifischen Wärme $\partial\langle E\rangle/\partial T$; letzteres ist die Wärmemenge, die nötig ist, ein Material um ein Grad Celsius oder Kelvin zu erwärmen. Es gilt nach der Quotientenregel des Differenzierens:

$$kT^2\frac{\partial\langle E\rangle}{\partial T} = -\frac{\partial\langle E\rangle}{\partial\beta} = -\frac{\partial}{\partial\beta}\frac{\sum_n E_n y_n}{\sum_n y_n}$$

$$= \frac{\left[\sum_n E_n^2 y_n \sum_n y_n - \sum_n E_n y_n \sum_n E_n y_n\right]}{\left[\sum_n y_n\right]^2}$$

$$= \langle E^2\rangle - \langle E\rangle^2 = (\Delta E)^2 = kT^2 C_V \tag{4.5}$$

mit der Abkürzung $y_n = \exp(-\beta E_n)$. Die spezifische Wärme, oft auch mit C_V abgekürzt, ist also proportional zu den Fluktuationen in der Energie. Analog kann man ableiten mit der später zu behandelnden großkanonischen Gesamtheit, daß die Suszeptibilität zu den Magnetisierungsfluktuationen und die Kompressibilität zu den Fluktuationen in der Teilchenzahl proportional ist. Diese Regel wird häufig benutzt, um spezifische Wärmen oder Suszeptibilitäten bei Computersimulationen zu bestimmen.

4.1.2 Entropie, Hauptsätze und Freie Energie

Wer längere Zeit einen Schreibtisch oder Raum benutzt, merkt, daß dieser immer unordentlicher wird. Allgemein tendiert die Natur dazu, von einem ordentlichen Anfangszustand in einen unordentlichen Endzustand überzugehen. (Ausnahme: Früher wurden auch unordentliche Professoren manchmal zu Ordentlichen Professoren ernannt, aber das wurde 1986 durch Bundesgesetz abgeschafft.) Wir brauchen also ein Maß für die Unordnung, und dieses Maß nennen wir „Entropie". Mit anfangs in ein Quadrat gelegten neun Papierschnipseln kann man experimentell leicht zeigen, daß die Unordnung zunimmt, wenn man die Schnipsel durch Luftbewegungen verschiebt.

Stellen wir uns vor, wir hätten zwei Energieniveaus, von denen das höhere g-fach entartet ist ($g \gg 1$), während das tiefere nicht entartet ist ($g = 1$). (Das heißt, beim ersten Zustand gibt es g verschiedene Wellenfunktionen, die genau die gleiche Energie haben, während es beim zweiten Zustand nur eine Wellenfunktion gibt. Beispiele haben wir beim Wasserstoffatom kennengelernt.) Der Energieunterschied zwischen den beiden Niveaus sei sehr viel kleiner als kT und daher thermodynamisch unwichtig. Wenn nun alle Quantenzustände mit (nahezu) gleicher Energie gleich wahrscheinlich sind, dann wird das obere Niveau g-mal häufiger besetzt sein als das untere. Die Zahl g oder die Entropie $S = k\ln(g)$ sind also ein Maß für die Unordnung des Endzustands: Auch wenn wir anfangs im unteren, nicht entarteten ($g = 1$, $S = 0$) Niveau sind, ist unser Gleichgewichtszustand, nach einigem Warten, das höhere Niveau mit der großen Entropie.

Komplizierter wird es, wenn der Energieunterschied zwischen den beiden Niveaus nicht mehr sehr klein ist. Dann will die Natur einerseits die Energie so klein wie möglich machen (unteres Niveau, nicht entartet), andererseits die Entropie so groß wie möglich (oberes Niveau, hoch entartet). Der Kompromiß zwischen diesen beiden sich widerstrebenden Zielen ist die „Freie Energie" $F = \langle E \rangle - TS$: Dieses F ist im Gleichgewicht bei vorgegebener Temperatur ein Minimum, wie wir später allgemein sehen werden. Das Verhältnis zwischen den beiden Wahrscheinlichkeiten, das obere bzw. untere Energieniveau zu besetzen, richtet sich also in der Natur so ein, daß der entsprechende Mittelwert der freien Energie minimal wird.

Quantitativ sieht das wie folgt aus: Die Entropie S ist durch

$$S = -k\langle \ln \varrho \rangle = -k \sum_n \varrho_n \ln \varrho_n \qquad (4.6a)$$

definiert, wobei die Verteilung der Wahrscheinlichkeiten ϱ_n im Gleichgewicht durch (4.1) gegeben ist; man kann die Definition (4.6a) aber auch für beliebige Verteilungen ϱ_n benutzen, die nicht dem Gleichgewicht entsprechen. Summiert wird über alle verschiedenen Eigenfunktionen Ψ_n des Hamiltonoperators. Wenn nun im Energieintervall zwischen $\langle E \rangle - kT$ und $\langle E \rangle + kT$ insgesamt g verschiedene Zustände Ψ_n liegen, dann kommt im Gleichgewicht der Hauptbeitrag der Summe (4.6a) von diesen g Wellenfunktionen; wegen $1 = \sum_n \varrho_n = g\varrho_n$ ist also für diese Zustände nahe $\langle E \rangle$ die Wahrscheinlichkeit $\varrho_n = 1/g$, und damit die Entropie $S = -k\ln 1/g = k\ln g$, wie oben versprochen:

$$g = e^{S/k} \quad . \qquad (4.6b)$$

Bei der Ableitung von (4.6b) sind Faktoren der Größenordnung 1 vernachlässigt, die zur dimensionslosen Entropie S/k Terme der Größenordnung 1 addieren. Wenn aber jedes der 10^{25} Moleküle in einem Glas Bier einen Beitrag ≈ 1 zu S/k beiträgt, dann kommt es auf diesen Fehler ≈ 1 nicht an: Statistische Physik stimmt nur bei großen Teilchenzahlen.

Warum definiert man S als Logarithmus? Man möchte, daß die Entropie von zwei Litern Wasser (siehe obiges Beispiel) gleich der Summe der Entropien der Einlitergefäße ist:

$$
\begin{aligned}
S(L + R)/k &= -\langle \ln \varrho(L + R)\rangle = -\langle \ln \left[\varrho(L)\varrho(R)\right]\rangle \\
&= -\langle \ln \varrho(L) + \ln \varrho(R)\rangle = -\langle \ln \varrho(L)\rangle + \langle \ln \varrho(R)\rangle \\
&= S(L)/k + S(R)/k \quad ,
\end{aligned}
$$

wie gewünscht. (Bemerkung: Es gilt immer $\langle A + B \rangle = \langle A \rangle + \langle B \rangle$, während für $\langle AB \rangle = \langle A \rangle \langle B \rangle$ die beiden Größen A und B statistisch unabhängig sein müssen.) Die Entropie ist also eine *extensive* Größe: Sie verdoppelt sich bei einer Verdopplung des Systems, wie es z.B. auch Energie und Masse tun. Die Temperatur und der Druck dagegen sind *intensive* Größen: Sie bleiben konstant bei Verdopplung des Systems.

Man kann nun mit einiger Rechnung zeigen, daß im thermischen Gleichgewicht bei fester Energie $\langle E \rangle$ die Entropie maximal ist, und es gilt

$$\frac{dS}{d\langle E \rangle} = \frac{1}{T} \quad . \qquad (4.7)$$

Im Sinne der Arbeitsplatzerhaltung für (un-)ordentliche Professoren überlasse ich den mathematischen Beweis der Vorlesung. Damit lauten die drei Hauptsätze der Thermodynamik:

1) Die Energie bleibt in abgeschlossenen Systemen erhalten.
2) Die Entropie nimmt beim Streben ins Gleichgewicht zu und ist dort maximal.
3) T ist im Gleichgewicht nie negativ.

(4.8)

Dies gilt für abgeschlossene Systeme; wenn man von außen Energie hineinpumpt oder einen Schreibtisch aufräumt, dann ist $\langle E \rangle$ nicht konstant, bzw. die Schreibtisch-entropie nimmt ab. Der dritte Hauptsatz, $T \geq 0$, ist in Wirklichkeit komplizierter ($S(T = 0) = 0$), was wir hier ignorieren. Man kommt bis 10^{-5} K an den absoluten Nullpunkt mit adiabatischer Entmagnetisierung heran, um dann Eigenschaften von Festkörpern zu messen. Könnte die Temperatur negativ sein, so würden nach (4.1) beliebig hohe Energien mit beliebig hohen Wahrscheinlichkeiten auftreten, was nicht der Fall ist. Vor 20 Jahren war auch ein vierter Hauptsatz im Gespräch, daß es eine maximale Temperatur von 10^{12} K gebe; dieses Gesetz fand aber nicht die nötige Mehrheit.

Wenn man also Kaffee kochen möchte, so erhöht man dauernd die Energie $\langle E \rangle$ des Wassers um dE, und damit die Entropie um $dS = dE/T$, wenn man sich stets im Gleichgewicht aufhält, also einigermaßen langsam aufheizt. Wenn aber durch zu schnelles Erwärmen starke Temperaturgradienten im Wasser auftreten, dann ist es nicht im Gleichgewicht, und dS ist größer als dE/T, wenn das Wasser später (nach Abschalten der Heizung) ins Gleichgewicht strebt: $dS \geq dE/T$. Hieraus folgt $dE \leq TdS$, da $T > 0$. Der zweite Hauptsatz sagt also auch, daß bei vorgegebener Entropie ($dS = 0$) die Energie $\langle E \rangle$ minimal wird, wenn das abgeschlossene System ins Gleichgewicht strebt: $\langle E \rangle$ ist minimal bei festem S, und S ist maximal bei festem $\langle E \rangle$.

Was uns wirklich interessiert, ist aber ein Gleichgewicht bei einer festen Temperatur, etwa der Raumtemperatur in einem Experiment. Weder S noch $\langle E \rangle$ sind dann konstant, sondern nur T. Mit der schon oben definierten freien Energie $F = \langle E \rangle - TS$ bekommen wir das gewünschte Extremalprinzip: $dF = dE - d(TS) = dE - TdS - SdT \leq TdS - TdS - SdT = -SdT$; wenn also die Temperatur konstant ist ($dT = 0$), dann ist $dF \leq 0$, wenn das System ins Gleichgewicht strebt:

—   Bei festem E ist im Gleichgewicht S maximal.
—   Bei festem S ist im Gleichgewicht E minimal.
—   Bei festem T ist im Gleichgewicht F minimal.

(4.9)

Wir lassen jetzt und später bei der Energie $\langle E \rangle$ und anderen Mittelwerten meist die eckigen Klammern weg, weil wir in der Statistischen Physik fast immer mit den Mittelwerten rechnen.

Es gilt:

$$S/k = -\langle \ln \varrho \rangle = -\langle \ln \exp(-\beta E_n)/Z \rangle$$
$$= \ln Z + \beta \langle E_n \rangle = \ln Z + E/kT \quad , \quad \text{oder}$$

$$-\ln Z = (E - TS)/kT = F/kT \quad ;$$

die Zustandssumme ist

$$Z = \sum_n \exp(-\beta E_n) = e^{-\beta F} = e^{S/k}e^{-\beta E} = g e^{-E/kT} \quad . \tag{4.10}$$

Auch hier sieht man wieder die Bedeutung von $g = e^{S/k}$ als „Entartungsgrad", also als Zahl der verschiedenen Zustände mit etwa der vorgegebenen mittleren Energie E.

Von der Quantenmechanik brauchten wir hier vor allem die Information, daß es diskrete Quantenzustände Ψ_n gibt, über die wir z.B. bei der Zustandssumme Z summieren können; ohne diese Erkenntnis sind der Entartungsgrad g und die Entropie gar nicht definiert. Bei der Lösung der Schrödingergleichung arbeiteten wir mit einer festen Teilchenzahl N in einem festen Volumen V. Die Ableitung $dS/dE = 1/T$ in (4.7) ist also eigentlich eine partielle Ableitung $\partial S/\partial E$ bei konstantem V und N, was wir durch die Notation $(\partial S/\partial E)_{VN}$ präzisieren. Im nächsten Abschnitt verallgemeinern wir diese Konzepte so, daß wir z.B. auch das Gleichgewicht bei konstantem Druck statt konstantem Volumen behandeln und neben der spezifischen Wärme bei konstantem Volumen auch die bei konstantem Druck berechnen können.

4.2 Thermodynamik des Gleichgewichts

Der Inhalt dieses Abschnitts ist die klassische Thermodynamik des 19. Jahrhunderts, die man aus der Theorie der Dampfmaschinen entwickelt hat und auch ohne Quantenmechanik verstehen kann.

4.2.1 Energie und andere Thermodynamische Potentiale

Wir hatten bereits $(\partial E/\partial S)_{VN} = T$ kennengelernt, in reziproker Form. Bewegt man in einem Zylinder mit Druck P einen Stempel der Fläche A um die Strecke dx nach innen (wie bei der Luftpumpe), so leistet man dabei die mechanische Arbeit $dE = PA\,dx = -P\,dV$, wobei dV die Volumenänderung ist: $(\partial E/\partial V)_{SN} = -P$. Schließlich definiert man $(\partial E/\partial N)_{SV} = \mu$; μ wird chemisches Potential genannt, eine Art von Energie pro Teilchen, an die wir uns noch gewöhnen werden.

Wenn wir also die Energie E als Funktion der extensiven Größen S, V und N betrachten, so ist das totale Differential durch die Ableitung nach allen drei Variablen gegeben (im Gleichgewicht):

$$dE = T\,dS - P\,dV + \mu\,dN \quad . \tag{4.11a}$$

Wir können natürlich auch von der Entropie ausgehen:

$$dS = (1/T)dE + (P/T)dV - (\mu/T)dN \quad . \tag{4.11b}$$

Weitere Variablenpaare, deren Produkt eine Energie ergibt, sind Geschwindigkeit v und Impuls p, Winkelgeschwindigkeit ω und Drehimpuls L, elektrisches Feld E und Polarisation P, Magnetfeld B und Magnetisierung M:

$$dE = T\,dS - P\,dV + \mu\,dN + v\,dp + \omega\,dL + E\,dP + B\,dM \quad . \tag{4.11c}$$

Wenn mehr als eine Teilchensorte vorhanden ist, ersetzen wir $\mu\,dN$ durch $\sum_i \mu_i\,dN_i$. Hierbei ist $-P\,dV$ die mechanische Kompressionsenergie, $v\,dp$ die Erhöhung der Translationsenergie, $\omega\,dL$ gehört zur Rotationsenergie, und die beiden letzten Terme tragen zur elektrischen bzw. magnetischen Energie bei. Denn da $p^2/2m$ die kinetische Energie ist, ändert eine Impulsänderung um dp diese Energie um $d(p^2/2m) = (p/m)dp = v\,dp$. Man sollte $\mu\,dN$ nicht als chemische Energie bezeichnen, da gar keine chemischen Reaktionen auftreten; dieser Term ist die Energieänderung beim Erhöhen der Teilchenzahl. Was also ist $T\,dS$? Dies ist die Energie, die nicht zu einer der genannten Formen gehört. Wenn wir zum Beispiel einen Kochtopf mit Wasser auf den Herd stellen, so wird dem Wasser Energie zugeführt, ohne daß sich (bevor es kocht) V, N, p, L, P oder M wesentlich ändern. Diese Energieform ist natürlich die Wärme:

$$\text{Wärmemenge } Q = T\,dS \quad . \tag{4.12}$$

In diesem Sinne stellt (4.11a,c) den ersten Hauptsatz (Energieerhaltung) in besonderer Vollständigkeit dar. Es wird immer eine intensive (also von der Systemgröße unabhängige) Variable mit dem Differential einer extensiven (also zur Systemgröße proportionalen) Variable kombiniert.

Wenn man ideale Gase betrachtet, so ist Wärme die kinetische Energie der ungeordneten Bewegung. Das stimmt aber nicht allgemein auch für wechselwirkende Systeme: Wenn Eis geschmolzen oder Wasser verdampft werden soll, so brauchen wir dazu viel Wärme, die aber auch die Bindungen zwischen den H_2O-Molekülen aufbrechen soll. Es ist in Prüfungen wenig beeindruckend, wenn nach einem langjährigen Studium auf Fragen zur Wärmelehre nur Antworten kommen, die auf dem Schulunterricht zum klassischen idealen Gas beruhen und nicht allgemein richtig sind. Warum zum Beispiel ist die spezifische Wärme bei konstantem Druck größer als die bei konstantem Volumen, und wie ist das bei sehr kaltem Wasser, das sich bekanntlich beim Erwärmen zusammenzieht?!?

Wenn also $T\,dS$ die Wärmemenge ist, dann sind *isentrope* Änderungen bei konstanter Entropie Änderungen ohne Wärmeaustausch mit der Umgebung. Man nennt sie üblicherweise *adiabatisch* (ohne Durchgang), weil keine Wärme durch die Wände hindurchgeht. Bei *isothermen* Änderungen dagegen ist die Temperatur konstant.

Mit *Legendre*-Transformationen analog zu $F = E - TS$ läßt sich nun ganz allgemein klären, welche Größe bei welchen festgehaltenen Variablen im Gleichgewicht ein Minimum ist, analog zu (4.9). Zum Beispiel ist $H = E + PV$ im Gleichgewicht ein Minimum, wenn Entropie, Druck und Teilchenzahl festgehalten werden. Denn $dH = dE + p\,dV + V\,dP = T\,dS + V\,dP + \mu\,dN$ ist Null, wenn $dS = dP = dN = 0$ ist. Ausgehend von der Energie, die bei festgehaltenen extensiven Variablen im Gleichgewicht minimal ist, können wir durch diese Legendre-Transformation massenhaft andere *thermodynamische Potentiale* (vgl. Tabelle 4.1) zusätzlich zu E, F und H bilden. Solange wir nicht in einer elektromagnetisch geheizten Kaffeetasse in einem Eisenbahnzug rühren, können wir uns auf die in (4.11) vorkommenden drei Variablenpaare konzentrieren, und kommen so zu $2^3 = 8$ verschiedenen Potentialen. Jedes weitere Variablenpaar verdoppelt diese Zahl.

Tabelle 4.1. Thermodynamische Potentiale mit natürlichen Variablen

Potential	Name	Differential	Natürliche Variable
E	Energie	$dE = +T\,dS - P\,dV + \mu\,dN$	$S,\ V,\ N$
$E - TS = F$	freie Energie	$dF = -S\,dT - P\,dV + \mu\,dN$	$T,\ V,\ N$
$E + PV = H$	Enthalpie	$dH = +T\,dS + V\,dP + \mu\,dN$	$S,\ P,\ N$
$E + PV - TS = G$	freie Enthalpie	$dG = -S\,dT + V\,dP + \mu\,dN$	$T,\ P,\ N$
$E - \mu N$	–	$d(\dots) = +T\,dS - P\,dV - N\,d\mu$	$S,\ V,\ \mu$
$E - TS - \mu N = J$	Großkanon. Pot.	$dJ = -S\,dT - P\,dV - N\,d\mu$	$T,\ V,\ \mu$
$E + PV - \mu N$	–	$d(\dots) = +T\,dS + V\,dP - N\,d\mu$	$S,\ P,\ \mu$
$E - TS + PV - \mu N$	–	$d(\dots) = -S\,dT + V\,dP - N\,d\mu$	$T,\ P,\ \mu$

Natürliche Variable sind diejenigen, die im Differential selber als Differentiale und nicht als Vorfaktoren (Ableitungen) auftreten; bei festgehaltenen natürlichen Variablen ist das entsprechende Potential im Gleichgewicht ein Minimum. F heißt im Englischen „Helmholtz free energy", und G „Gibbs free energy".

Diese Tabelle sollte man nicht auswendig lernen, sondern verstehen können: Am Anfang steht die Energie, mit den extensiven Größen als natürlichen Variablen $dE = +\lambda\,d\Lambda + \dots$. Die Legendre-Transformierte $E - \lambda\Lambda$ hat statt der extensiven Variablen Λ dann die zugehörige intensive Größe λ als natürliche Variable: $d(E - \lambda\Lambda) = -\Lambda d\lambda + \dots$, und dieser Trick kann für jedes Variablenpaar wiederholt werden. Bei den sieben Paaren in (4.11c) gibt das $2^7 = 128$ Potentiale mit je 7 natürlichen Variablen. Jede Zeile der Tabelle gibt einige Ableitungen, wie z.B. $(\partial J/\partial V)_{T\mu} = -P$. Wollen Sie die alle auswendig lernen?

Wenn in einem Kochtopf mit Deckel oben Dampf und unten Wasser ist, so ist das System räumlich inhomogen. Wenn ein System dagegen räumlich homogen ist, also überall die gleichen Eigenschaften hat, so gilt die *Gibbs-Duhem*-Gleichung

$$E - TS + PV - \mu N = 0 \quad . \tag{4.13}$$

Beweis: Alle Moleküle sind jetzt gleichberechtigt, also $G(T, P, N) = N \cdot G'(T, P)$ mit einer von N unabhängigen Funktion G'. Andererseits ist $\mu = (\partial G/\partial N)_{TP}$; also muß gelten $\mu = G' = G/N$, was uns nicht nur (4.13) liefert, sondern auch eine bessere Interpretation für μ.

4.2.2 Thermodynamische Relationen

Wie kann man aus bereits gemessenen Stoffgrößen andere Stoffgrößen ausrechnen, ohne sie messen zu müssen? Wie groß zum Beispiel ist der Unterschied zwischen C_P und C_V, den spezifischen Wärmen bei konstantem Druck bzw. konstantem Volumen? Allgemein definieren wir die spezifische Wärme C als $T\partial S/\partial T$ und nicht als $\partial E/\partial T$, denn es geht ja um die Wärme, nicht um die Energie, die für ein Grad Temperaturerhöhung nötig ist. Andere Stoffgrößen von Interesse sind Kompressibilität $\kappa = -(\partial V/\partial P)/V$, thermische Ausdehnung $\alpha = (\partial V/\partial T)/V$ und (magnetische) Suszeptibilität $\chi = \partial M/\partial B$. Bei allen Ableitungen bleibt N konstant, wenn nicht anders gesagt, und wird so nicht explizit als unterer Index geschrieben: $\kappa_S = -(\partial V/\partial P)_{SN}/V$.

Mit rein mathematischen Differenziertricks lassen sich nunmehr eine Unmenge thermodynamischer Relationen exakt beweisen:

$$1)\quad \left(\frac{\partial x}{\partial y}\right)_z = \frac{1}{(\partial y/\partial x)_z}$$

$$2)\quad \left(\frac{\partial x}{\partial y}\right)_z = \left(\frac{\partial x}{\partial w}\right)_z \left(\frac{\partial w}{\partial y}\right)_z \qquad \text{Kettenregel}$$

$$3)\quad \left(\frac{\partial}{\partial x}\right)_y \frac{\partial w}{\partial y} = \left(\frac{\partial}{\partial y}\right)_x \frac{\partial w}{\partial x} \qquad \text{Maxwellrelation: wichtigster Trick}$$

$$4)\quad \left(\frac{\partial x}{\partial y}\right)_z = -\left(\frac{\partial x}{\partial z}\right)_y \left(\frac{\partial z}{\partial y}\right)_x \qquad \text{Vorzeichen beachten}$$

$$5)\quad \left(\frac{\partial w}{\partial y}\right)_x = \left(\frac{\partial w}{\partial y}\right)_z + \left(\frac{\partial w}{\partial z}\right)_y \left(\frac{\partial z}{\partial y}\right)_x$$

$$6)\quad \frac{\partial(u,v)}{\partial(x,y)} = \frac{\partial(u,v)}{\partial(w,z)} \frac{\partial(w,z)}{\partial(x,y)} \quad , \quad \frac{\partial(w,x)}{\partial(y,z)} \frac{\partial(s,t)}{\partial(u,v)} = \frac{\partial(w,x)}{\partial(u,v)} \frac{\partial(s,t)}{\partial(y,z)}$$

$$\frac{\partial(x,z)}{\partial(y,z)} = \left(\frac{\partial x}{\partial y}\right)_z = \frac{\partial(z,x)}{\partial(z,y)} \quad .$$

Trick 4 folgt aus Trick 5 mit $w = x$, ist aber leichter zu lernen. In Trick 6 sind die *Funktional-* oder Jacobi-Determinanten, die wir auch als $\partial(u,v)/\partial(x,y)$ schreiben, definiert als 2×2 Determinanten: $(\partial u/\partial x)(\partial v/\partial y) - (\partial u/\partial y)(\partial v/\partial x)$; sie treten auch auf, wenn bei zweidimensionalen Integralen die Integrationsvariablen u und v in die Integrationsvariablen x und y überführt werden. All das ist aber für uns gar nicht so wichtig; entscheidend sind die Regeln von Trick 6, daß man damit wie mit normalen Brüchen rechnen kann, und daß die normalen Ableitungen Spezialfälle dieser Determinanten sind.

Nun ein paar Beispiele zu Tricks 1 bis 6:

Zu 1) Da

$$\left(\frac{\partial S}{\partial E}\right)_{VN} = \frac{1}{T} \quad , \quad \text{gilt auch} \quad \left(\frac{\partial E}{\partial S}\right)_{VN} = T \quad .$$

Zu 2)

$$\left(\frac{\partial E}{\partial T}\right)_V = \left(\frac{\partial E}{\partial S}\right)_V \left(\frac{\partial S}{\partial T}\right)_V = T\left(\frac{\partial S}{\partial T}\right)_V = C_V \quad ,$$

aber

$$\left(\frac{\partial E}{\partial T}\right)_P = \left(\frac{\partial E}{\partial S}\right)_P \left(\frac{\partial S}{\partial T}\right)_P \quad ,$$

und dies ist nicht C_P.

Zu 3)

$$\left(\frac{\partial S}{\partial V}\right)_T = -\left(\frac{\partial}{\partial V}\right)_T\left(\frac{\partial F}{\partial T}\right)_V = -\left(\frac{\partial}{\partial T}\right)_V\left(\frac{\partial F}{\partial V}\right)_T = \left(\frac{\partial P}{\partial T}\right)_V .$$

Zu 4)

$$\left(\frac{\partial P}{\partial T}\right)_V = -\left(\frac{\partial P}{\partial V}\right)_T\left(\frac{\partial V}{\partial T}\right)_P = \frac{\alpha}{\kappa_T} \qquad \text{(Vorzeichen bestätigt)} .$$

Zu 5)

$$C_P - C_V = T\left[\left(\frac{\partial S}{\partial T}\right)_P - \left(\frac{\partial S}{\partial T}\right)_V\right] = T\left[\left(\frac{\partial S}{\partial V}\right)_T\left(\frac{\partial V}{\partial T}\right)_P\right] \qquad \text{(Trick 5)}$$

$$= T\left[\left(\frac{\partial P}{\partial T}\right)_V\left(\frac{\partial V}{\partial T}\right)_P\right] = -T\left[\left(\frac{\partial P}{\partial V}\right)_T\left(\frac{\partial V}{\partial T}\right)_P^2\right] \qquad \text{(Trick 4)}$$

$$= \frac{TV\alpha^2}{\kappa_T} .$$

Zu 6)

$$\frac{(\partial S/\partial T)_P}{(\partial S/\partial T)_V} = \frac{\partial(S,P)}{\partial(T,P)}\frac{\partial(T,V)}{\partial(S,V)} = \frac{\partial(S,P)}{\partial(S,V)}\frac{\partial(T,V)}{\partial(T,P)} = \frac{(\partial P/\partial V)_S}{(\partial P/\partial V)_T} = \frac{\kappa_T}{\kappa_S} .$$

Die beiden Resultate

$$C_P - C_V = \frac{TV\alpha^2}{\kappa_T} \quad \text{und} \quad \frac{C_P}{C_V} = \frac{\kappa_T}{\kappa_S} \qquad\qquad (4.14)$$

sind nicht nur von der Rechentechnik interessant; aus dem ersten sehen wir, daß C_P auch dann größer als C_V ist, wenn sich der Stoff beim Erwärmen zusammenzieht (Wasser unter 4° C). Ganz allgemein läßt sich bei solchen „fast gleichen" Ableitungen die Differenz mit Trick 5 und der Quotient mit Trick 6 berechnen.

Solche Relationen dienen dazu, sich Meßarbeit zu ersparen oder die Meßresultate auf ihre innere Konsistenz zu überprüfen; außerdem kann man durch diese kompakte Technik relativ leicht Klausurpunkte sammeln.

4.2.3 Alternativen zur kanonischen Wahrscheinlichkeitsverteilung

Das Grundaxiom (4.1) nennt man die kanonische Wahrscheinlichkeitsverteilung, die kanonische Gesamtheit oder das kanonische Ensemble. In manchen Fällen ist es zweckmäßig, andere Annahmen zu verwenden, die bei großen Systemen zu den gleichen Resultaten führen, aber leichter in der Rechnung sind.

Der kanonische Fall $\varrho_n \sim \exp(-\beta E_n)$ entspricht fester Temperatur T, festem Volumen V und fester Teilchenzahl N. Daher ist $F = -kT \ln Z$ mit der Zustandssumme $Z = \sum_n \exp(-\beta E_n)$; diese freie Energie F ist minimal bei festem T, V und N. Physikalisch entspricht die kanonische Gesamtheit z.B. einem Blechkasten voll Wasser in einer Badewanne: V und N sind fest, aber durch das dünne Blech wird Wärme mit dem Wasser in der Wanne ausgetauscht: T fest (Abb. 4.1).

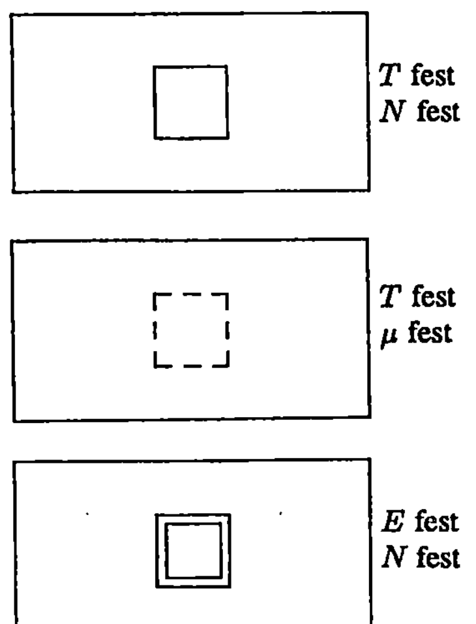

Abb. 4.1. Schematische Darstellung von kanonischer, makrokanonischer und mikrokanonischer Verteilung (*von oben nach unten*). Ein Liter Wasser befindet sich in einem großen Reservoir von Wasser und Wärme. Einfache Linien lassen Wärme, aber keine Teilchen durch; gestrichelte Linien sind nur gedacht, und Doppellinien lassen weder Wärme noch Teilchen durch

Wie bei den Legendre-Transformationen können wir stattdessen auch mit festem T und festem μ arbeiten, was als *makrokanonische* oder *großkanonische* Gesamtheit bezeichnet wird. Hier ist der Liter Wasser in der Badewanne nur in einem gedachten Volumen ohne reale Wände, und tauscht sowohl Wärme als auch Teilchen mit der Umgebung aus. Die Wahrscheinlichkeit ϱ_n, einen Zustand Ψ_n mit Energie E_n und Teilchenzahl N_n zu bekommen, ist jetzt

$$\varrho_n = \frac{\exp\left[-\beta(E_n - \mu N_n)\right]}{Y} \tag{4.15a}$$

mit der großkanonischen Zustandssumme $Y = \sum_n \exp\left[-\beta(E_n - \mu N_n)\right]$ und $J = F - \mu N = -kT \ln Y$. In dieser Gesamtheit fluktuieren sowohl E als auch N, während T, V und μ fest sind.

Umgekehrt können wir auch sowohl N als auch E festhalten, und dann μ und T fluktuieren lassen:

$$\varrho_n \sim \delta(E_n - \langle E \rangle)\delta(N_n - \langle N \rangle) \quad .$$

Diese mikrokanonische oder kleinkanonische Gesamtheit war bis vor kurzem ohne großen praktischen Nutzen. In den letzten Jahren wurde die Annahme wichtig für Computersimulationen, denn das Ising-Programm aus der Elektrodynamik, das wir hier (Abschn. 4.1.1) zur Rechtfertigung der kanonischen Gesamtheit verwendeten, ist eine Näherung für die kleinkanonische Gesamtheit und arbeitet mit konstanter Energie und konstanter Teilchenzahl.

Viel wichtiger ist die großkanonische Gesamtheit, die wir bereits für die Theorie idealer (Quanten-)Gase brauchen werden. Wenn Z_N die kanonische Zustandssumme $\sum \exp(-\beta E_n)$ bei festem N ist, dann gilt:

$$Y = \sum_N Z_N e^{\beta \mu N} \quad . \tag{4.15b}$$

Hieraus folgt

$$\langle N \rangle = \frac{\partial (\ln Y)}{\partial (\beta \mu)} \quad , \tag{4.15c}$$

analog zu $\langle E \rangle = -\partial (\ln Z)/\partial \beta$ in der kanonischen Gesamtheit.

In manchen Computersimulationen wird auch mit festem Druck statt mit festem Volumen gearbeitet, wofür wir die Legendre-Transformationen ja schon kennen gelernt haben. Von Ausnahmefällen abgesehen sind alle diese Gesamtheiten zur kanonischen gleichwertig, d.h. sie geben die gleichen Resultate. Dies ist leicht zu verstehen: Wenn ein Gläschen Schnaps 10^{24} Moleküle enthält, dann sind die Schwankungen ΔN um den Mittelwert $\langle N \rangle$ nicht entscheidend: Was ist dann schon eine Billion mehr oder weniger. Sie kennen das auch von Ihrem Aktiendepot.

4.2.4 Wirkungsgrad und Carnot-Maschine

Eines der beeindruckendsten Resultate dieser Thermodynamik des 19. Jahrhunderts ist es, den Wirkungsgrad von Maschinen abschätzen zu können, ohne irgendwelche spezifischen Annahmen über die Arbeits-Stoffe zu machen. Wie kann man Dampfmaschinen verstehen, ohne etwas über Wasser zu wissen?

Ein Kraftwerk, ob als Dampflokomotive oder zur Stromerzeugung, setzt Wärme in mechanische Arbeit um. Wie mechanische Arbeit dann einen Eisenbahnzug (oder Elektronen via Lorentzkraft) bewegt, oder ob die Wärme aus Kohle, Erdöl oder Atomkernspaltung kommt, ist für diese Rechnung (sonst nicht) egal. Da ein erheblicher Teil der Wärme ins Kühlwasser verloren geht, ist der Wirkungsgrad η (η = Verhältnis von herausgeholter mechanischer Arbeit zur hineingesteckten Wärmemenge) weit unter 100 %.

Eine Carnot-Maschine ist ein ideales Kraftwerk, d.h. ein zyklisch arbeitendes Gerät ohne Reibung, das dauernd im thermischen Gleichgewicht ist. Abbildung 4.2 zeigt schematisch, wie bei regelmäßiger Kompression und Entspannung des Arbeitszylinders der Druck P vom Volumen V abhängt. Wir unterscheiden vier Takte mit ihren jeweils übertragenen Wärmemengen

$$Q = \int T \, dS :$$

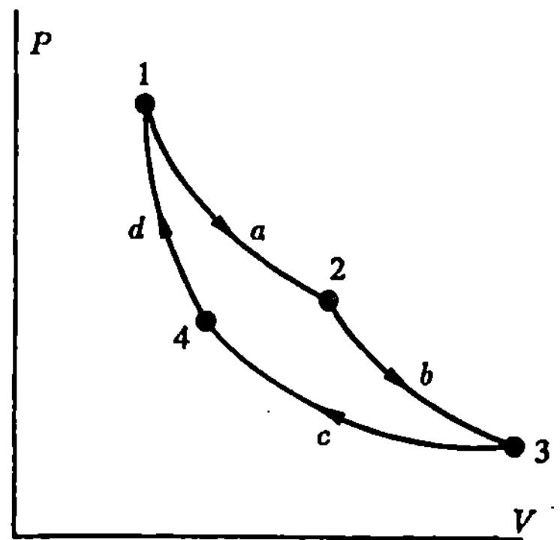

Abb. 4.2. Druck als Funktion des Volumens (schematisch) in den vier Takten der Carnot-Maschine (Sadi Carnot, 1796–1828)

a) isotherme Expansion von 1 auf 2 (Heizen), $\quad T_1 = T_2$, $Q = T_1 (S_2 - S_1)$

b) adiabatische Expansion von 2 auf 3 (Isolation), $\quad T_2 > T_3$, $Q = 0$, $S_3 = S_2$

c) isotherme Kompression von 3 auf 4 (Kühlen), $\quad T_3 = T_4$, $Q = T_3 (S_4 - S_3)$

d) adiabatische Kompression von 4 auf 1 (Isolation), $\quad T_4 < T_1$, $Q = 0$, $S_1 = S_4$

Die mechanische Arbeit ist $A = \int P\,dV$, ein Integral, dessen direkte Berechnung die Kenntnis von Stoffeigenschaften voraussetzt. Die Wärmemenge $Q = T\,\Delta S$ ist bequemer auszurechnen, weil hier bei der Übertragung von Wärme (Schritte a und c) die Temperatur konstant ist. Nach Voraussetzung soll die Maschine zyklisch arbeiten, die Energie E des Arbeitsstoffes also am Ende eines Zyklus so groß sein wie am Anfang:

$$0 = \oint dE = \oint T\,dS - \oint P\,dV = T_1(S_2 - S_1) + T_3(S_4 - S_3) - A \quad ,$$

$$A = (T_1 - T_3)(S_2 - S_1) \quad .$$

An Heizwärme hineingesteckt ist $Q = T_1(S_2 - S_1)$ bei Schritt a; also ist der Wirkungsgrad $\eta = A/Q$ gleich dem Verhältnis der Temperaturdifferenz zur größeren der beiden Temperaturen:

$$\eta = \frac{T_1 - T_3}{T_1} \quad . \tag{4.16}$$

Die nicht in mechanische Energie umgesetzte Wärme geht in Schritt c ans Kühlwasser.

Vom theoretischen Standpunkt ist bemerkenswert, daß hier die absolute Temperatur T_1 auftritt: Schon mit Dampfmaschinen kann man feststellen, wo der absolute Nullpunkt liegt. Praktisch arbeiten Kraftwerke mit η zwischen 30 und 40 %. Der Energieverbrauch von Privathaushalten beruht vor allem auf Heizung von Luft oder Wasser; man spart keine Energie, wenn man den Trockenrasierer im Schrank läßt und stattdessen sich mit heißem Wasser naß rasiert. Also könnte man den ökonomischen Wirkungsgrad erheblich erhöhen, wenn man mit dem Kühlwasser der Kraftwerke die Wohnungen heizen würde. Mit Kernkraftwerken direkt vor der Haustür hätte diese Abwärmeverwertung eine „strahlende" Zukunft.

Eine andere Methode, das Gesetz (4.16) zu umgehen, ist die Wärmepumpe, für die der Kühlschrank das bekannteste Beispiel ist: Durch einen Elektromotor lassen wir obigen Kreisprozeß in umgekehrter Richtung laufen, und fragen nach dem Verhältnis Q/A von dadurch erreichter Wärmeverschiebung Q zur aufgewendeten mechanischen Motor-Arbeit A. Aus (4.16) folgt $Q/A = T_1/(T_1 - T_3)$, also ein Wirkungsgrad weit über 100 %. Insbesondere zur Heizung Ihres Swimmingpools sollten Sie eine Wärmepumpe verwenden, da dann T_1 (bei sportlichen Leuten 18° C) nur etwas über der Temperatur T_3 des Erdbodens liegt, aus dem die Wärme herausgepumpt wird. Man kann natürlich auch versuchen, einen Kühlschrank geschickt zwischen Wasser und Erdreich zu stellen.

4.2.5 Phasengleichgewichte und Clausius-Clapeyron-Gleichung

Die restlichen Abschnitte dieses Kapitels handeln vom Grenzgebiet zwischen Physik und Chemie, nämlich von Physikalischer Chemie („Chemische Physik" wäre hier besser, ist aber im Deutschen wenig gebräuchlich). Es geht um Flüssigkeiten, Dämpfe und binäre Mischungen im thermodynamischen Gleichgewicht. In diesem Abschnitt geht es um das Phasendiagramm und die Steigung der Dampfdruckkurve.

Wenn zwei „Phasen", z.B. Flüssigkeit und Dampf eines Stoffes, miteinander im Gleichgewicht stehen und Wärme, Volumen und Teilchen miteinander austauschen, dann stimmen Temperatur, Druck und chemisches Potential der beiden Phasen überein. Wir beweisen das für die Temperatur: Die Gesamtenergie E_{ges} ist ein Minimum im Gleichgewicht bei festem S_{ges}, V_{ges}, N_{ges}. Wenn also etwas Entropie vom Dampf in die Flüssigkeit verschoben wird ($dS_{Dampf} = -dS_{flüssig}$), muß die erste Ableitung der Gesamtenergie verschwinden:

$$0 = \left(\frac{\partial E_{ges}}{\partial S_{Dampf}}\right)_{VN} = \left(\frac{\partial E_{flüssig}}{\partial S_{Dampf}}\right)_{VN} + \left(\frac{\partial E_{Dampf}}{\partial S_{Dampf}}\right)_{VN}$$

$$= -\left(\frac{\partial E_{flüssig}}{\partial S_{flüssig}}\right)_{VN} + \left(\frac{\partial E_{Dampf}}{\partial S_{Dampf}}\right)_{VN} = -T_{flüssig} + T_{Dampf} \quad,$$

wie behauptet. Es entspricht auch der täglichen Erfahrung, daß Gegenstände mit Wärmekontakt solange Wärme austauschen, bis ihre Temperaturen übereinstimmen. Gleiches gilt für den Druck; nur für das chemische Potential fehlt uns das Gefühl.

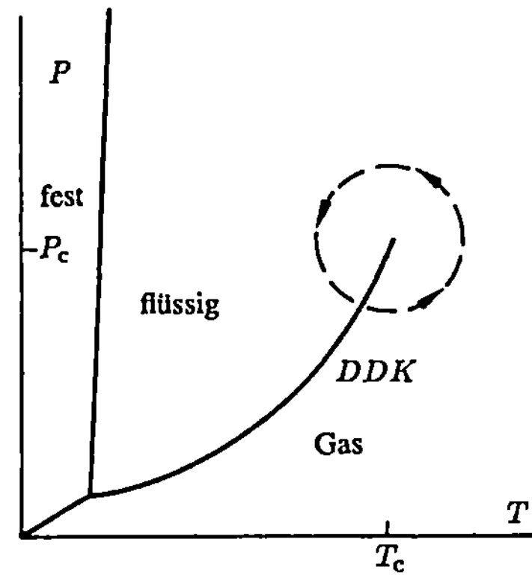

Abb. 4.3. Schematisches Phasendiagramm eines einfachen Stoffes. P_c und T_c sind kritischer Druck bzw. Temperatur. DDK = Dampfdruckkurve gasförmig-flüssig

Abbildung 4.3 zeigt schematisch das Phasendiagramm eines normalen Stoffes mit seinen zwei Dampfdruckkurven, wo der Dampf im Gleichgewicht ist mit der Flüssigkeit bzw. dem Festkörper. In Wirklichkeit variiert der Druck viel stärker, z.B. über viereinhalb Zehnerpotenzen bei Wasser zwischen Tripelpunkt ($0°$ C) und kritischem Punkt ($374°$ C). Die beiden Dampfdruckkurven und die Trennlinie zwischen Flüssigkeit und Festkörper treffen sich am Tripelpunkt; die *Dampfdruckkurve* (DDK) für den Übergang vom Gas zur Flüssigkeit endet am *kritischen Punkt* $T = T_c$, $P = P_c$.

Wir nennen hier das Gas einen Dampf, wenn es im Gleichgewicht mit seiner Flüssigkeit ist, also auf der DDK liegt. Wenn wir auf der DDK zu immer höheren

Temperaturen aufheizen, so wird die Dichte der Flüssigkeit immer geringer, die des Dampfes immer größer, und am kritischen Punkt $T = T_c$, $P = P_c$ treffen sich beide bei der kritischen Dichte (0,315 g/cm^3 bei Wasser). Für $T > T_c$ ist es nicht mehr möglich, Flüssigkeit und Dampf nebeneinander zu beobachten; der Stoff hat nur noch eine einheitliche Phase. Wenn man P und T so variiert, daß man von der Dampfseite der DDK über Temperaturen oberhalb T_c zur flüssigen Seite der DDK kommt (gestrichelter Kreis in Abb. 4.3), dann variiert die Dichte längs dieser Linie kontinuierlich vom Dampfwert zur Flüssigkeitsdichte, ohne daß jemals die Dichte sprunghaft ansteigt oder zwei Phasen entstehen. Es gibt also keinen qualitativen Unterschied[1] zwischen Flüssigkeit und Gas; ob ein *Fluid* flüssig oder gasförmig ist, können wir erst entscheiden, wenn es bei $T < T_c$ ein Gleichgewicht von zwei Phasen zeigt: Die mit der höheren Dichte nennen wir dann flüssig.

Ein solcher Phasenübergang, bei dem der Unterschied zwischen beiden Phasen kontinuierlich verschwindet, endet im *kritischen Punkt* und heißt Phasenübergang zweiter Art; der beim Aufheizen längs der DDK beobachtete Phasenübergang bei $T = T_c$ ist also ein solcher. (Die Trennlinie zwischen flüssigem und festem Zustand endet nicht in einem kritischen Punkt, weil ein kristalliner Festkörper sich qualitativ von einer nichtperiodischen Flüssigkeit unterscheidet: Phasenübergang erster Art.)

Diese zunächst überraschende Tatsache wurde in der Mitte des 19. Jahrhunderts bei CO$_2$ entdeckt, dessen T_c nur etwas über Zimmertemperatur liegt. Wegen des hohen kritischen Druckes von CO$_2$ ist es weniger gefährlich, analoge Phänomene bei der Entmischung von binären Flüssigkeitsmischungen zu zeigen. Van der Waals stellte 1873 in seiner Doktorarbeit die erste Theorie hierfür auf, die später zu behandelnde van der Waals-Gleichung. Für Luft (N$_2$, O$_2$) liegt T_c bei etwa -150 bzw. $-120°$ C; man kann Luft noch so stark unter Druck setzen: es bilden sich bei Zimmertemperatur keine Flüssigkeitströpfchen.

Erhöht man dagegen bei festem $T < T_c$ allmählich den Druck eines Gases, so verflüssigt sich das Gas im Gleichgewicht sprunghaft, sobald die DDK überschritten wird. Einen solchen Phasenübergang mit sprunghafter Änderung nennen wir einen Phasenübergang erster Art. Im Wetterbericht spricht man von 100 % Luftfeuchtigkeit, wenn der Anteil des Wasserdampfes in der Luft gerade der Dichte auf der DDK entspricht. In der Realität braucht man etwas höheren Gasdruck, um die Kondensation von Dampf zur Flüssigkeit zu erreichen; denn es bilden sich erst einmal sehr kleine Tröpfchen, bei denen die Energie der Oberflächenspannung das Wachstum behindert. Vorhandene Kondensationskeime (Seesalz; von Regentänzen hochgewirbelter Staub; von Flugzeugen verstreutes Silberjodid) gestatten aber die Bildung von Wolken und Regentröpfchen schon sehr nahe an 100 % Luftfeuchtigkeit. In völlig „keimfreier" Luft kondensiert Wasserdampf erst bei mehreren hundert Prozent Luftfeuchtigkeit, in Übereinstimmung mit der Keimbildungstheorie[2] (um 1930). Ähnliche Keimbildungs-Effekte sind es auch, die uns im Chemielabor veranlassen, dauernd die Reagenzgläser zu schütteln, wenn wir Flüssigkeiten über einen Bunsenbrenner halten. Nebelkammern und Blasenkammern der Hochenergiephysik nutzen aus, daß elektrische Ladungen, die von energetischen Teilchen produziert werden, als Keime für die Phasenumwandlung gasförmig-flüssig dienen können. Eventuell ist auch der

---

[1] Siehe aber Physica A **161**, 58 und 249, sowie **175**, 222 (1989 und 1991) zum Problem der *Kertész*-Linie.
[2] Siehe Int. J. Mod. Phys. C**3**, 773–1164 (1992) für eine neuere Konferenz

photographische Prozeß so ein Keimbildungsphänomen bei einem Phasenübergang
erster Art.

Bei fast allen Phasenübergängen erster Art tritt eine latente Wärme Q auf, d.h.
eine Wärmemenge Q ist nötig, um bei konstanter Temperatur und konstantem Druck
eine Phase in eine andere umzuwandeln (in umgekehrter Richtung wird Q frei). Zum
Beispiel braucht man mehr Wärme, um Wasser bei $100°$ C zu verkochen, als es von
0 auf $100°$ C zu erhitzen. Wer seine Hand in den Dampfstrahl eines kochenden
Teekessels hält, verbrüht seine Haut nicht wegen der $100°$ C sondern wegen des
dann wieder frei werdenden Q des auf der Haut kondensierenden Wasserdampfs. Wir
berechnen jetzt eine Beziehung zwischen Q und der Steigung $P' = (\partial P/\partial T)_{\mathrm{DDK}}$
der Dampfdruckkurve.

Mit den Abkürzungen $q = Q/N$, $s = S/N$, $v = V/N$ und $\mu = G/N$ (4.13) gilt:

$$
\left(\frac{\partial G}{\partial T}\right)_{\mathrm{DDK}} = \left(\frac{\partial G}{\partial T}\right)_P + \left(\frac{\partial G}{\partial P}\right)_T \left(\frac{\partial P}{\partial T}\right)_{\mathrm{DDK}} = -S + VP'
$$

$$
-s + vP' = \left(\frac{\partial \mu}{\partial T}\right)_{\mathrm{DDK}} = \left(\frac{\partial \mu}{\partial T}\right)_{\text{flüssig}} = \left(\frac{\partial \mu}{\partial T}\right)_{\text{Dampf}} \quad ,
$$

denn längs der Dampfdruckkurve ist μ für Flüssigkeit und Dampf gleich. Zieht man
also $-s + vP'$ für den Dampf vom entsprechenden Ausdruck für die Flüssigkeit ab,
so ergibt sich Null auf der DDK:

$$
0 = -(s_{\text{flüssig}} - s_{\text{Dampf}}) + (v_{\text{flüssig}} - v_{\text{Dampf}})P'
$$

$$
= q/T + (v_{\text{flüssig}} - v_{\text{Dampf}})P' \quad ,
$$

woraus die *Clausius-Clapeyron*-Gleichung folgt:

$$
q = T(v_{\text{Dampf}} - v_{\text{flüssig}})P' \quad . \tag{4.18a}
$$

Für T weit unterhalb von T_c ist das Dampfvolumen pro Molekül sehr viel größer als
das Flüssigkeitsvolumen: $q = Tv_{\text{Dampf}}P'$; oft kann man auch den Dampf dann als
klassisches ideales Gas annehmen: $Pv = kT$, oder $q = kT^2P'/P$. Wenn jetzt auch
noch die Verdampfungswärme unabhängig von T ist (tiefe Temperaturen), so wird
$P' = (q/kT^2)P$ gelöst durch

$$
P \sim e^{-q/kT} \quad . \tag{4.18b}
$$

Hieraus wird klar, daß für tiefe Temperaturen die *Verdampfungswärme* q eines
Moleküls seine Bindungsenergie an die Flüssigkeit ist: Um das Molekül von der
Flüssigkeit zu lösen und zu einem Dampfmolekül zu machen (das dann P erhöht),
muß die Energie q aufgebracht werden. In der Tat verdoppelt sich bei Zimmertemperatur der Dampfdruck des Wassers für je 10 Grad Temperaturerhöhung. Diese
rapide Änderung des Dampfdrucks erklärt viele Wetterphänomene; der Münchner
Föhn wiederum wird zur Erklärung vieler menschlicher Fehlleistungen gebraucht.

4.2.6 Massenwirkungsgesetz für Gase

Chemische Reaktionen wie für Knallgas, $2H_2 + O_2 \longleftrightarrow 2H_2O$ können allgemein in
der Form $\sum_i \nu_i A_i \longleftrightarrow 0$ geschrieben werden, wobei die ν_i positive oder negative ganze Zahlen sind (nämlich die Zahl der pro elementarer Reaktion beteiligten

Moleküle), und A_i die Molekülsorten. (Der Doppelpfeil statt des Pfeils für die Reaktion macht klar, daß Reaktionen in beiden Richtungen erfolgen, analog zu manchen Ehen.) Von den Chemikern übernehmen wir die Notation $[A_i] = N_i/V$ für die Konzentration; wir hüten uns vor ihren anderen Konzentrations-Einheiten. Wenn T und V fest sind, so bestimmen sich bei fester Gesamtzahl N aller Atome die Einzelkonzentrationen $[A_i]$ so, daß die freie Energie F ein Minimum wird:

$$0 = dF = \sum_i \left(\frac{\partial F}{\partial N_i}\right)_{TV} dN_i = \sum_i \mu_i dN_i$$

und damit

$$\sum \mu_i \nu_i = 0 \quad . \tag{4.19a}$$

Für klassische ideale Gase gilt

$$\mu = kT \ln(N/V) + \text{const} \quad , \tag{4.19b}$$

denn

$$\left(\frac{\partial P}{\partial \mu}\right)_{TV} = -\frac{\partial^2 J}{\partial \mu \partial V} = \left(\frac{\partial N}{\partial V}\right)_{TP} = \frac{N}{V} \quad , \quad \text{also}$$

$$\frac{\partial \mu}{\partial P} = \frac{V}{N} = \frac{kT}{P} \quad \text{oder}$$

$$\mu = kT \ln P + \text{Const}(T) = kT \ln(N/V) + \text{const}(T) \quad .$$

Zusammen geben (4.19a) und (4.19b):

$$\sum_i (\ln[A_i] + c_i)\nu_i = 0 \quad \text{oder} \quad \sum_i \nu_i \ln[A_i] = C \quad ,$$

$$\text{Produkt} \quad \prod_i [A_i]^{\nu_i} = \text{Konstante}(T, P, \dots) \quad . \tag{4.19c}$$

Bei der Knallgasreaktion ist also das Konzentrationsverhältnis $[H_2]^2[O_2]/[H_2O\ ]^2$ konstant. Dieses Massenwirkungsgesetz kann auf verdünnte Lösungen verallgemeinert werden, wo z.B. H_2O in H^+ und OH^- dissoziiert: $[H^+][OH^-]$ ist konstant; wenn H^+ gegenüber OH^- überwiegt, haben wir eine Säure, deren pH-Wert mit $\log_{10}[H^+]$ zusammenhängt.

4.2.7 Die Gesetze von Henry, Raoult und van't Hoff

Wässrige Lösungen von C_2H_5OH sind als Forschungsgebiet mehrere tausend Jahre alt; konzentrierte Lösungen (z.B. Scotch) sollten UnProfs vorbehalten werden, während verdünnte Lösungen (z.B. Bier) in diesem Kapitel behandelt werden. Es sei also ein Stoff 1 im Lösungsmittel 2 (z.B. Wasser) gelöst mit kleiner Konzentration $c = N_1/(N_1 + N_2) \ll 1$. Wir berechnen die Dampfdrücke P_1 und P_2 der beiden Molekülsorten über der flüssigen Lösung.

Je mehr Alkohol im Bier ist, um so mehr Alkoholdunst P_1 ist in der Luft. Quantitativ ist dies das *Henry*-Gesetz:

$$P_1 \sim c + \ldots \tag{4.20a}$$

für kleine c. Viel überraschender ist *Raoults*-Gesetz

$$P_2(c) = P_2(c = 0)(1 - c + \ldots) \tag{4.20b}$$

für den Dampfdruck des Lösungsmittels. Schüttet man also ein Promille Salz in kochendes Wasser, so hört das Wasser zu Kochen auf, nicht nur weil das Salz kalt war, sondern vor allem, weil es den Dampfdruck um ein Promille erniedrigte. Daß der Einfluß des gelösten Stoffes *proportional* zu c ist, ist selbstverständlich; doch warum ist der Proportionalitätsfaktor exakt Eins?

Die Herleitung beruht auf der verallgemeinerten Gleichung (4.13) für die flüssige Phase: $E - TS + PV - \mu_1 N_1 - \mu_2 N_2 = 0$. Daher ist auch das Differential Null: $-S\,dT + V\,dP - N_1 d\mu_1 - N_2 d\mu_2 = 0$. Bei fester (Zimmer-)Temperatur und festem (Atmosphären-)Druck ist $dT = dP = 0$ und daher $N_1 d\mu_1 + N_2 d\mu_2 = 0$. Dividiert durch $N_1 + N_2$ ergibt sich, noch exakt,

$$c\,d\mu_1 + (1 - c)d\mu_2 = 0$$

für die Flüssigkeit. Im Gleichgewicht ist jedes μ für Flüssigkeit und Dampf gleich, und wenn der Dampf durch (4.19b) approximiert wird, gilt für die beiden Dampfdrücke

$$c\frac{d(\log P_1)}{dc} + (1 - c)\frac{d(\log P_2)}{dc} = 0 \quad . \tag{4.20c}$$

Noch ist hier nicht $c \ll 1$ angenommen worden; durch Integration kann man also den Dampfdruck des gelösten Stoffes berechnen (bis auf einen Faktor), wenn man den Dampfdruck des Lösungsmittels als Funktion von c kennt. Wie sich der Dampfdruck der Schwefelsäure bei Verdünnung mit Wasser verringert, wußte man dadurch lange, bevor der Dampfdruck reiner Schwefelsäure um 1975 in Heidelberg bei Zimmertemperatur gemessen wurde.

Für $c \ll 1$ setzen wir das Henry-Gesetz $P_1 \sim c$ ein:

$$\frac{d(\log P_2)}{dc} = -\frac{1}{(1 - c)}$$

oder $P_2 \sim (1 - c)$. Der Proportionalitätsfaktor muß $P_2(c = 0)$ sein, also der Dampfdruck des reinen Lösungsmittels, woraus (4.20b) folgt.

Durch diese Erniedrigung des Wasser-Dampfdrucks erhöht sich der Siedepunkt, wenn man Salz hineinschüttet. Entsprechend erniedrigt sich auch der Schmelzpunkt von Salzwasser. Streut man im Winter Salz auf die Straßen, so kann man eventuell das Eis zum Schmelzen, die Karosserien zum Rosten und die Umwelt zum Versalzen bringen. Stattdessen kann man auch in wärmere Länder fliegen (natürlich zu wichtigen Physikkonferenzen, nur für UnProfs).

Wer verschrumpelte Pflaumen ins Wasser legt, kann sie wieder groß und glatt machen oder sogar zum Platzen bringen. Das schafft der osmotische Druck. Man beobachtet ihn an semipermeablen Membranen, das sind Schichten wie Zellophan, aber auch viele biologische Zellmembranen. Sie lassen Wassermoleküle durch, nicht aber kompliziertere gelöste Moleküle. Links und rechts von dieser semipermeablen Membran ist also μ_2 gleich, nicht aber μ_1. Mit den gleichen Methoden wie beim Raoult-

Gesetz ergibt sich aus (4.20c) der Unterschied in μ_2 als kTc bei kleinem c, da dann die Kräfte zwischen den N_1 gelösten Molekülen wie beim idealen Gas Null sind. Aus $\partial P_2/\partial \mu_2 = N_2/V$ folgt hieraus ein Druckunterschied $P_{\text{osm}} = kTcN_2/V \approx kTN_1/V$, also

$$P_{\text{osm}}V = N_1 kT + \dots \tag{4.21}$$

das Gesetz von *van't Hoff*.

Die Moleküle des gelösten Stoffes üben also auf die semipermeable Membran einen Druck aus, als ob sie Moleküle eines klassischen idealen Gases wären. Deshalb sollte man kein destilliertes Wasser trinken, und brauchen Verletzte zumindest eine physiologische Kochsalzlösung in ihren Adern.

4.2.8 Joule-Thomson-Effekt

Es gibt verschiedene Methoden, Luft stark abzukühlen. Eine Methode ist es, sie durch ein Drosselventil zu pumpen. Ein solches Ventil (von echten Theoretikern auch Wattebausch genannt) gestattet, einen Druckunterschied aufrechtzuerhalten, ohne daß die durchströmende Luft nennenswert mechanische Arbeit am Ventil leistet. Schematisch sieht das aus wie in Abb. 4.4.

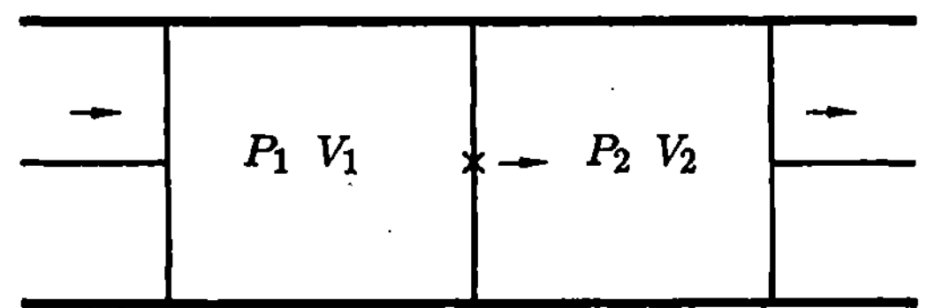

Abb. 4.4. Schematischer Aufbau eines Experiments zum Joule-Thomson-Effekt. Luft wird vom linken Stempel zum Ventil × gepreßt, strömt durch dieses und treibt den rechten Stempel durch das Rohr. Dadurch ist die Enthalpie konstant

Wenn der linke Stempel nach rechts rückt um das Volumen dV_1, so leistet er die Arbeit $P_1\,dV_1$. Am rechten Stempel wird die Arbeit $P_2\,dV_2$ geleistet. Wir pumpen so, daß die Drücke konstant bleiben; außerdem vernachlässigen wir die durch Reibung erzeugte Wärme. Wegen Energieerhaltung muß dann gelten

$$E_1 + \int P_1\,dV_1 = (E + PV)_1 = (E + PV)_2 = E_2 + \int P_2\,dV_2\ ,$$

das heißt, die Enthalpie $H = E + PV$ ist konstant. Somit ist also die Frage: Wie ändert sich die Temperatur bei Expansion eines Gases, wenn dessen Enthalpie H konstant bleibt?

Die Berechnung von $(\partial T/\partial P)_H$ benutzt einige unserer Tricks:

$$\left(\frac{\partial T}{\partial P}\right)_H = -\left(\frac{\partial T}{\partial H}\right)_P\left(\frac{\partial H}{\partial P}\right)_T = -\frac{(\partial H/\partial P)_T}{(\partial H/\partial T)_P}$$

$$= -\frac{(\partial H/\partial P)_S + (\partial H/\partial S)_P(\partial S/\partial P)_T}{(\partial H/\partial S)_P(\partial S/\partial T)_P} = \frac{T(\partial V/\partial T)_P - V}{C_P}\ .$$

Eine Abkühlung findet also nur statt, wenn $T(\partial V/\partial T)_P > V$ ist. Beim klassischen idealen Gas, $PV = NkT$, ist $\partial V/\partial T = Nk/P = V/T$, und damit verschwindet der ganze Effekt: $(\partial T/\partial P)_H = 0$. Ohne Kräfte zwischen den Molekülen gibt es keinen Joule-Thomson-Effekt. Man muß daher zunächst Luft abkühlen unter die „Inversionstemperatur", unterhalb derer $(\partial T/\partial P)_H$ positiv wird durch die Anziehungskräfte zwischen den Molekülen (vgl. Virialentwicklung, nächster Abschnitt).

4.3 Statistische Mechanik idealer und realer Systeme

Bisher betrachteten wir in der Wärmelehre allgemeine Beziehungen zwischen makroskopischen Meßgrößen wie etwa den Unterschied zwischen C_P und C_V, aufgrund mathematischer Gesetze. Jetzt wollen wir solche Größen direkt ausrechnen aus mikroskopischen Modellen und z.B. die Gesetze des idealen Gases ableiten. Dabei betrachten wir sowohl exakte Lösungen ohne Wechselwirkungen („ideale" Gase etc.) als auch Näherungen für Systeme mit Wechselwirkungen (z.B. „reale" Gase). Im idealen Fall genügt es, ein einzelnes Teilchen oder einen einzelnen Zustand zu betrachten, da ja keine Wechselwirkung zu anderen Teilchen oder Zuständen besteht. Diese einfache Addition funktioniert nicht mehr bei realen Systemen.

4.3.1 Fermi- und Bose-Verteilung

Wie groß ist in einem idealen Gas kräftefreier Moleküle $\langle n_Q \rangle$, die mittlere Zahl der Moleküle, die einen bestimmten Quantenzustand haben, der durch den Satz von Quantenzahlen Q charakterisiert ist? Das Pauliprinzip der Quantenmechanik verhindert, daß zwei oder mehr Fermiteilchen im gleichen Quantenzustand sitzen; also gilt bei Fermionen $0 \le \langle n_Q \rangle \le 1$, während bei Bosonen $\langle n_Q \rangle$ beliebig groß werden könnte (und bei Bose-Einstein-Kondensation auch wird). Mit der kanonischen und erst recht der mikrokanonischen Gesamtheit hätten wir jetzt Probleme: Wenn wegen des Pauliprinzips ein Teilchen nicht in einen Quantenzustand paßt, muß man es in einem anderen Zustand unterbringen, wodurch die verschiedenen Quantenzustände nicht mehr statistisch unabhängig sind. Es ist bequemer, mit der großkanonischen Gesamtheit zu arbeiten, wo nicht die Teilchenzahl, sondern das chemische Potential μ konstant ist: $\varrho \sim \exp\left[-\beta(E - \mu N)\right]$. Nun brauchen wir nur einen einzigen Zustand (Quantenzahl Q) zu berechnen, da die verschiedenen Zustände statistisch unabhängig geworden sind: Überschüssige Teilchen werden einfach weggelassen.

Die Wahrscheinlichkeit, n Teilchen im Zustand mit Quantenzahl Q zu finden, ist also proportional zu $\exp\left[-\beta(\varepsilon - \mu)n\right]$, da jetzt $n = N$ die Teilchenzahl und $E = \varepsilon n$ die Energie ist; ε ist also die Energie eines einzelnen Teilchens, z.B. $\varepsilon = \hbar^2 Q^2/2m$. Mit der Abkürzung $x = \exp\left[-\beta(\varepsilon - \mu)\right]$ ist also die Wahrscheinlichkeit proportional zu x^n, mit dem Proportionalitätsfaktor $1/\sum_n x^n$. In dieser Summe läuft n von 0 bis ∞ bei Bosonen und, wegen des Pauliprinzips, von 0 bis 1 bei Fermionen. Für Bosonen ist die Summe also $= 1/(1 - x)$ („geometrische Reihe"), für Fermionen ist sie $1 + x$. Bei kleinen x also kommt es auf den Unterschied zwischen Bose- und Fermi-Teilchen nicht an, da auch bei Bosonen der Quantenzustand kaum mehrfach besetzt wird.

Der Mittelwert $\langle n_Q \rangle$ ist also $\langle n_Q \rangle = \sum_n n x^n / \sum_n x^n$, was $x/(1 + x)$ bei Fermionen ergibt. Bei Bosonen ist folgender Trick oft brauchbar:

$$\sum_{n=0}^{\infty} n x^n = x\left(\frac{d}{dx}\right) \sum_n x^n = x\left(\frac{d}{dx}\right)\frac{1}{(1-x)} = \frac{x}{(1-x)^2} \quad ,$$

also $\langle n_Q \rangle = x/(1-x)$. Fermi- und Bose-Statistik unterscheiden sich also nur durch ein Vorzeichen:

$$\langle n_Q \rangle = \frac{1}{(e^{\beta(\varepsilon-\mu)} \pm 1)} \quad \text{Fermi} + \text{ ,Bose} - \text{ .} \tag{4.22}$$

Bei kleinen x, also für $\beta(\varepsilon - \mu) \gg 1$, können wir hier ± 1 durch Null ersetzen (klassische *Maxwell-Verteilung*): $\langle n_Q \rangle = \exp[\beta(\mu-\varepsilon)]$. Wenn wir also Teilchen ohne Kräfte haben, $\varepsilon = mv^2/2$, dann gilt $\langle n_Q \rangle \sim \exp(-\beta\varepsilon)$ nur solange Quanteneffekte vernachlässigbar sind, $x \ll 1$. Das Pauliprinzip verändert die von klassischen idealen Gasen bekannte Maxwellverteilung. Abbildung 4.5 vergleicht die drei Kurven.

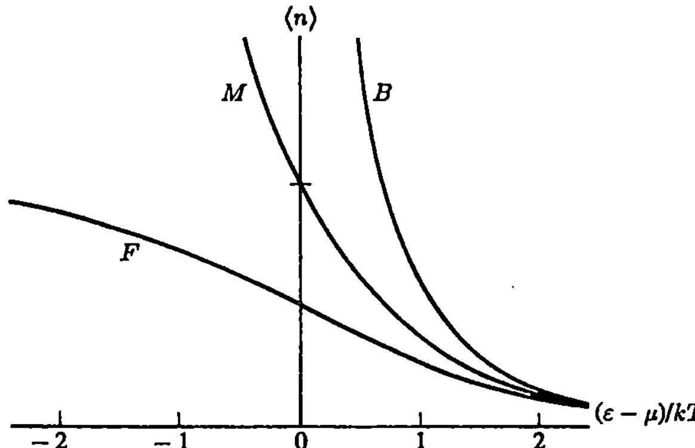

Abb. 4.5. Vergleich von Fermi-, Bose- und Maxwell-Verteilung, durch F, B bzw. M markiert

Die Gesamtteilchenzahl N und Gesamtenergie E ergeben sich als Summe über alle Quantenzahlen Q: $N = \sum_Q \langle n_Q \rangle$ und $E = \sum_Q \varepsilon(Q)\langle n_Q \rangle$. Normalerweise ist hier die Quantenzahl der Wellenvektor Q. In einem Würfel der Kantenlänge L soll L ein ganzzahliges Vielfaches der Wellenlänge $2\pi/Q$ sein, also $Q_x = (2\pi/L) * m_x$ mit $m_x = 0, \pm 1, \pm 2$ etc. Die Summe über die ganzen Zahlen m_x entspricht also einem Integral über die x-Komponente Q_x, multipliziert mit $L/2\pi$, da $dQ_x = (2\pi/L)dm_x$. Die Dreifachsumme über alle drei Komponenten gibt also die Rechenregel

$$\sum_Q f(Q) = \left(\frac{L}{2\pi}\right)^3 \int d^3 Q f(Q) \tag{4.23}$$

für beliebige Funktionen f des Wellenvektors Q. L^3 kann man hier natürlich durch das Volumen V ersetzen. Mit $\varepsilon = \hbar^2 Q^2/2m$ gilt

$$\sum_Q e^{-\beta\varepsilon} = V/\lambda^3 \tag{4.24a}$$

mit der „thermischen de Broglie-Wellenlänge"

$$\lambda = \hbar\sqrt{2\pi/mkT} = \frac{h}{\sqrt{2\pi mkT}} \quad . \tag{4.24b}$$

Bis auf Faktoren wie 2π entspricht λ der quantenmechanischen Wellenlänge $2\pi/Q$ mit demjenigen Impuls $\hbar Q$, der über $\hbar^2 Q^2/2m$ zur thermischen Energie kT gehört. Also kurz: Im klassischen idealen Gas haben die Teilchen typischerweise die Wellenlänge λ. Wenn man (4.24) kennt, kann man sich in vielen Rechnungen viel Zeit sparen. Mit diesen Ergebnissen und Methoden diskutieren wir nun diverse ideale Gase aus punktförmigen Teilchen in den drei Grenzfällen $\beta\mu \to -\infty$, $\beta\mu \to \infty$, und $\beta\mu \to 0$.

4.3.2 Klassischer Grenzfall $\beta\mu \to -\infty$

Wenn $\exp(\beta\mu)$ sehr klein ist, ist $\exp[\beta(\varepsilon - \mu)]$ sehr groß, da die Energie $\varepsilon = p^2/2m$ nie negativ ist. Dann kann ± 1 in (4.22) weggelassen werden:

$$\langle n_Q \rangle = e^{\beta\mu} e^{-\beta\varepsilon(Q)} \quad . \tag{4.25a}$$

Diese Maxwellverteilung zeigt keinen Unterschied mehr zwischen Fermionen und Bosonen, entspricht also der klassischen Physik. Sie gibt die Zahl der Teilchen mit einem bestimmten Wellen*vektor* Q an. Will man alle Teilchen mit einem bestimmten *Betrag* von Q zählen, so ist $\exp(-\beta\varepsilon)$ noch mit einem Faktor proportional zu $4\pi Q^2 \sim \varepsilon$ zu multiplizieren wegen der dann nötigen Integration über alle Richtungen. Mit diesem Faktor steigt die Maxwellverteilung erst einmal an, um bei großen Geschwindigkeiten wieder abzufallen.

Die Gesamtteilchenzahl ist

$$N = \sum_Q \langle n_Q \rangle = e^{\beta\mu} \sum_Q e^{-\beta\varepsilon} = e^{\beta\mu} V/\lambda^3 \quad , \quad \text{also}$$

$$\mu = kT \ln(N\lambda^3/V) \tag{4.25b}$$

konsistent mit (4.19b), oder $\exp(\beta\mu) = (\lambda/a)^3$ mit a als mittlerem Teilchenabstand ($a^3 = V/N$). Also ist dieser klassische Grenzfall nur gut, wenn $\lambda \ll a$, Wellenlänge kleiner als Abstand, ist. Für Luft ist $a = 30\,\text{Å}$ und $\lambda = 0,2\,\text{Å}$, so daß die Luft auf der Erde (nicht unbedingt die auf dem Jupiter) als klassisches ideales Gas angenähert werden kann, ein „Zufall" von großer Bedeutung für den Schulunterricht. Bei Metallelektronen ist es umgekehrt: $\lambda = 30\,\text{Å}$ und $a = 3\,\text{Å}$, so daß man die Leitfähigkeit von Kupfer ohne Quanten nicht verstehen kann.

Aus (4.15c) folgt

$$\frac{\partial(\ln Y)}{\partial(\beta\mu)} = N = \exp(\beta\mu)V/\lambda^3$$

und so durch Integration

$$\ln Y = \exp(\beta\mu)V/\lambda^3 = N \quad .$$

Wie nach (4.15a) bemerkt, gilt $-kT \ln Y = F - \mu N$ und daher $-kTN = E - TS - \mu N = -PV$ (wegen 4.13). Somit gilt das klassische ideale Gasgesetz

$$PV = NkT \quad , \tag{4.26}$$

was Ihnen natürlich längst bekannt war. Somit ist also gezeigt, daß unsere Definition der Temperatur über $\exp(-E/kT)$ äquivalent ist zu der Definition über dieses Gasgesetz.

Die Entropie folgt aus $-kTN = F - \mu N$, also $F = NkT[\ln(N\lambda^3/V) - 1]$ und somit

$$S = -\left(\frac{\partial F}{\partial T}\right)_{VN} = Nk[\ln(V/N\lambda^3) + \tfrac{5}{2}] \quad , \tag{4.27}$$

das Sackur-Tetrode-Gesetz (1911). (*Bemerkung:* Beim Differenzieren von $\ln(V/N\lambda^3)$ nach T braucht man nicht alle Faktoren zu wissen, sondern nur, daß der Ausdruck zu $T^{3/2}$ proportional ist; dann ist die Ableitung $3/2T$. Den Trick sollte man sich merken.) Da $E = F + TS$, gilt

$$E = \tfrac{3}{2}NkT \quad , \tag{4.28}$$

also das andere wohlbekannte Gasgesetz für punktförmige Moleküle: Energie pro Freiheitsgrad $= kT/2$.

Wir sehen also, daß das Plancksche Wirkungsquantum, das in der de Broglie-Wellenlänge λ versteckt ist, zwar in μ und S vorkommt, nicht aber in P und E. Ohne Quantenmechanik kann man das klassische ideale Gas nur teilweise verstehen; sobald Zustände zu zählen sind wie bei der Entropie, brauchen wir Quanteneffekte.

Auch ohne Quantenmechanik können wir aber aus der Entropie einige Folgerungen ziehen:

$$\frac{S}{Nk} = \ln(\text{const}_1 VT^{3/2}/N) = \ln(\text{const}_2 VE^{3/2}/N^{5/2}) = \ln(\text{const}_3 T^{5/2}/P) \tag{4.29}$$

wegen (4.26–28). Zum Beispiel ändert sich bei adiabatischer Expansion, S/N konstant, der Druck proportional zu $T^{5/2}$; es gilt

$$C_V = T\left(\frac{\partial S}{\partial T}\right)_{VN} = \frac{3}{2}Nk \quad \text{und} \quad C_P = T\left(\frac{\partial S}{\partial T}\right)_{PN} = \frac{5}{2}Nk \quad ,$$

und damit die Wärmelehre der typischen Schulphysik.

Ein weiteres Beispiel ist die Mischungstheorie. In einem Gefäß sei links ein Liter Argongas und rechts ein Liter Neongas aufbewahrt. Nun zieht man die Trennwand heraus, und nach einiger Zeit sind links und rechts Argon- und Neonatome gleichmäßig vermischt. Dieser irreversible Vorgang hat eine größere Unordnung geschaffen; wie groß ist die Entropieerhöhung? Die Gesamtentropie ist die Summe der Argon- und der Neonentropie. Vor dem Herausziehen der Trennwand war

$$S_{\text{Ar}} = Nk\ln(\text{const}_{\text{Ar}}VT^{3/2}/N)$$

die Entropie des Argon,

$$S_{\text{Ne}} = Nk\ln(\text{const}_{\text{Ne}}VT^{3/2}/N) \quad ,$$

die des Neon; danach gilt

$$S_{\text{Ar}} = Nk\ln(\text{const}_{\text{Ar}}2VT^{3/2}/N) \quad \text{und}$$

$$S_{\text{Ne}} = Nk\ln(\text{const}_{\text{Ne}}2VT^{3/2}/N) \quad ,$$

da sich das Volumen V verdoppelt hat. Der Unterschied in $S_{\mathrm{Ar}} + S_{\mathrm{Ne}}$ ist also die Mischungsentropie

$$\Delta S = 2Nk\ln 2 \quad . \tag{4.30}$$

Natürlich macht es wenig Sinn, nur zwei Teilchen zu mischen: Wärmelehre handelt von $N \to \infty$.

4.3.3 Klassischer Gleichverteilungssatz

Dieser nach (4.28) schon angedeutete Satz sagt aus:

> Im klassischen Grenzfall hat jede quadratisch in die Hamilton-Funktion (Energie) eingehende kanonische Variable (verallg. Ort und Impuls)
> die mittlere thermische Energie $kT/2$, oder kurz:
>
> Energie pro Freiheitsgrad $= kT/2$ $\tag{4.31}$

ZumBeispiel kann die Hamiltonfunktion in drei Dimensionen sein:

$$H = \frac{p^2}{2m} + Kr^2 + \frac{L^2}{2\Theta} + \frac{(E^2 + B^2)}{8\pi} \quad ,$$

daher

$$E = \frac{3kT}{2} + \frac{3kT}{2} + kT + 2kT$$

pro Molekül. Beim Drehimpuls L nehmen wir hier an, daß Drehung nur um die x- und um die y-Achse möglich ist (das Trägheitsmoment um die z-Achse sei so klein, daß $\hbar^2/\Theta \gg kT$, so daß Drehungen um diese Achse nicht angeregt werden; $\hbar^2/\Theta$ ist die kleinstmögliche Drehenergie). Bei elektromagnetischen Wellen mit einem bestimmten Wellenvektor müssen E- und B-Feld auf dem Wellenvektor senkrecht stehen; es gibt daher nur zwei und nicht drei Polarisationsrichtungen. Im Gegensatz dazu gibt es bei den Phononen, die aus $p^2/2m + Kr^2$ entstehen, drei Richtungen, und daher insgesamt die thermische Energie $3kT$ pro Teilchen: Dulong-Petit-Gesetz für die spezifische Wärme von Festkörpern.

Beweisen kann man diesen Gleichverteilungssatz auch; wir beschränken uns auf die kinetische Energie in einer Dimension: $H = p^2/2m$. Der thermische Mittelwert $2E$ von p^2/m ist

$$\langle p^2/m \rangle = \langle p\,\partial H/\partial p \rangle$$

$$= \frac{\displaystyle\int dp \int dx\, p\,\partial H/\partial p\, \mathrm{e}^{-\beta H}}{\displaystyle\int dp \int dx\, \mathrm{e}^{-\beta H}}$$

$$= -kT\,\frac{\displaystyle\int dp \int dx\, p\,\partial(\mathrm{e}^{-\beta H})/\partial p}{\displaystyle\int dp \int dx\, \mathrm{e}^{-\beta H}}$$

$$= +kT \frac{\int dp \int dx \, \partial p/\partial p \, e^{-\beta H}}{\int dp \int dx \, e^{-\beta H}}$$

$$= +kT \quad ,$$

wie zu beweisen war.

Da wir hier Ort und Impuls als getrennte Integrationsvariablen verwenden, als ob es keine quantenmechanische Unschärfe gäbe, gilt der Gleichverteilungssatz nur klassisch, ohne Quanteneffekte.

4.3.4 Ideales Fermigas bei tiefen Temperaturen $\beta\mu \to +\infty$

Bei tiefen Temperaturen stimmt der klassische Gleichverteilungssatz nicht mehr, die Energie ist kleiner, und man spricht vom Einfrieren der Freiheitsgrade. Da in der Fermi-Bose-Verteilung von (4.22) der Nenner nicht Null werden darf und da $\varepsilon = p^2/2m$ zwischen 0 und ∞ variiert, muß $\mu \geq 0$ beim Fermigas und $\mu \leq 0$ beim Bosegas sein.

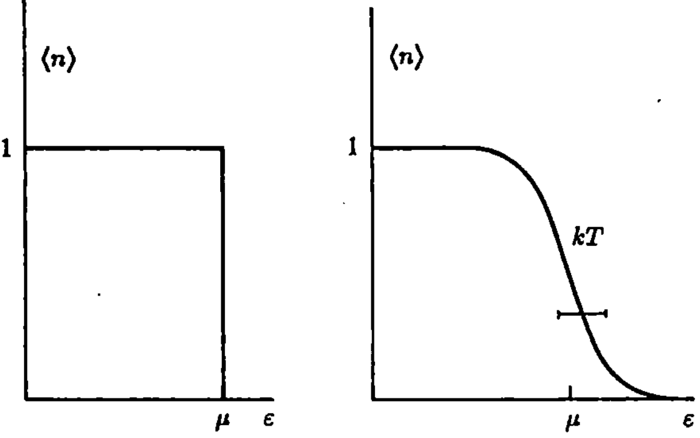

Abb. 4.6. Mittlere Zahl $\langle n \rangle$ der Fermionen in einem durch die Quantenzahl Q (z.B. Wellenvektor) charakterisierten Zustand. Links für $T = 0$, rechts für T klein $(kT/\mu = 0.1)$

Bei sehr tiefen Temperaturen sieht die Fermiverteilung $\langle n_Q \rangle$ wie in Abb. 4.6 aus: Bei $T = 0$ hat $\langle n_Q \rangle$ eine scharfe Fermikante, bei $T > 0$ wird diese in einem Energieintervall der Breite kT aufgeweicht. Für $T = 0$ wird, wenn die Gesamtteilchenzahl von Null aus ansteigt, zunächst der Quantenzustand mit der niedrigsten Energie aufgefüllt, dann wegen des Pauliprinzips der mit der zweitniedrigsten Energie, usw. Die scharfe Fermikante symbolisiert also das Zusammenwirken von Energieminimierung und Pauliprinzip. Man nennt μ dann auch die *Fermienergie* ε_F und definiert T_F, p_F und Q_F durch $\mu = \varepsilon_F = kT_F = p_F^2/2m = \hbar^2 Q_F^2/2m$.

Bei Metallelektronen ist μ/k von der Größenordnung 10^4 Kelvin, so daß bei Zimmertemperatur $\beta\mu \gg 1$ ist: Scharfe Kante. Wenn im Festkörper die Elektronen Quantenzustände an dieser Fermikante haben, dann können sie durch ein kleines elektrisches Feld bewegt werden, und man hat ein Metall. Falls an der Fermikante aber keine Elektronen-Eigenenergien liegen, können die Elektronen mit kleinerer Energie ihre Impulsverteilung wegen des Pauliprinzips nicht ändern, und man hat einen Isolator.

Bei $T = 0$ läßt sich die Fermienergie μ besonders leicht berechnen:

$$N = \sum_Q \langle n_Q \rangle = V(2\pi)^{-3} \int d^3Q = V(2\pi)^{-3}(4\pi/3)Q_F^3 = (V/6\pi^2)Q_F^3 \quad ,$$

oder

$$Q_F = (6\pi^2)^{1/3}/a \quad , \quad a^3 = V/N \quad , \quad \mu = \hbar^2 Q_F^2/2m \quad . \tag{4.32}$$

Ähnlich berechnet man die Energie $E = \sum_Q \varepsilon(Q)\langle n_Q \rangle$. Division gibt

$$\frac{E}{N} = \frac{3}{5}\mu \quad , \quad PV = \frac{2}{3}E \quad . \tag{4.33}$$

Die Energie pro Teilchen ist also 60 % der Maximalenergie, und der Druck ist der gleiche wie im klassischen idealen Gas. (Experten berücksichtigen bei N und E noch einen Faktor $2S + 1$ vom Spin; er kürzt sich aus E/N wieder heraus.)

Für die spezifische Wärme C_V brauchen wir die Aufweichung der Fermikante: Bei kleinen, aber endlichen Temperaturen liegt ein Anteil kT/μ aller Teilchen in der aufgeweichten Kantengegend; jedes dieser Teilchen hat eine um $\approx kT$ gegenüber dem Fall $T = 0$ erhöhte mittlere Energie. Also hat sich die Energie E gegenüber $T = 0$ erhöht um einen Beitrag $\Delta E \approx N(kT/\mu)kT \sim T^2$, und es geht

$$C_V = \left(\frac{\partial E}{\partial T}\right)_V \sim T \tag{4.34}$$

für tiefe Temperaturen gegen Null. An Metallelektronen hat man dieses lineare Gesetz experimentell gut bestätigt, für ^{3}He machte es mehr Mühe.

4.3.5 Ideales Bosegas bei tiefen Temperaturen $\beta\mu \to 0$

Der kleine Unterschied zwischen Fermi- und Bosegas im Vorzeichen des ± 1 in (4.22) hat ganz entscheidende Konsequenzen für die Teilchenzahl N. Es gilt (für Spin $= 0$)

$$N = \sum_Q \langle n_Q \rangle = V(2\pi)^{-3} \int d^3Q \frac{1}{e^{\beta(\varepsilon-\mu)} - 1} = \frac{V}{2\pi^2} \int dQ \frac{Q^2}{e^{\beta(\varepsilon-\mu)} - 1}$$

$$= \frac{2V}{\lambda^3\sqrt{\pi}} \int dz \frac{\sqrt{z}}{e^{z-\beta\mu} - 1} \quad ,$$

wobei $\beta\mu$ nie positiv sein darf (Division durch Null verboten); $z = \beta\varepsilon$.

Dieses Integral berechnen wir durch ein ganz primitives Programm (BOSE), das zum Schluß noch $N\lambda^3/V$ ausdruckt; anfangs wird $\beta\mu$ eingegeben. Je stärker negativ $\beta\mu$ ist, um so kleiner ist das Integral; am größten ist es bei $\beta\mu = 0$, wo die exakte Rechnung $s = N\lambda^3/V = 2,61$ liefert.

Was machen wir nun, wenn die Teilchendichte N/V über diesen Grenzwert 2,61 λ^{-3} erhöht wird? Explodiert das Gefäß? Letzteres ist wohl unwahrscheinlich, da weder Kräfte noch ein Pauliprinzip zwischen den Bosonen wirken. In Wirklichkeit tritt *Bose-Einstein-Kondensation* auf (1925): Die überzähligen Teilchen, die nicht in obiges Integral hineinpassen, bilden eine Art von Kaffeesatz, allerdings im Impulsraum. Dazu sehen wir uns nochmal

```
10   bm=-1.0
20   s=0.0
30   for iz=1 to 100
40   z=0.1*iz
50   s=s+sqr(z)/(exp(z-bm)-1)
60   print s
70   next iz
80   s=s*0.2/sqr(3.14159)
90   print s
100  end
```

an.

$$\langle n_Q \rangle = \frac{1}{\exp\left[\beta(\varepsilon - \mu)\right] - 1}$$

an. Wenn $\mu = 0$ und ε sehr klein ist, dann ist

$$\langle n_Q \rangle = \frac{1}{\exp(\beta\varepsilon) - 1} \approx kT/\varepsilon$$

sehr groß. Für $\varepsilon \to 0$ divergiert diese Zahl von Teilchen, und eine solche Divergenz ist nicht korrekt approximiert durch obiges Integral: Gleichung (4.23) ist nicht mehr gut, wenn der Summand eine sehr scharfe Spitze hat. Also ersetzen wir einfach $N = \sum_Q \langle n_Q \rangle$ durch $N = N_0 + \sum_Q \langle n_Q \rangle$ mit der Zahl N_0 der Teilchen mit Energie Null:

$$N = N_0 + \frac{2V}{\lambda^3\sqrt{\pi}} \int dz \frac{\sqrt{z}}{e^{z-\beta\mu} - 1} \quad .$$

Diese Gleichung beschreibt also eine neue Art von Phasenübergang, einen der wenigen, die in drei Dimensionen exakt berechnet werden können:

$$\text{Falls} \quad \frac{N}{V} < 2,61\lambda^{-3} \quad , \quad \text{dann} \quad \frac{N_0}{V} = 0 \quad \text{und} \quad \mu < 0 \quad .$$

$$\text{Falls} \quad \frac{N}{V} > 2,61\lambda^{-3} \quad , \quad \text{dann} \quad \frac{N_0}{V} > 0 \quad \text{und} \quad \mu = 0 \quad .$$

Die Teilchen N_0 im Grundzustand stellen also einen endlichen Prozentsatz aller Teilchen, falls $N/V < \lambda^{-3}$, während im normalen Fall, $N/V > \lambda^{-3}$, die Zahl der Teilchen mit $\varepsilon = 0$ eine kleine endliche Zahl ist, deren Anteil an allen N Teilchen Null wird für $N \to \infty$. So ganz nebenbei lernen wir also, daß Phasenübergänge nur für $N \to \infty$ scharf sind. Die Grenzbedingung $N/V = 2,61\lambda^{-3}$ gibt die Übergangstemperatur

$$T_0 = (2\pi\hbar^2/mk)(N/2,61V)^{2/3} \quad , \tag{4.35}$$

was bis auf dimensionslose Faktoren mit der Fermitemperatur T_F übereinstimmt, obwohl die Physik dahinter ganz anders ist. Für $T < T_0$ gibt es ein Kondensat N_0, für $T > T_0$ nicht. (Wer sich für kritische Phänomene und Skalengesetze interessiert, möge Bose-Einstein-Kondensation in d Dimensionen berechnen, mit nicht nur ganzzahligem d zwischen 2 und 4.)

Für $T < T_0$ ist also $\mu = 0$ und der Anteil $1 - N_0/N$ der Teilchen, die *nicht* zum Kondensat gehören, ist wegen des obigen Integrals proportional zu $\lambda^{-3} \sim T^{3/2}$; bei $T = T_0$ wird er Eins:

$$\frac{N_0}{N} = 1 - \left(\frac{T}{T_0}\right)^{3/2} \quad (T < T_0)$$
$$= 0 \qquad\qquad (T > T_0) \quad . \tag{4.36}$$

Das ideale Bosegas unterhalb T_0 besteht also aus einer normalen Flüssigkeit mit thermischer Bewegung und dem Kondensat, dessen Teilchen alle in Ruhe sind. Dieses Kondensat hat keine Energie, keine Entropie, keine spezifische Wärme und keine Reibung (Reibung in Gasen beruht auf den Stößen thermisch bewegter Teilchen). Wenn man also ein solches Bosegas durch dünne Kapillaren fließen lassen möchte, so fließt das Kondensat hindurch, die Normalkomponente aber nicht. Experimentell beobachtet wurden solche Phänomene im „superfluiden" ^{4}He (auch Helium II genannt) unterhalb der Lambda-Temperatur von 2,2 K. In superfluidem Helium gibt es auch reibungsfreie Wirbelbewegungen, die unseren Theorien in der Hydrodynamik entsprechen. Obige Formel für T_0 gibt etwa 3 K für ^{4}He. Natürlich stimmen Lambda-Temperatur und T_0 nicht genau überein, denn die Heliumatome üben Kräfte aufeinander aus. Deshalb ist auch der Zusammenhang zwischen Kondensat einerseits und Normalkomponente andererseits gelockert.

Metallelektronen sind Fermi-Teilchen und machen daher keine Bose-Einstein-Kondensation. Aber so wie auch zwei Teilchen der Gattung Homo Sapiens auf der Oberfläche elastischer Medien manchmal eine anziehende Wechselwirkung verspüren, so können zwei Elektronen in einem elastischen Festkörper sich anziehen und ein sogenanntes „Cooper-Paar" bilden. Diese Cooper-Paare sind Bosonen und werden daher bei tiefen Temperaturen superfluid. Da sie elektrische Ladung tragen, spricht man von Supraleitung, die durch die BCS-Theorie (Bardeen, Cooper und Schrieffer 1957) erklärt wird. Bis vor kurzem lagen die supraleitenden Kondensationstemperaturen unter 25 K. Bednorz und Müller von IBM Zürich gelang 1986 der experimentelle Durchbruch zu höheren, leichter erreichbaren Temperaturen, und bald danach waren 95 Kelvin gesichert; im März 1987 führte diese Sensation zu einer Physikerkonferenz, die von der New York Times als das „Woodstock" der Physiker bezeichnet wurde.[3] Technisch weniger wichtig, aber theoretisch auch interessant ist, daß die Fermiteilchen des ^{3}He ebenfalls Paare bilden und, wie seit 1972 bekannt, superfluid sein können,[4] allerdings erst bei 10^{-3} K.

4.3.6 Schwingungen

Welchen Beitrag zur spezifischen Wärme liefern Schwingungen aller Art, also die Phononen, Photonen und anderen Quasiteilchen des harmonischen Oszillators in Abschn. 3.2.6? Für hohe Temperaturen mit $kT \gg \hbar\omega$ muß sich der Gleichverteilungssatz

[3] Siehe Physica C **185–189** (1991) für eine Konferenz
[4] J.C. Wheatley: In *Progress in Low Temperature Physics*, Vol. VIIa, hrsg. von C.J. Gorter (North Holland, Amsterdam 1978) S. 1

ergeben, doch was passiert bei tiefen Temperaturen? Die mittlere thermische Energie E_ω eines Oszillators ist

$$E_\omega = \hbar\omega\left(\langle n\rangle + \frac{1}{2}\right) \quad , \quad \langle n\rangle = \frac{1}{e^{\beta\hbar\omega} - 1} \quad , \tag{4.38}$$

was man auch formal aus der Zustandssumme $\sum_n \exp\left[-\beta\hbar\omega(n + 1/2)\right]$ ableiten kann; dann erhält man auch

$$F_\omega = \frac{\hbar\omega}{2} + kT\ln(1 - e^{-\beta\hbar\omega}) \quad .$$

Das chemische Potential ist Null, weil es ja, im Gegensatz zu realen Bosonen, bei den Bose-Quasiteilchen keine konstante Teilchenzahl gibt. In einem Medium mit verschiedenen Schwingungsfrequenzen summieren wir über alle Quantenzahlen Q für die Gesamtenergie $E = \sum_Q \hbar\omega(Q)(\langle n_\omega\rangle + 1/2)$.

Wir interessieren uns vor allem für Wellen mit Wellenvektor Q und einer Frequenz $\omega(Q)$ proportional zu Q^b, z.B. $b = 1$ für Phononen und Photonen. Mit $\omega^{-1}d\omega = bQ^{-1}dQ$ gilt dann in d Dimensionen, abgesehen von der konstanten Nullpunktsenergie (von $\hbar\omega/2$):

$$E = \sum_Q \hbar\omega\langle n(Q)\rangle \sim \int d^dQ\, \omega\langle n(Q)\rangle \sim \int dQ\, Q^{d-1}\omega\langle n\rangle \sim \int d\omega\, Q^d\langle n\rangle$$

$$\sim \int d\omega\, \omega^{d/b}/(e^{\beta\hbar\omega} - 1) \sim T^{1+d/b} \int dy\, y^{d/b}(e^y - 1) \sim T^{1+d/b} \quad ,$$

denn das Integral über $y = \beta\hbar\omega$ konvergiert und gibt einen Beitrag zum Proportionalitätsfaktor. Die spezifische Wärme $\partial E/\partial T$ ist dann

$$C_V \sim T^{d/b} \quad . \tag{4.39}$$

Für tiefe Temperaturen wird also C_V sehr klein, im Gegensatz zum Gleichverteilungssatz, nach dem sie konstant bleiben müßte: Einfrieren der Freiheitsgrade. Obige Rechnung gilt normalerweise nur für tiefe Temperaturen, weil $\omega \sim Q^b$ meist nur für kleine ω gilt und weil in obigem Integral der Hauptbeitrag von y nahe 1, also von $\hbar\omega$ nahe kT, herkommt.

Experimentell bestätigte Anwendungen dieses Resultates sind:

Phononen	$b = 1$	$d = 3$	$C \sim T^3$	DEBYE-Gesetz
Photonen	$b = 1$	$d = 3$	$C \sim T^3$	STEFAN-BOLTZMANN-Gesetz
Magnonen	$b = 1$	$d = 3$	$C \sim T^3$	bei Antiferromagneten
Magnonen	$b = 2$	$d = 3$	$C \sim T^{3/2}$	bei Ferromagneten
Ripplonen	$b = 3/2$	$d = 2$	$C \sim T^{4/3}$	ATKINS-Gesetz

Dabei sind Magnonen die quantisierten Magnetisierungswellen, in denen der Vektor M periodisch seine Richtung dreht; Ripplonen sind Oberflächenwellen im superfluiden Helium, die also einen Beitrag $\sim T^{7/3}$ zur Oberflächenspannung liefern ($C_V = dE/dT \sim T^{4/3}$).

Bei den Photonen stimmt das Stefan-Boltzmann-Gesetz nicht nur für tiefe Temperaturen, denn $\omega = cQ$ auch für große Q; mit allen Vorfaktoren gilt $E/V = (\pi^2/15)(kT)^4/(\hbar c)^3$. Daß der Hauptbeitrag der Energie von Frequenzen ω nahe $kT/\hbar$ kommt, nennt man *Wien*'sches Verschiebungsgesetz. Auf diese Weise ist die Temperatur der Sonnenoberfläche zu etwa 6000 K bekannt, die des Weltalls (Hintergrundstrahlung) zu 3 K. (Wenn es im Sommer 30° C im Schatten sind, wie heiß ist es in der Sonne? Antwort: Im Gleichgewicht 6000 Grad.) Mit dem Gleichverteilungssatz würde $E_Q = 2kT$ für jeden Wellenvektor Q herauskommen, also eine unendlich hohe Energie. Dieses unsinnige Resultat für die „Strahlung schwarzer Körper" war der Ausgangspunkt der Quantentheorie (Max Planck 1900).

4.3.7 Virialentwicklung realer Gase

Diese Entwicklung, deren Name hier ungeklärt bleibt, ist eine Störungstheorie (Taylor-Entwicklung) nach der Stärke der Kräfte zwischen den Molekülen, um die ideale Gasgleichung $PV = NkT$ zu korrigieren:

$$PV/NkT = 1 + B(T)N/V + C(T)(N/V)^2 + \dots \quad . \tag{4.40}$$

Wir vernachlässigen Quanteneffekte und erhalten nach mühsamer Rechnung (oder einfachem Abschreiben):

$$2B = \int (1 - e^{-\beta U})d^3 r \tag{4.41a}$$

mit dem Potential $U = U(r)$ für zwei Teilchen im Abstand r. Nehmen wir an, daß man einen Radius r_c finden kann mit $U \gg kT$ für $r < r_c$ und $U \ll kT$ für $r > r_c$; dann gilt $1 - e^{-\beta U} = 1$ im ersten und $= \beta U$ im zweiten Fall:

$$2B = 4\pi r_c^3/3 + \int_{r > r_c} \beta U(r)d^3 r = 2b - a/kT \quad . \tag{4.41b}$$

Bei Kugeln mit Radius $r_c/2$ ist b das vierfache Eigenvolumen; das Integral für a ist meist negativ, da $U < 0$ für mittlere und große Abstände. In der Tat zeigen Messungen des zweiten Virialkoeffizienten $B = B(T)$, daß er bei hohen Temperaturen konstant und positiv ist, um bei Abkühlung erst kleiner, dann negativ zu werden.

4.3.8 Van der Waals-Gleichung

Besser als diese exakte Virialentwicklung ist die Van der Waals-Näherung, da sie auch den Phasenübergang zur Flüssigkeit liefert. Zunächst schreiben wir

$$NkT = \frac{PV}{(1 + BN/V + \dots)}$$

um als

$$NkT = PV(1 - BN/V) = P(V - BN) \approx P(V - bN) = PV_{\text{eff}}$$

mit dem effektiven Volumen $V - 4 \cdot$ Eigenvolumen aller als Kugeln approximierten Teilchen. Damit ist die Abstoßung berücksichtigt, und wir brauchen noch eine

Korrektur für die Anziehung:

$$F = -NkT(1 + \ln(V_{\text{eff}}/N\lambda^3)) + W \quad .$$

Der erste Term entspricht der vor (4.27) erwähnten freien Energie F, und W muß daher die Anziehung berücksichtigen.

Wir nehmen $W/N = \int U(r)N/V\,d^3r$ als grobe Näherung, die annimmt, daß die Aufenthaltswahrscheinlichkeit anderer Teilchen im Abstand r von einem gegebenen Molekül nicht durch dieses Molekül beeinflußt wird und daher durch N/V gegeben ist. Vergleich mit (4.41b) zeigt

$$\frac{W}{N} = -a\frac{N}{V} \quad ,$$

und damit

$$F = -NkT(1 + \ln[(V - bN)/N\lambda^3]) - aN^2/V \quad ;$$

mit $P = -\partial F/\partial V$ gilt:

$$NkT = (V - bN)(P + aN^2/V^2) \quad . \tag{4.42a}$$

In Wirklichkeit berechnet man b und a nicht so, wie sie hier abgeleitet sind, sondern wählt a und b so, daß diese van der Waals-Gleichung möglichst gut dem Experiment entspricht.

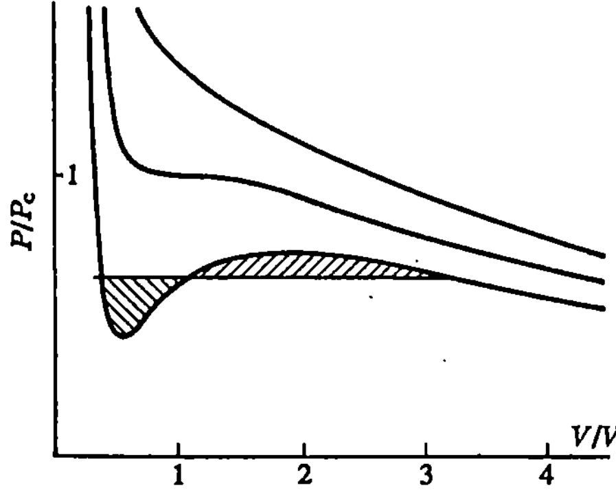

Abb. 4.7. Darstellung von Isothermen nach (4.42a). Die schraffierten Flächen sind gleich und bestimmen das Gleichgewicht für $T < T_c$

Diese Näherung liefert sowohl flüssiges als auch gasförmiges Verhalten und liefert die in Abschn. 4.2.5 beschriebene Kontinuität zwischen den beiden Aggregatzuständen. Für Temperaturen unterhalb einer kritischen Temperatur T_c sind die Isothermen $P = P(V)$, bei konstantem T, nicht mehr monoton abfallend, sondern zeigen ein Minimum und ein Maximum, wie in Abb. 4.7 gezeigt. Ein Teil dieser Kurve entspricht übersättigtem Dampf und unterkühlter Flüssigkeit, bevor Gleichgewicht durch Keimbildung hergestellt wird. Die Gleichgewichtsvolumina von Flüssigkeit und Dampf auf der Dampfdruckkurve erhält man durch die *Maxwell-Konstruktion:* Man lege eine horizontale Gerade so durch das P-V-Diagramm, daß sie beim Maximum und beim Minimum gleich große Flächen erzeuge, wie in Abb. 4.7 gezeigt.

Die kritische Temperatur bestimmt sich also dadurch, daß die Isotherme $P = P(V, T = T_c)$ einen Wendepunkt mit horizontaler Wendetangente hat am kritischen

142

Punkt $P = P_c$, $V = V_c$. Dort gilt also

$$\left(\frac{\partial P}{\partial V}\right)_T = \left(\frac{\partial^2 P}{\partial V^2}\right)_T = 0$$

und somit

$$P - P_c \sim (V_c - V)^3 + \ldots \quad .$$

Diese Bedingung liefert uns

$$V_c = 3bN \quad , \quad P_c = \frac{a}{27b^2} \quad , \quad kT_c = \frac{8a}{27b} \quad , \quad \frac{P_c V_c}{N k T_c} = \frac{3}{8} \quad . \qquad (4.42b)$$

Experimentell ist $P_c V_c / N k T_c$ eher 0,3 und sowohl durch elektrische Dipolmomente auf den Molekülen wie auch durch Quanteneffekte bei leichten Atomen beeinflußt. Auch ist der Exponent δ in $P - P_c \sim |V - V|^\delta$ experimentell nicht drei, sondern etwa fünf.

Diese Gleichungen (4.42a) und (4.42b) können mit $P^* = P/P_c$, $V^* = V/V_c$, $T^* = T/T_c$, kombiniert werden zum Gesetz der korrespondierenden Zustände:

$$\frac{8T^*}{3} = \left(V^* - \frac{1}{3}\right)\left(P^* + \frac{3}{V^{*2}}\right) \quad . \qquad (4.42c)$$

In der Abhängigkeit der dimensionslosen T^*, V^* und P^* voneinander haben sich also alle Stoffeigenschaften herausgekürzt. Wenn Sie also wissen wollen, wie Ihr Goldvermögen verdampft, brauchen Sie nur Wasser zum Verdampfen zu bringen und dann T, V und P entsprechend umrechnen. [Sogar das − nicht eßbare − Quark-Plasma hat vielleicht eine kritische Temperatur: Phys. Lett. B **241**, 567 (1990)]. Stimmen tut das leider experimentell nicht genau, und das Gesetz der korrespondierenden Zustände ist zu ersetzen durch das viel weniger aussagekräftige Universalitätsprinzip, das nur nahe am kritischen Punkt gilt (nächster Abschnitt).

4.3.9 Magnetismus lokalisierter Spins

Bei der van der Waals-Gleichung haben wir uns um die mathematische Herleitung des kritischen Punktes gedrückt, weil wir das beim ferromagnetischen Curiepunkt im Rahmen der Molekularfeldnäherung (mean field theory) bequemer haben. Wir arbeiten wieder mit dem Ising-Modell aus Abschn. 2.2.2 der Elektrodynamik, wo die Spins $S_i = \pm 1$ eines Gitters entweder nach oben oder nach unten stehen. Ein Paar benachbarter Spins S_i und S_j gebe den Beitrag $-J_{ij}S_iS_j$ zum Hamiltonoperator (Energie). In einem äußeren Magnetfeld B kommt hierzu noch die magnetische Energie $-BS_i$ für jeden Spin.

Wir setzen das magnetische Dipolmoment gleich Eins; eigentlich muß $-B\mu_B S_i$ geschrieben werden. Wir sehen auch, daß „−Feld · Moment" im Grunde genommen eine Legendre-Transformation ist, denn dieser Term trägt zur Energie in einem *festen Feld* bei. In Abschn. 4.1.1 der klassischen Thermodynamik hatte die Energie aber extensive Größen wie S, V, N als natürliche Variable, also hier die Magnetisierung bzw. die elektrische Polarisation. Wenn wir also jetzt Wahrscheinlichkeiten proportional zu $\exp(-\beta E)$ annehmen und dabei $-B\sum_i S_i$ zu E dazuzählen, dann ist dies eine großkanonische Wahrscheinlichkeit analog zu $\exp\left[-\beta(E-\mu N)\right]$, mit BM für μN. In der Literatur werden diese tiefsinnigen Unterschiede aber selten gemacht. Oft wird auch H statt B geschrieben; in Wirklichkeit meint man das auf den einzelnen Spin wirkende Magnetfeld, also die Summe des äußeren Feldes und aller Dipolwechselwirkungen von den anderen Spins.

Zunächst brauchen wir ein Gegenstück zum idealen Gas, und das sind Spins ohne Wechselwirkung: $J_{ij}=0$. Es genügt dann, einen einzelnen Spin zu betrachten, der je nach Orientierung die „Energie" $\pm B$ hat. Die Wahrscheinlichkeit für den Spin, in Richtung des Magnetfeldes nach oben zu stehen, ist

$$w_+ = \frac{e^{\beta B}}{e^{\beta B}+e^{-\beta B}} \quad,$$

die nach unten zu stehen, ist

$$w_- = \frac{e^{-\beta B}}{e^{\beta B}+e^{-\beta B}} \quad,$$

und der Mittelwert $m = \langle S_i \rangle$ ist

$$w_+ - w_- = \frac{e^{\beta B}-e^{-\beta B}}{e^{\beta B}+e^{-\beta B}} = \tanh(\beta B) \quad.$$

Die gesamte Magnetisierung M der N Spins (pro cm^3) ist

$$M = N\tanh(\beta B) \quad. \tag{4.43a}$$

Für die Anfangssuszeptibilität $\chi = (\partial M/\partial B)_{B=0}$ gilt das Curiegesetz

$$\chi = \frac{N}{kT} \quad, \tag{4.43b}$$

denn $\tanh(B/kT) \approx B/kT$ für kleine B.

Wenn wir jetzt die Spin-Spin-Wechselwirkung J_{ij} mitnehmen, so ist die Gesamtenergie (Hamiltonoperator)

$$\mathcal{H}_{\text{Ising}} = -\sum_i\sum_j J_{ij}S_iS_j - B\sum_i S_i \quad.$$

Wir approximieren S_j durch seinen noch zu berechnenden thermischen Mittelwert $m = \langle S_j \rangle$ und finden

$$\mathcal{H}_{\text{Ising}} = -\sum_i\left(\sum_j J_{ij}m\right)S_i - B\sum_i S_i = -B_{\text{eff}}\sum_i S_i$$

mit dem effektiven Feld $B_{\text{eff}} = B + m\sum_j J_{ij}$. Diese Summe $\sum_j J_{ij} = kT_{\text{c}}$ ist in einem Festkörper für alle Gitterplätze i gleich; daß das so definierte T_{c} die Curie-Temperatur ist, wird sich gleich herausstellen. So hat sich also die Wechselwirkungsenergie $\mathcal{H}_{\text{Ising}}$ reduziert auf den oben behandelten Fall der Spins ohne Wechselwirkung in einem effektiven Magnetfeld B_{eff}. Nach (4.43a) gilt

$$M/N = m = \tanh(\beta B_{\text{eff}}) = \tanh(\beta B + mT_{\text{c}}/T) \tag{4.44a}$$

mit obiger Definition von T_{c}. Diese Molekularfeldnäherung ist deshalb analog zur van der Waals-Gleichung, weil auch hier der Einfluß eines Teilchens auf seine Nachbarn nicht voll berechnet wurde: Dort wurde $W/N \approx - aN/V$ approximiert, und hier $S_i S_j \approx S_i m$.

Für $B = 0$ hat die Gleichung $m = \tanh(mT_c/T)$ nur eine Lösung $m = 0$ für $T > T_c$, aber noch zwei weitere Lösungen $\pm m_0$ für $T < T_c$. Die spontane Magnetisierung $M_0 = Nm_0$ ist also unterhalb T_c von Null verschieden, so daß T_c die Curietemperatur ist. Oberhalb der Curietemperatur gilt für $\beta B \ll 1$: $\tanh(x) \approx x$ und daher $\beta B = (1 - T_c/T)m$. Die Anfangssuszeptibilität Nm/B ist daher

$$\chi = N/k(T - T_c) \quad \text{(Curie-Weiss)} \ . \tag{4.44b}$$

Mit Magnetfeld rechnen wir am bequemsten nahe am kritischen Punkt, wenn m und B klein sind und T nahe T_c. Wegen $\tanh(x) \approx x - x^3/3$ gilt dort $m = mT/T_c + \beta B - m^3/3 + \ldots$, oder

$$\beta B = \frac{T - T_c}{T} m + \frac{m^3}{3} \quad , \quad M = Nm \ . \tag{4.45a}$$

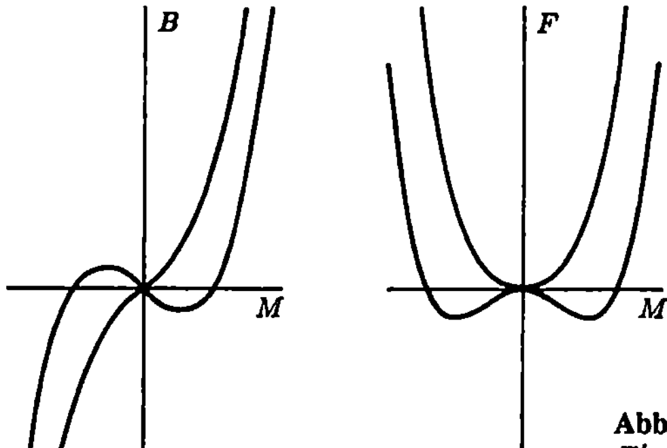

Abb. 4.8. Magnetfeld *(links)* und freie Energie $F = F' + BM$ *(rechts)* nach (4.45b)

Abbildung 4.8 zeigt die Isothermen im B-M-Diagramm, deutlich analog zum P-V-Diagramm von Abb. 4.7. Jetzt ist schon aus Symmetriegründen klar, daß die Flächen unter dem Maximum und über dem Minimum gleich sein müssen. Die drei verschiedenen Lösungstypen für m bei $B = 0$ werden klarer durch die freie Energie $F'(B) = F - BM$ mit $B = \partial F/\partial M$:

$$\frac{F'}{NkT} = C + \frac{(1 - T_c/T)m^2}{2} + \frac{m^4}{12} - Bm$$
$$= C + \text{const}_1(T - T_c)m^2 + \text{const}_2 m^4 - Bm \ . \tag{4.45b}$$

Die letzte Zeile hat die Form des Landau-Ansatzes von 1937 für kritische Phänomene und gilt allgemeiner als die Molekularfeldnäherung; z.B. ist sie in fünf Dimensionen richtig.

Oberhalb der Curietemperatur gibt es nur ein Minimum der freien Energie F, bei $M = 0$: Paramagnetismus. Unterhalb T_c wird dieses stabile Minimum zu einem instabilen Maximum, und stattdessen entstehen zwei Minima bei $\pm M_0$: Ferromagnetismus mit spontaner Magnetisierung M_0. Gleichung (4.45) gibt diese spontane Magnetisierung als $m_0 = \sqrt{3}[(T_c - T)/T]^{1/2}$, während genau bei $T = T_c$ das Magnetfeld $\sim m^3$ ist. Unterhalb T_c hat F einen Beitrag $(1 - T_c/T)m_0^2/2 + m_0^4/12$, was einen Sprung im Temperaturverlauf der spezifischen Wärme gibt.

Leider stimmen diese Exponenten genausowenig wie die der van der Waals-Gleichung. Experimentell variiert m_0 etwa bei $(T_c - T)^{1/3}$ in drei und wie $(T_c - T)^{1/8}$ in zwei Dimensionen; und bei $T = T_c$ ist das Magnetfeld zu m^5 in drei und m^{15} in zwei Dimensionen proportional. Diese kritischen Exponenten in Beziehung zueinander zu setzen, ist der Skalentheorie von 1965 gelungen; Kenneth G. Wilson's Theorie der Renormierung (Nobelpreis 1982) erklärte sie.[5]

Die Ähnlichkeit zwischen dem kritischen Punkt von Gasen und Flüssigkeiten und dem Curiepunkt von Ferromagneten ist kein Zufall: Wir brauchen nur $S_i = 1$ mit einem besetzten Gitterplatz und $S_i = -1$ mit einem freien zu identifizieren, dann haben wir das Modell des Gittergases: Flüssigkeit für Spin nach oben, Dampfblasen für Spin nach unten. In der Tat scheinen alle Flüssigkeiten am kritischen Punkt die kritischen Exponenten des dreidimensionalen Ising-Modells zu haben („Universalität").

PROGRAMM METROPOLIS ▉

```
10  dim is (1680), w(9)
20  L=40
30  t=2.5
40  L1=L+1
50  Lp=L*L+L
60  Lm=Lp+L
70  for i=1 to Lm
80  is (i)=1
90  next i
100 for ie=1 to 9 step 2
103 ex=exp(-2*(ie-5)/t)
106 w(ie)=ex/(1.0+ex)
109 next ie
110 for it=1 to 100
120 m=0
130 for i=L1 to Lp
140 ie=5+is(i)*(is(i-1)+is(i+1)+is(i-L)+is(i+L))
145 if rnd(i)<w(ie) then is(i)=-is(i)
150 m=m+is(i)
160 next i
170 print it,m
180 next it
190 end
```

[5] C. Domb, M.S. Green und J.L. Lebowitz (Hrsg.): Phase Transitions and Critical Phenomena, Vol. 1–15 (Academic Press, London 1972–1992)

Das Programm METROPOLIS modifiziert nun das Ising-Programm des Abschn. 2.2.2 der Elektrodynamik entsprechend der kanonischen Gesamtheit: feste Temperatur, fluktuierende Energie. Man folgt hier dem ganz allgemeinen Prinzip der Monte Carlo-Simulation von Metropolis u.a. (1953):

— Einen Spin herausgreifen.
— Energie ΔE des Umklappens berechnen.
— Zufallszahl z zwischen 0 und 1 berechnen.
— Umklappen, wenn $z <$ Wahrscheinlichkeit.
— Eventuell gesuchte Größen berechnen.
— Neuen Spin herausgreifen, siehe oben.

Als Wahrscheinlichkeit nehmen wir $\exp(-\beta\Delta E)/(1 + \exp(-\beta\Delta E))$; so ist die Summe der beiden Wahrscheinlichkeiten (to flip or not to flip, that's the question) Eins. T wird als kT/J eingegeben, wobei auf dem quadratischen oder kubischen Gitter mit nächster-Nachbar-Wechselwirkung J die Curietemperatur $J/kT_c =$ $\ln(1 + \sqrt{2})/2 = 0,44$ bzw. 0,221655 ist, statt der Molekularfeldwerte 1/4 und 1/6.

Zum Energieindex IE wird eine 5 addiert, damit $W(IE)$ stets einen positiven Index hat (wie von vielen Computern verlangt); davon abgesehen ist $IE = S_i \sum_j S_j$ die halbe Umklappenergie $\Delta E/2J$. Mit geschickten Plots kann man schöne, mehr oder weniger fraktale, Cluster produzieren und mit den experimentellen Resultaten von Abb. 4.9 vergleichen. Auch heute noch sind solche Simulationen von Ising-Modellen auf Superrechnern ein Forschungsgebiet. Milliarden von Spins in einem Gitter wurden pro Sekunde bearbeitet, und über 10^{15} Spins pro Fragestellung wurden bearbeitet zur Klärung kritischer Exponenten: N. Ito, Physica **A 192**, 604 (1993).

Abb. 4.9. Optische Untersuchung der Konzentrationsfluktuationen („Cluster") einer flüssigen Mischung aus Isobuttersäure und Wasser bei $T - T_c = 0,001$ K. Das Bild entspricht einer Größe von 0,2 mm im Quadrat. (Perrot, Guenon und Beysens, Saclay 1988)

Anhang

A.1 Streiflichter aus der Elementarteilchenphysik

In den letzten Jahren ist insbesondere durch Computer-Simulationen der Quanten-Chromo-Dynamik (QCD, Quantenfeldtheorie der Farbkräfte) die Elementarteilchen-Physik in der Forschung der Statistischen Physik immer näher gekommen. Zum Beispiel scheint die Oberflächenspannung des dreidimensionalen Ising-Modells, Programm METROPOLIS, 1992 für beide Seiten interessant geworden zu sein[1]. So wird hier, abgeschrieben aus Vorlesungen von H. Rollnik (Bonn) an der Kölner Universität 1993, eine Einführung in die Hauptergebnisse der Elementarteilchenphysik gegeben. Laut Rollnik kann QCD jeder verstehen, der die Maxwellgleichungen kennt; man muß nur dreidimensionale Vektoren durch 3×3 Matrizen ersetzen.

A.1.1 Prinzipien

„Die Körper der unbelebten Welt bestehen aus verschiedenartigen Stoffen, sie werden durch das Wirken von Kräften in fortwährender Bewegung und Veränderung gehalten" (B. Bavink 1913). Was sind diese Stoffe, und woher kommen die Kräfte ?

Makroskopische Materie besteht meist aus Molekülen, diese aus Atomen, diese aus Atomkern und Elektronen (e^-), der Atomkern aus Protonen p und Neutronen n, und diese aus Quarks q. „Derzeit" sind alle Fermiteilchen (d.h. solche mit halbzahligem Spin) entweder Leptonen (e, μ, τ, siehe unten) oder bestehen aus Quarks. Ob diese Quarks wiederum aus Subquarks bestehen, wird vielleicht von Hochenergie-Beschleunigern wie HERA (Hamburg) geklärt werden. Vielleicht.

Die derzeitige Standardtheorie geht von punktförmigen Leptonen und Quarks mit lokaler Wechselwirkung aus, sieht man von „Superstring"-Spekulationen ab. Nach Einsteins $E = mc^2$ kann Masse in Energie verwandelt werden, aber trotzdem ist keine Zerstrahlung $p + e^- \to \gamma + \gamma$ eines Wasserstoffatoms in Photonen (Gamma-Quanten) beobachtet worden. Es muß also noch mehr Erhaltungssätze als für Masse-Energie, Impuls und elektrische Ladung geben; wir werden Baryonenzahl und Leptonenzahl als weitere Erhaltungsgrößen kennen lernen.

Wenn zwei auf einer Eisfläche rutschende Leute Tennis spielen, so müssen sie allmählich auseinander driften wegen des Rückstoßeffekts. Werfen sie sich, Rücken zu Rücken gewandt, gegenseitig Bumerangs zu, kommen sie sich so näher. Ähnlich ist das zwischen Elementarteilchen: Kräfte kommen durch Teilchenaustausch zustande. Feynman hat daraus eine graphische Störungstheorie entwickelt, bei der die

---

[1] H.J. Herrmann, W. Janke und F. Karsch (Hrsg.): *Dynamics of First Order Phase Transitions*, Int. J. Mod. Phys. C **3**, 773–1164 (1992), z.B. S. 879, 921, 931, 1059, 1147

Coulomb-Abstoßung zweier Elektronen durch den Austausch eines Photons berechnet wird:

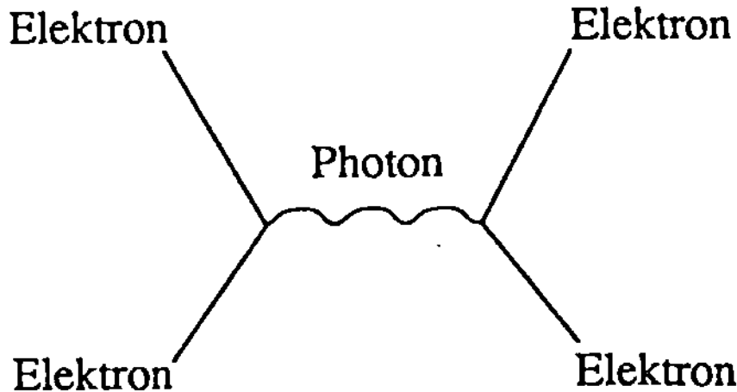

Wir kennen derzeit vier Arten von Wechselwirkungen (Kräften): Gravitation, schwache Wechselwirkung, elektromagnetische Wechselwirkung, und starke Wechselwirkung. Es gibt drei Leptonen (e, μ, τ) mit endlicher Masse und zu jedem von ihnen ein Neutrino $(\nu_e, \nu_\mu, \nu_\tau)$ als weitere Leptonen mit (laut Standard-Theorie) verschwindend kleiner Masse. Dazu kommen sechs Quarks, so genannt von Gell-Mann nach James Joyce: „Three quarks for muster Marks". (Es wäre schön, dies wäre das einzig unverstandene Detail der Elementarteilchenphysik.) Diese sechs Quarksorten gruppieren sich in drei Paare (u,d), (c,s), (?,b), wobei das Fragezeichen oder t-Quark noch nicht gefunden wurde; vielleicht schafft das das Fermilab nahe Chicago. Zu jedem Teilchen gibt es noch ein Antiteilchen: Elektron und Positron, Proton und Antiproton, usw. Funktionieren soll dieses Standardmodell für alle Längen oberhalb 10^{-33} cm (darunter mischen sich Ort und Zeit zu stark) und unterhalb des Krümmungsradius für den durch die Gravitation gekrümmten Raum.

A.1.2 Vom Atom zu den Farben der Quarks

Rutherford stellte sich zunächst den Atomkern als aus Protonen und Elektronen zusammengesetzt vor. Doch dann müßte der Deuterium-Kern des schweren Wassers mit zwei Protonen und einem Elektron einen halbzahligen Spin (Fermion) haben, während Spin 1 (Boson) beobachtet wird. Glücklicherweise fand Chadwick 1932 das deshalb postulierte Neutron: Proton und Neutron bilden den Deuterium-Kern. Die Kernkräfte (starke Wechselwirkung) zwischen Protonen und Neutronen, nicht die Coulombkräfte mit den Elektronen, halten den Atomkern zusammen und beruhen im wesentlichen auf dem Austausch von Pionen (π-Mesonen; π^+ hat π^- als Antiteilchen, während das elektrisch neutrale π^0 zu sich selbst Antiteilchen ist).

Beim Beta-Zerfall wird ein Neutron im Atomkern in ein Proton verwandelt, und ein Elektron fliegt weg. (Ein freies Neutron zerfällt nach einer Viertelstunde). Wenn das alles wäre, müßte dieses Elektron stets die gleiche kinetische Energie haben. In Wirklichkeit wurde, mit viel Mühe, ein kontinuierliches Energiespektrum gefunden, und deshalb postulierte Pauli 1930 die Existenz eines Neutrinos (ν). Nach einem Vierteljahrhundert gelang dessen experimenteller Nachweis. Aber vermutlich wußte unsere Sonne dies schon länger, denn sie verbrennt im Endeffekt vier Protonen zu einem Alpha-Teilchen (^{4}Helium-Kern), wobei sie zwei Positronen und zwei Neutrinos freisetzt. Größenordnungsmäßig reagiert einmal in unserem Leben ein Sonnen-Neutrino mit dem menschlichen Körper.

In der aus dem Weltraum kommenden Höhenstrahlung fanden sich 1937 die Myonen (μ, Lebensdauer eine Mikrosekunde), die damals mit den oben postulierten π-Mesonen in einen Topf geworfen wurden, aber in Wirklichkeit keine Mesonen ohne Erhaltungssatz, sondern Leptonen mit Erhaltungssatz sind. Im Jahre 1962 gelangen Experimente, wonach diese Myonen ein eigenes ν_μ-Neutrino haben; für diese Messung wurden die Panzerplatten eines alten Kriegsschiffes zum CERN (Genf) als Abschirmung der Höhenstrahlung gebracht. Ein negatives Pion kann also in ein Elektron mit Anti-ν_e oder in ein Myon mit Anti-ν_μ zerplatzen; in beiden Fällen ist sowohl die Zahl der e-Leptonen als auch die Zahl der μ-Leptonen konstant, die der Mesonen aber nicht. Obwohl das Myon zweihundertmal schwerer ist als das Elektron und fast soviel wiegt wie ein π-Meson, haben Myon und Elektron etwa die gleiche Funktion im Schema der Elementarteilchen (analog zu C4- und C3-Professoren) und zählen beide zu den Leichtgewichten = Leptonen (Analogien haben ihre Grenzen).

Perl fand 1975 am 3 km langen Stanford Linearbeschleuniger SLAC eine dritte Leptonensorte, die τ-Teilchen, eine Zehnerpotenz schwerer als die Myonen. Trifft ein Elektron auf ein Positron, so können für kurze Zeit ein τ^- und ein τ^+ entstehen. Auch hierzu gibt es wieder ein Neutrino, das ν_τ. Für jede der drei Leptonensorten, (e, ν_e), (μ, ν_μ), (τ, ν_τ), gilt getrennte Erhaltung der Leptonenzahl, wobei die Anti-Leptonen negativ zählen.

Noch schlimmer war das Anwachsen der Teilchensorten bei den Hadronen, also den echten Mesonen (π, ϱ, ...) und den Baryonen (Schwergewichte wie Proton, Neutron, Delta, ...). Die Zahl der beobachteten Sorten („Resonanzen" genannt) stieg exponentiell mit der Masse an bis zur Obergrenze der jeweiligen Meßtechnik; zerfallen tun sie alle. Ähnlich wie beim Zeeman-Effekt (siehe Abschn. 3.3.3) treten auch hier Multipletts auf, also Gruppen von Teilchen nahezu gleicher Masse. Zum Beispiel tritt das Delta-Teilchen mit 1,3 Protonenmassen als Quartett auf: Elektrische Ladung ist 2, 1, 0 oder -1 in Einheiten der Elementarladung. Quintupletts und höhere Multipletts kommen dagegen, im Gegensatz zum Zeeman-Effekt, nicht vor. Als Erklärung stellt man sich vor, daß jedes Baryon aus drei Quarks q besteht (und Antibaryonen aus drei Antiquarks). Quarks haben die elektrische Ladung 2/3 oder $-1/3$, im Gegensatz zur lange geglaubten Regel, daß nur ganzzahlige Vielfache der Elektronenladung auftreten. Aber eine Kombination von drei Quarks ergibt die Ladung 2, 1, 0, -1, genau wie beobachtet. Quarks und Leptonen sind Fermionen mit Spin 1/2.

Wenn aber die Delta^{++}-Resonanz aus drei gleichartigen u-Quarks mit Ladung 2/3 bestünde, wäre das Pauliprinzip verletzt. Also postuliert man die oben erwähnten drei verschiedenen Paare von Quarks, jeweils mit Ladung 2/3 und $-1/3$, und dazu die entsprechenden Antiquarks. Die Eigenschaft, durch die sich diese drei Paare unterscheiden, nennt man „Farbe"; daher der Name Chromodynamik. Jedes Quark hat die Baryonenzahl 1/3, jedes Antiquark $-1/3$, und die Summe der Baryonenzahlen ist bei jedem Prozess konstant.

Mesonen, im Gegensatz zu Baryonen, setzen sich aus nur einem Quark und einem Antiquark zusammen. Daher können sich Mesonen ganz in Energie auflösen, denn wegen der negativen Zählung der Antiquarks bleibt die Baryonenzahl dabei konstant. Protonen und Neutronen, aus je drei Quarks bestehend, haben die Baryonenzahl 1 und können sich nur mit Antiprotonen und Antineutronen gegenseitig vernichten.

Da es so wenig Antimaterie bei uns gibt, zerfällt dieses Buch nicht so schnell wie ein Pion, in der Taktzeit eines Tischcomputers.

An fundamentalen Teilchen (eine neuere Bezeichnung für die punktförmigen Leptonen und Quarks, um sie von den früheren, heute als zusammengesetzt betrachteten „Elementar"-Teilchen wie Proton und Neutron zu unterscheiden), haben wir also:

el. Ladung	Leptonen	Quarks	el. Ladung
0	$\nu_e\ \nu_\mu\ \nu_\tau$	$u\ \ c\ \ t$	2/3
-1	$e\ \ \ \mu\ \ \tau$	$d\ \ s\ \ b$	$-1/3$

Jeder der sechs Quark-Buchstaben repräsentiert in Wirklichkeit drei Quarksorten mit den Farben „Blau, Rot und Grün"; u, d, c, s, t und b heißen up, down, charm, strange, top und bottom. Wir sehen in obiger Tabelle drei Generationen: Am leichtesten ist die erste Generation (ν_e, e, u, d), dann kommt die zweite Generation (ν_μ, μ, c, s), und am schwersten ist die Generation (ν_τ, τ, t, b).

Also kurz:

Baryon = Quark + Quark + Quark, Meson = Quark + Antiquark. Leptonen sind punktförmig und nicht aus Quarks zusammengesetzt. Für jede der drei Leptonen-Sorten und für die Quarks ingesamt gilt die Erhaltung der Teilchenzahl, wobei Antiteilchen negativ zählen und auch die umgekehrte elektrische Ladung tragen.

So wie die elektromagnetischen Kräfte durch Photonen und die Kernkräfte zwischen Protonen und Neutronen durch Pionen vermittelt werden, so kommen die „Farb"-Kräfte zwischen den Quarks durch elektrisch neutrale und masselose Gluonen (englisch glue = Klebstoff) zustande. Die farblosen Leptonen tauschen keine Gluonen aus. Die Klebekräfte sind so stark, daß im Labor Quarks nicht isoliert beobachtet werden, sondern in Ehen (Mesonen) und Dreiecksverhältnissen (Baryonen) gefangen bleiben: „confinement" (potentielle Energie wächst mit wachsendem Abstand ähnlich wie beim harmonischen Oszillator). In der guten alten Zeit allerdings, im frühen Universum kurz nach dem Urknall, war die Temperatur wohl so hoch, daß die Quarks sich nicht zu Hadronen gebunden haben, sondern nach Ansicht der Theoretiker ein Quark-Gluon-Plasma bildeten, das wir heute nur noch mit dem Computer simulieren können (wie in Abschn. 4.3.8 erwähnt). Die Kernkräfte zwischen Proton und Neutron sind nur ein Rest der Farb-Wechselwirkungen zwischen den sechs beteiligten Quarks, so wie die Kräfte zwischen den Atomen ein Rest der Coulomb-Wechselwirkung zwischen Elektronen und Atomkern sind.

Worauf beruht die Schwache Wechselwirkung ? Sie wird vermittelt durch die schwachen Bosonen $W^\pm$ (W = weak = schwach) und Z^0, so wie γ's (Photonen) die elektromagnetische Wechselwirkung vermitteln. Nach dieser Vorstellung wird beim Beta-Zerfall aus einem Neutron (d, d und u Quark) ein W^- Boson und ein Proton (u, d, u), so daß zwei der drei Quarks sich gar nicht verändern. Dieses Boson zerfällt danach in ein Elektron und sein Antineutrino. Bei CERN erzeugten 1982 Rubbia u.a. die schwachen Bosonen durch Proton-Antiproton-Stöße.

Also kurz:

Kräfte beruhen auf Teilchenaustausch. Die Farb-Wechselwirkung der Quarks braucht Gluonen, die elektromagnetische Wechselwirkung Photonen, die schwache Wechselwirkung schwache Bosonen, und die Gravitation braucht mehr Forschung.

(Quantisierte Gravitationswellen heißen Gravitonen und vermitteln die Schwerkraft; nur sind sie bisher nicht nachgewiesen worden. Die ebenfalls experimentell noch nicht gefundenen, besonders schweren Higgs-Teilchen sind dafür verantwortlich, daß die „massiven" Teilchen wirklich Masse haben und hängen mit der spontan gebrochenen Symmetrie des jetzigen Universums (Heisenberg 1957) zusammen: Auch wenn der Hamilton-Operator gegenüber bestimmten Transformationen symmetrisch ist, kann der tatsächlich realisierte Zustand diese Symmetrie verletzen. Zum Beispiel ist es bei Ferromagneten (Ising-Modell bei tiefen Temperaturen, siehe Abschn. 4.3.9) der Wechselwirkungsenergie egal, ob die Spins mehrheitlich nach oben oder mehrheitlich nach unten stehen. Aber wenn man einen homogenen Ferromagneten vor sich hat, dann ist eine dieser beiden Möglichkeiten in ihm auf Kosten der anderen realisiert. Rechnungen mit einem Doppelmulden-Potential wie bei F in Abb. 4.8 ergaben experimentell recht gut bestätigte Werte für die Massen von 80 und 90 GeV der schwachen Bosonen).

Auch mathematisch interessant ist die Anwendung der Gruppentheorie auf diese Probleme. In der Quantenmechanik hatten wir komplexe Wellenfunktionen Ψ, die ohne Änderung der damit verbundenen Physik mit einem komplexen Faktor $\exp(i\phi)$ multipliziert werden können. All diese Transformationen bilden die eindimensionalen unitäre Gruppe U(1), mit $U^*U = 1$, und sind für das elektrodynamische Vektorpotential in der Quantenmechanik wichtig. Bei den Leptonen kommt die Schwache Wechselwirkung hinzu, und da es hier Elektronen und Neutrinos gibt, braucht man statt der Multiplikation mit einer komplexen Zahl $\exp(i\phi)$ eine mit einer komplexen 2×2 Matrix U, die unitär ist ($U^\dagger U = 1$) mit Determinante 1: Spezielle unitäre zweidimensionale Gruppe SU(2). Entsprechend werden die drei Farben der Quarks durch die Gruppe SU(3) der unitären 3×3 Matrizen mit Determinante = 1 dargestellt.

Diese Standard-Theorie für elektromagnetische, schwache und starke Wechselwirkungen hat also getrennte Transformationsgruppen U(1), SU(2) und SU(3). GUT ist dann die Grand Unification Theory, in der diese Gruppen zu einer 5×5 komplexen Matrix der SU(5) zusammengefaßt werden. Kluge Leute sagen daraus („vereinigt", also keine getrennte Erhaltung von Baryonen- und Leptonenzahlen) eine Zerfallszeit des Protons von 10^{30} Jahren voraus, was viel zu schnell ist: Experimentell lebt ein Proton mindestens 10^{33} Jahre. Daher zerlegen die Theoretiker jetzt die komplexen Zahlen der SU(5) in zwei reelle Zahlen, bilden daraus die Gruppe SO(10) der 10×10 reellen Matrizen O mit Determinante = 1 und Orthogonalität ($O^T O = 1$), und behaupten, damit eine Protonen-Lebensdauer von 10^{34} Jahren voraussagen zu können. Zur Zeit sind sie damit gegen experimentelle Beanstandungen sicher. Bringen Sie Ihre Prüfung hinter sich, bevor auch SO(10) widerlegt ist! Mit Computer-Simulationen der QCD ähnlich zum Ising-Modell auf Seite 146 (J. Potvin, Computers in Physics 7, 149 (1933)) können heute die Massen der Elementarteilchen bis auf wenige Prozent genau berechnet werden: Phys. Rev. Letters 70, 2849 (1993).

A.2 Fragen und Rechenaufgaben

A.2.1 Mechanik und Elektrodynamik

Fragen zu Abschn. 1.1

1. Was sagt das dritte Keplersche Gesetz ?
2. Wann bewegen sich kräftefreie Körper geradlinig ?
3. Mit welcher Kraft zieht ein Stein am Faden, wenn er gleichmäßig herumgewirbelt wird ?
4. Wie schnell muß ich einen Stein nach oben werfen, damit er das Schwerefeld der Erde verläßt ? (Energieerhaltung; potentielle Energie ist $-GMm/r$ mit r = Abstand vom Erdmittelpunkt.)
5. Schätzen Sie den Zahlenwert der mittleren Erddichte ϱ ab, aus G, g und dem Erdradius R.

Zu Abschn. 1.2

6. Was ist die „reduzierte Masse" beim Zweikörperproblem ?
7. Was sagt das d'Alembert-Prinzip bei Zwangskräften ?
8. Was sagt das Prinzip der virtuellen Verrückung bei Zwangskräften ?

Zu Abschn. 1.3

9. Warum gilt das Hamilton-Prinzip nur bei festen Endpunkten ?
10. Was sind die Variablen der Lagrangefunktion L, und was die der Hamiltonfunktion H ?
11. Was sind optische und was akustische Phononen ?

Zu Abschn. 1.4

12. Wie hängen Drehmoment M, Drehimpuls L, Trägheitstensor Θ und Winkelgeschwindigkeit ω miteinander zusammen ? Ist ω ein Vektor ?
13. Was sind „Hauptachsen" beim Trägheitstensor, und was sind die (Haupt-) Trägheitsmomente ?
14. Wie groß ist die Nutationsfrequenz eines um die Symmetrieachse rotierenden Würfels ?
15. Bestimmen die Eulergleichungen die Amplitude der Nutation beim symmetrischen Kreisel ?
16. Warum weicht die Kreiselachse senkrecht zur angreifenden Kraft aus ?
17. Was ist und wozu dient „Lamor-Präzession" ?

Zu Abschn. 1.5

18. Was ist der Unterschied zwischen $\partial/\partial t$ und d/dt in der Kontinuumsphysik ?
19. Was ist eine Kontinuitätsgleichung ?
20. Wie hängen Druck, Spannungstensor und Verzerrungstensor zusammen ?
21. Was ist der Unterschied zwischen: Hurricane, Taifun, Tornado ?
22. Was bedeutet: inkompressible, wirbelfrei, ideal, stationär, statisch ?

23. Für welche Werte der „Knudsen-Zahl" λ/R gilt die Stokes-Formel für die Bewegung von Kugeln (Radius R) in der Luft ?

24. Mit welcher Diffusionskonstante D breitet sich ein Haufen von Kugeln in einer zähen Flüssigkeit aus, wenn nach Einstein gilt Diffusivität/Mobilität $= k_B T$?

Zu Abschn. 2.1

25. Welche Form haben Coulomb-Kraft und Coulomb-Potential für eine Probeladung e, wenn im Ursprung die Ladung q sitzt ?

26. Wie lauten die Maxwellgleichungen im stationären Fall ?

27. Welche Kraft wirkt auf eine in den Feldern E und B bewegte Ladung q ?

28. Wie hängen Energiedichte, Energiestromdichte und elektromagnetische Felder miteinander zusammen ?

29. Was ist das Wesen der Fourier-Transformation ?

30. Wie sieht das skalare Potential aus, wenn die Ladungsdichte ϱ als Funktion von Ort und Zeit bekannt ist ? Interpretation ?

31. Was ist das Wesen der Green-Funktion für inhomogene lineare Differentialgleichungen wie $\Box \varphi = -4\pi\varrho$?

32. Wie realisieren Sie einen elektrischen Dipol ?

33. Welche Kraft wirkt auf einen magnetischen Dipol im homogenen Magnetfeld ?

Zu Abschn. 2.2

34. Wie sehen die Potentiale aus für Ladungen, die sich mit Lichtgeschwindigkeit c bewegen ?

35. Ändern sich die Maxwell-Gleichungen, wenn man sie in Materie betrachtet ?

Zu Abschn. 2.3

36. Wie erzeugen Sie bequem Geschwindigkeiten $> c$?

37. Um wieviel verlängert sich Ihr Leben, wenn Sie die ganze Nacht tanzen ?

38. Wie. ändern sich die Maxwell-Gleichungen relativistisch ?

39. Was ist der Viererimpuls, und wie transformiert er sich ?

Rechenaufgaben zu Abschn. 1.1

1. Wird eine geradlinig-gleichförmige Bewegung bei einer Galileitransformation wieder in eine geradlinig-gleichförmige Bewegung überführt ?

2. Beschreiben Sie auf 1–2 Seiten die Corioliskraft, z.B. beim Eisbärenschießen am Nordpol.

3. Ein Massenpunkt bewege sich auf eine Kreisbahn um ein isotropes Kraftzentrum mit Potential $\sim r^{-x}$. Für welche Werte von x ist diese Bahn stabil, d.h. in einem Minimum der effektiven potentiallen Energie ?

4. Mit welcher Geschwindigkeit fällt ein Massenpunkt aus der Höhe h auf die Erde, zunächst bei $h \ll$ Erdradius, dann allgemein.

Zu Abschn. 1.3

5. Berechnen Sie mit dem Prinzip der virtuellen Verrückung den Druck im Kolben, wenn am Rad die Kraft F wirkt.

6. Lagrange-Gleichung erster Art in Zylinderkoordinaten: Ein Massenpunkt bewege sich im Schwerefeld auf einer rotationssymmetrischen Röhre $\varrho = W(z)$, mit $\varrho^2 = x^2 + y^2$, wobei Höhe h und Winkelgeschwindigkeit ω zeitlich konstant seien („Zentrifuge"). Welche Form muß die Röhre $W(z)$ haben, damit ω unabhängig von z ist ? *Hinweis*: Beschleunigung in Zylinderkoordinaten e_r, e_φ und e_z zerlegen.

7. Überprüfen Sie die Lagrange-Gleichung an einem dünnen Autoreifen, der einen Berg hinunterrollt. *Hinweis*: $T = T_{\text{transl}} + T_{\text{rot}}$; alle Massenpunkte haben den gleichen Abstand vom Mittelpunkt.

8. Beweisen Sie allgemein: $\{q_\mu, p_\nu\} = \delta_{\mu\nu}$, $\{p_\mu, q_\nu\} = 0$, $\{F_1 F_2, G\} = F_1 \{F_2, G\} + F_2 \{F_1, G\}$ und überprüfen Sie damit $dp/dt = \{p, H\}$ am dreidimensionalen harmonischen Oszillator, $U = K r^2 / 2$.

9. Bestimmen Sie in harmonischer Näherung die Schwingungsfrequenzen für ein Teilchen in einem zweidimensionalen Potential $U(x, y)$.

Zu Abschn. 1.4

10. Klären Sie in harmonischer Näherung die Stabilität der freien Rotation eines starren Körpers um seine Hauptachsen, mit $\Theta_1 > \Theta_2 > \Theta_3$.

11. Welche Eigenschaften von Matrizen braucht man in der theoretischen Mechanik ? Ist $(\Theta_1, \Theta_2, \Theta_3)$ ein Vektor ? Ist $\Theta_1 + \Theta_2 + \Theta_3$ ein „Skalar", d.h. unabhängig gegen Drehungen der Koordinatenachsen ?

12. Berechnen Sie den Trägheitstensor eines Zylinders mit Masse M, Radius R und Höhe H in einem geeigneten Bezugssystem. *Hinweis*:

$$\int_0^1 (1 - x^2)^{1/2} dx = \pi/4 \quad \text{und} \quad \int_0^1 (1 - x^2)^{3/2} dx = 3\pi/16 \ .$$

Zu Abschn. 1.5

13. Wie sieht der Verzerrungstensor aus, wenn ein Werkstück um ein Promille in x-Richtung gedehnt, um ein Promille in y-Richtung gestaucht und in z-Richtung unverändert gelassen wird ? Wie groß ist die Volumenänderung ? Was ändert sich, wenn außerdem $\varepsilon_{13} = 10^{-3}$ ist ? Was folgt allgemein aus $\varepsilon_{ki} = \varepsilon_{ik}$?

14. Ein Eisendraht werde durch den Zug ΔP (= Kraft/Fläche) gedehnt. Beweisen Sie $\Delta P = (\Delta l/l)E$ für die Längenänderung, mit $E == (2\mu + 3\lambda)\mu/(\mu + \lambda)$, sowie $\Delta V/V = \Delta P \kappa/3$ für die Volumenänderung, mit $\kappa = 3/(2\mu + 3\lambda)$.

15. Um zu zeigen, daß ein Wirbelfaden (fast) eine Potentialströmung ist, beweisen Sie mit dem Gaußschen Satz: $\nabla^2 1/r = -4\pi\delta(r)$. Mit welcher Geschwindigkeit tanzt ein Wirbelpaar gleicher Zirkulation umeinander ?

16. Was ist das elektrische Potential einer geladenen Kugel, wenn die Ladungsdichte nur abhängt vom Abstand vom Kugelmittelpunkt, und nicht von der Richtung (Zwiebelschalen). Was folgt analog für die Erdbeschleunigung in Bergwerken und Flugzeugen ?

17. Warum funktioniert ein Transformator ? Betrachten Sie zur Vereinfachung 2 ineinandergewickelte Spulen mit gleichem Radius aber verschiedenen Windungszahlen.

18. Was sind die Fouriertransformierten von $\exp(-|t|/\tau)$ in einer Dimension und von $\exp(-r/\xi)/r$ in drei Dimensionen ?

19. Wann feiern Regenwürmer Weihnachten, d.h. wie breitet sich eine zeitliche Sinuswelle der Temperatur ins Erdinnere gemäß der Diffusionsgleichung fort ?

20. Ein Elektron kreise im Abstand r um ein Proton: was ist das Verhältnis seines magnetischen Dipolmoments zu seinem Drehimpuls; mit welcher Winkelgeschwindigkeit ω kreist es größenordnungsmäßig bei $r = 1$ Å ?

21. Wie realisieren Sie experimentell die Greensche Funktion der Diffusionsgleichung, analog zur besprochenen Greenschen Funktion der Wellengleichung ?

Zu Abschn. 2.2

22. Wie sieht qualitativ das elektrostatische Potential aus, wenn ein Dipol parallel dicht über einer Metalloberfläche schwebt ?

Zu Abschn. 2.3

23. Berechnen Sie explizit, wie sich $r^2 - c^2 t^2$ bei Lorentztransformation ändert.

24. Wie können Sie Zeitdilatation messen, ohne daß Beschleunigungen auftreten ?

25. Zeigen Sie rot $E = 0$ für das über den relativistischen Feldtensor definierte Feld E, im statischen Fall.

A.2.2 Quantenmechanik und statistische Physik

Fragen zu Abschn. 3.1

1. Durch welche Effekte zeigt sich, daß die klassische Mechanik unvollständig ist und durch die Quantenmechanik erweitert werden muß ?

2. Gilt $(f + g)^2 = f^2 + g^2 + 2fg$ auch für Operatoren $\hat{f}$ und $\hat{g}$?

3. Was ist $\sum |n\rangle\langle n|$? Ist $|n\rangle\langle n|$ von $\langle n|n\rangle$ verschieden ?

4. Wie groß ist $\langle\Psi|\Psi\rangle$, und warum ist das so ?

Zu Abschn. 3.2

5. Wie sieht die Schrödingergleichung für ein Teilchen in einem Potential aus ?

6. Warum folgt aus 5: $d\Psi/dx$ stetig bei endlichem Potential ?

Zu Abschn. 3.3

7. Welche Energieniveaus sind besetzt im Grundzustand des Fluor, Neon und Natrium ($Z = 9$, 10, 11) ? (Ohne Elektron-Elektron-WW.)

8. Was sind die Linien-Serien von Lyman, Balmer, Paschen, ... ?

9. Welcher Unterschied besteht zwischen den Atomkernen von Helium 3 und Helium 4 ?

10. Wie hängen Austausch-WW und Coulomb-WW miteinander zusammen ?

Zu Abschn. 3.4

11. Wozu ist die Übergangswahrscheinlichkeit $n \to k$ proportional ?

12. Was mißt elastische (bzw. inelastische) Neutronenstreuung ?

13. Was ist eine Lorentz-Kurve ?

Zu Abschn. 4.1

14. Wieviel Moleküle sind in einem Kubikzentimeter Luft ?

15. Wie lange brauchen Sie oder ein Computer, um alle magnetischen Konfigurationen eines Systems von $L \times L \times L$ Spin 1/2 Teilchen durchzuspielen, bei $L = 1, 2, 3$ und 4 ?

Zu Abschn. 4.2

16. Wie sieht das Differential der Energie aus ?

17. Was ist und wozu dient die Legendre-Transformation ?

18. Welche Größe ist im Gleichgewicht minimal bei festem T, V, N, M und welche bei festem T, P, N, B (M = Magnetisierung, B = Feld) ?

19. Wie definiert man C_V, C_P und χ_M ?

20. Welche zwei Größen verknüpft die Clausius-Clapeyron-Gleichung ?

21. Was sagt das van't Hoff Gesetz über den osmotischen Druck ?

Zu Abschn. 4.3

22. Was sind Fermi-, Bose- und Maxwell-Verteilung ?

23. Wie sieht im klassischen idealen Gas $S = S(E, V, N)$ aus ?

24. Mit welcher T-Potenz variiert $C_V(T \to 0)$ im idealen Fermigas ?

25. Was sind Fermienergie, Fermitemperatur und Fermiimpuls ?

26. Wie hängt $C_V(T \to 0)$ einer Schwingung ω von T ab ?

27. Mit welcher T-Potenz variiert $C_V(T \to 0)$ bei optischen Phononen, und wie bei akustischen Phononen ?

28. Mit welcher T-Potenz variiert $C_V(T \to 0)$ bei Spinwellen ?

29. Was ist und wozu dient die Virialentwicklung ?

30. Was heißt „Maxwell-Konstruktion" bei der van der Waals-Gleichung ?

31. Was sagt das Gesetz der korrespondierenden Zustände ?

32. Was ist die „Zustandsgleichung" $M = M(B, T)$ für Spins ohne Wechselwirkung, und was ist sie in Molekularfeldnäherung ?

33. Mit welcher Potenz von M oder $V - V_c$ variiert B bzw. $P - P_c$ bei $T = T_c$ (Molekularfeldtheorie, van der Waals Gleichung, Realität) ?

Rechenaufgaben zu Abschn. 3.1

1. Zeigen Sie, daß hermitesche Operatoren nur reelle Eigenwerte haben; sind deren Eigenvektoren stets orthogonal ?

2. Zeigen Sie, daß die Fouriertransformierte einer Gaußfunktion $\exp(-x^2/2\sigma^2)$ wieder eine Gaußfunktion ist. Welche Unschärferelation besteht zwischen den beiden Breiten $\Delta x = \sigma$ und ΔQ ?

3. Was sind die normierten Eigenfunktionen Ψ_n und deren Eigenwerte f_n beim Operator $f = c^2 d^2/dx^2$ im Definitionsintervall $0 \leq x \leq \pi$, wenn die Funktionen am Rand verschwinden sollen ? Was ist die Zeitabhängigkeit der Eigenfunktionen bei $\partial^2 \Psi_n/\partial t^2 = f\Psi_n$? Welchem Physik-Problem entspricht diese Aufgabe ?

Zu Abschn. 3.2

4. Berechnen Sie den Zusammenhang zwischen $\overline{df}/dt$ un dem Kommutator $[H, f]$, analog zu den Poisson-Klammern der Mechanik.

5. Was sind die Energieeigenwerte und Eigenfunktionen im unendlich hohen eindimensionalen Potentialtopf ($U(x) = 0$ für $0 \leq x \leq L$ und $U(x) = \infty$ sonst) ?

6. Ein von links ($x < 0$) nach rechts ($x > 0$) fliegender Teilchenstrom werde z.T. reflektiert, z.T. durch durchgelassen an einer Potentialschwelle ($U(x < 0) = 0$, $U(x > 0) = U_0 < E$). Berechnen Sie die Wellenfunktion Ψ (bis auf Normierungsfaktor).

Zu Abschn. 3.3

7. Berechnen Sie (ohne Normierung) die Wellenfunktion Ψ eines Teilchens im Inneren eines zweidimensionalen kreisförmigen Potentialtopfes mit unendlich hohen Wänden ($U(|r| < R = 0$ und $U(|r| > R) = \infty$) mit dem Ansatz $\Psi(r, \varphi) = f(r)e^{im\varphi}$. *Hinweise:* $\nabla^2 = \partial^2/\partial r^2 + r^{-1}\partial/\partial r + r^{-2}\partial^2/\partial\varphi^2$ in zwei Dimensionen. Die Differentialgleichung $x^2 y'' + xy' + (x^2 - m^2)y = 0$ wird gelöst durch die Besselfunktion $y = J_m(x)$, mit $J_0(x) = 0$ bei $x \approx, 24$.

8. Berechnen Sie die Grundzustandsenergie des Heliumatoms (experimentell: 79 eV), indem Sie die Elektron-Elektron-WW als kleine Störung behandeln. *Hinweise:* Das Polynom in (3.19a) ist eine Konstante für den Grundzustand. Außerdem:

$$\frac{\int \exp(-|r_1| - |r_2|)|r_1 - r_2|^{-1} d^3 r_1 d^3 r_2}{\int \exp(-|r_1| - |r_2|) d^3 r_1 d^3 r_2} = \frac{5}{16} \; .$$

Zu Abschn. 3.4

9. Berechnen Sie den Photoeffekt beim eindimensionalen harmonischen Oszillator (Elektron mit $U = m\omega_0^2 x^2/2$), also die Übergangsrate vom Grundzustand zum ersten angeregten Zustand im elektrischen Feld $\sim e^{i\omega t}$.

10. Berechnen Sie in erster Bornscher Näherung den Neutronenstreuquerschnitt an einem dreidimensionalen Potential $V(r < a) = U_0$ und $V(r > a) = 0$. Zeigen Sie für festes $U_0 a^3$, daß man die Länge a nicht mit Neutronen messen kann, deren Wellenlänge viel größer als a ist.

Zu Abschn. 4.1

11. Ein endliches System habe zehn Quantenzustände mit $E = 1$ erg. 100 mit $E = 2$ erg, und 1000 mit $E = 3$ erg. Was sind mittlere Energie und Entropie, wenn

alle Zustände gleich stark besetzt sind (unendlich hohe Temperatur), und was sind sie bei 20°C ?

12. Von N wechselwirkungsfreien Spins soll jeder mit gleicher Wahrscheinlichkeit nach oben oder nach unten zeigen. Wieviel Möglichkeiten gibt es, genau m Spins nach oben zu haben ? Mit der Stirling-Formel ($n! \approx (n/e)^n$) können Sie für $N \to \infty$ diese Wahrscheinlichkeit approximieren. Wie hängt die Breite der resultierenden Gaußkurve von N ab ?

Zu Abschn. 4.2

13. Überprüfen Sie folgende Relationen auf ihre Richtigkeit:

1    $(\partial T/\partial V)_{SN} = -(\partial P/\partial S)_{VN}$,

2    $(\partial T/\partial P)_{SN} = -(\partial V/\partial S)_{PN}$,

3    $(\partial P/\partial S)_{TN} = -(\partial V/\partial T)_{PN}$,

4    $(\partial V/\partial M)_{TBN} = -(\partial B/\partial P)_{TVN}$,

5    $C_V/C_P = \kappa_T/\kappa_S$,

6    $\chi_T/\chi_S = C_M/C_B$,

7    $C_B - C_M = T(\partial m/\partial T)/\chi_T$.

14. Formen Sie folgende Ausdrücke sinnvoll um:

1    $(\partial P/\partial N)_{TV}$,

2    $(\partial P/\partial N)_{SV}$,

3    $(\partial P/\partial N)_{SP}$,

4    $(\partial \mu/\partial S)_{TV}$,

5    $(\partial (P/T)/\partial N)_{EV}$ (denken!) ,

6    $(\partial F/\partial V)_{SN}$,

7   (χ_V/χ_P) .

15. Zeigen Sie $PV = 2E/3$ für das ideale Erdgas ($\varepsilon = p^2/2m$) und $PV = E/3$ für das Lichtquantengas ($\varepsilon = cp$), indem Sie freie Teilchen an der Wand elastisch reflektieren und so Druck ausüben lassen. *Hinweis:* $\langle p_x v_x \rangle = \langle pv \rangle/3$ in drei Dimensionen.

Zu Abschn. 4.3

16. Was ist im klassischen Grenzfall die mittlere kinetische und potentielle Energie von:

a)   einem Teilchen mit $\varepsilon = p^{10}/m$ in eine Dimension,

b)   einem anharmonischen Oszillator $\mathcal{H} = p^2/2m + Kx^{10}$ (1-dim.),

c)   einem extrem-relativistischen Edelgas ($\varepsilon = cp$) (d-dimens.)

17. Berechnen Sie für $T \to 0$ die spezifische Wärme eines Festkörpers mit einem longitudinalen und zwei transversalen akustischen Phononenzweigen.

18. Zeigen Sie aus der Virialentwicklung bis zum 2. Koeffizienten B, daß die Inversiontstemperatur; bei der Joule-Thomson-Effekt verschwindet, durch das Maximum in B/T gegeben ist.

19. Berechnen Sie die Größe a im 2. Virialkoeffizienten $b - a/2kT$ für das Lennard-Jones-Potential $U = 4\varepsilon[(\sigma/r)^{12} - (\sigma/r)^6]$ und $r_c = \sigma$.

20. Drücken Sie die Magnetisierungsfluktuationen bei festem Magnetfeld B durch die Suszeptibilität χ aus.

21. Berechnen Sie Zustandssumme und freie Energie im Magnetfeld B für Teilchen mit Spin $= 1/2$ ohne Wechselwirkung untereinander.

22. Berechnen Sie das Verhältnis der Anfangssuszeptibilitäten oberhalb und unterhalb von T_c, bei gleichem Abstand von T_c, aus der Landau-Entwicklung oder der Molekularfeldtheorie.

A.2.3 Elementarteilchenphysik

Fragen zu Abschn. A.1:

1. Warum ist das sogenannte μ-Meson kein Meson ?

2. Wieviel verschiedene Leptonensorten gibt es ?

3. Wie unterscheiden sich Teilchen und Antiteilchen ?

4. Wieviele Quarks bilden ein Baryon, und wieviele ein Meson ?

5. Können sich neutrale Hadronen ganz alleine in Energie auflösen ?

Rechenaufgabe zu Abschn. A.1

Wie groß (in Elektronenvolt) ist die quantenmechanische Nullpunktsenergie und damit die Masse eines Pions, wenn es gemäß Yukawa-Potential Kernkräfte über 10^{-13} cm vermitteln soll und als extrem relativistisch (Energie/Impuls $= c$) genähert wird ? Was gilt entsprechend für die Photonenmasse ?

Weiterführende Literatur

Art. I, Ziffer 9, Buchst. f im Dritten Gesetz zur Änderung des Bundesbesoldungsgesetz vom 19.12.1986, BGBl. I, Seite 2542

Berger, Ch.: *Teilchenphysik* (Springer, Berlin, Heidelberg 1992)

Brenig, W.: *Statistische Theorie der Wärme*, 3. Aufl. (Springer, Berlin, Heidelberg 1992)

Budo, Á.: *Theoretische Mechanik*, 11. Aufl. (Deutscher Verlag d. Wiss., Berlin 1987)

Dosch, H.G. (Hrsg.): *Teilchen, Felder und Symmetrien* (Spektrum der Wissenschaft, Heidelberg 1988) (Übersetzungen aus Scientific American 1974–1983)

Landau, L.D., Lifschitz, E.M.: *Lehrbuch der Theoretischen Physik*, zehn Bände (Akademie-Verlag, Berlin)

Jackson, J.D.: *Klassische Elektrodynamik*, 2. Aufl. (de Gruyter, Berlin 1983)

Messiah, A.: *Quantenmechanik*, zwei Bände (de Gruyter, Berlin 1976 bzw. 1985)

Ne'eman, Y., Kirsh, Y.: *Die Teilchenjäger* (Springer, Berlin, Heidelberg 1993)

Pais, A.: *Inward Bound: Of Matter and Forces in the Physical World* (Oxford University Press, Oxford 1986/88)

Scheck: *Mechanik*, 3. Aufl. (Springer, Berlin, Heidelberg 1992)
Schwabl: *Quantenmechanik*, 3. Aufl. Springer, Berlin, Heidelberg 1992)

Namen- und Sachverzeichnis

In der Regel ist nur das erste Auftreten (Definition) markiert. GROSSBUCHSTABEN kennzeichnen Computer-Programme im Text.

Springer-Verlag und Umwelt

Als internationaler wissenschaftlicher Verlag sind wir uns unserer besonderen Verpflichtung der Umwelt gegenüber bewußt und beziehen umweltorientierte Grundsätze in Unternehmensentscheidungen mit ein.

Von unseren Geschäftspartnern (Druckereien, Papierfabriken, Verpakkungsherstellern usw.) verlangen wir, daß sie sowohl beim Herstellungsprozeß selbst als auch beim Einsatz der zur Verwendung kommenden Materialien ökologische Gesichtspunkte berücksichtigen.

Das für dieses Buch verwendete Papier ist aus chlorfrei bzw. chlorarm hergestelltem Zellstoff gefertigt und im ph-Wert neutral.